Python 数据分析入门与实战

刘麟 / 编著

人 民 邮 电 出 版 社
北 京

图书在版编目（CIP）数据

Python数据分析入门与实战 / 刘麟编著. -- 北京 : 人民邮电出版社, 2023.4
ISBN 978-7-115-59934-6

Ⅰ. ①P… Ⅱ. ①刘… Ⅲ. ①软件工具－程序设计 Ⅳ. ①TP311.561

中国版本图书馆CIP数据核字(2022)第160293号

内 容 提 要

本书从数据分析的基本概念和 Python 的基础语法讲起，然后逐步深入到 Python 数据分析的编程技术方面，并结合实战重点讲解了如何使用主流 Python 数据分析库进行数据分析，让读者快速掌握 Python 的编程基础知识，并对 Python 数据分析有更加深入的理解。

本书分为 13 章，涵盖的主要内容有数据分析概述、Python 的特点和编程基础、NumPy 数组的基础和进阶用法、Pandas 数据处理和数据分析、数据的导入导出、数据可视化，以及 Python 网络爬虫和 Scikit-learn 机器学习的入门知识。

本书内容丰富全面，语言简洁、通俗易懂，实用性强，还包含实战案例，特别适合 Python 的初学者和自学者，以及缺乏编程经验的数据分析从业人员阅读，也适合对数据分析编程感兴趣的爱好者阅读。

◆ 编　　著　刘　麟
责任编辑　张天怡
责任印制　陈　犇
◆ 人民邮电出版社出版发行　　北京市丰台区成寿寺路 11 号
邮编　100164　　电子邮件　315@ptpress.com.cn
网址　https://www.ptpress.com.cn
北京隆昌伟业印刷有限公司印刷
◆ 开本：787×1092　1/16
印张：25　　2023 年 4 月第 1 版
字数：575 千字　　2023 年 4 月北京第 1 次印刷

定价：99.80 元

读者服务热线：(010)81055410　印装质量热线：(010)81055316
反盗版热线：(010)81055315
广告经营许可证：京东市监广登字 20170147 号

前言 Foreword

Python 数据分析的前景

我们身处一个信息爆炸的时代，每时每刻都会有新的数据产生，各行各业都在用数据说话。数据分析被广泛应用在诸多领域，如生物信息领域通过分析基因序列可以发现致病基因、研究物种的亲缘性；金融行业可以基于数据分析的结果制订投资计划、评估投资风险；城市规划人员更是要综合分析经济、文化和社会生活等多方面的数据。随着云计算、大数据技术的快速发展，以及 5G 时代的到来，数据量级在急剧增长，数据传播的速度已经十分惊人，如何从海量数据中获取有价值的信息成为很多企业考虑的问题。挖掘数据背后的价值对于企业来说是非常有意义的，它可以为企业的业务决策和未来发展规划提供数据支撑，可用来评估团队的综合能力、发掘新的市场机会、刻画用户群像等。人们越来越重视数据背后价值的同时，企业对数据分析人员的需求也越来越大。

数据分析学是一门综合性的学科，它不仅需要从业者结合业务背景知识和数据分析方法论，更需要强大的分析工具。Python 作为开源的解释型编程语言，已经成为数据分析工作中的一种重要工具。Python 拥有丰富的第三方库，其中包括目前流行的数据分析库，这些库提供了数据存储、清洗、分析、可视化等功能。随着自身的发展，Python 发展了活跃的数据分析社区，社区里不仅有系统性的学习资料，还有数据分析领域的前沿动态。此外，Python 处理大数据的高效率、对 Web 开发框架的良好支持，都让它成为搭建涵盖从数据收集到数据分析的数据应用的热门语言。

笔者的使用体会

数据分析往往就在我们的身边，与我们的生活息息相关，如音乐推荐、导航软件的实时数据报告，都与数据分析密不可分。其实，生活中的数据分析并不是深奥的课题，例如，根据消费记录制订下一年的消费计划，通过统计关键词从而初步了解一个新事物，甚至还可以用数据报表呈现你的工作成果。简而言之，掌握一些数据分析的技巧可以让你的生活更加多姿多彩。

笔者已经使用 Python 10 年有余，从学生时代的课题研究到现在的工作，Python 已经成为笔者生活中非常重要的工具。笔者第一次接触 Python，正是因为它入门简单、上手快。相比于 Excel 以及其他成熟的数据分析软件，也许你在刚接触 Python 时会感到沮丧，原本你在这些软件中可以轻松完成的工作，在 Python 中完成时却要先学习如何搭建开发环境、安装第三方库，要了解数据结构和函数用法等。但是，一旦你敲开了 Python 的大门，你就会发现这扇门后面的精彩世界。当你逐渐掌握了 Python 这门语言后，你将会发现它作为编程语言所拥有的极高的复用性能给你带来极大的便利。一个 Python 脚本可以用在不同的数据分析项目中，可以取代原本重复的手动操作，并且还能避免在手动操作中的人为错误。笔者在数据分析工作中使用 Python 的另一感受，就是它强大的融合性。在实际工作中，无论是个人还是团队，一个工程项目往往都不会只用一种数据分析工具，而 Python 作为项目中的黏合剂可以对不同的分析工具进行融合。并且，Python 允许调用底层类库，这大大提高了它在处理大数据时的运行效率。

本书特色

- 内容丰富、全面。本书浅谈数据分析的理论知识，重点讲解 Python 在数据分析中所用到的编程技术；知识点覆盖全面，包括数据爬取、数据存储、数据访问、数据预处理和数据分析，以及与 Scikit-learn 机器学习相关的内容。
- 循序渐进、由浅入深。本书从数据分析的基本概念开始，以 Python 的基础知识作为过渡，再深入探讨 Python 作为数据分析工具的使用方法。本书根据工具库之间的依赖性和知识点的关联性进行章节编排，讲解的内容层层递进，从基础知识到进阶用法，再到实战演练，符合一般初学者的认识和学习规律。
- 具象化表达。本书在涉及抽象概念时，通常会借助图表以更直观、具象的方式进行描述，通过空间联想、类比等方法让读者更轻松地理解这些概念。
- 实战教学。本书在介绍 Python 的数据分析工具库时结合了真实数据进行实战教学，一方面能帮助读者快速上手，另一方面也为读者今后的实际工作提供了参考范例。
- 开放源代码。读者可通过 QQ：1743995008 获取本书配套代码和脚本。

本书的主要内容

本书旨在打造一份使用 Python 进行数据分析的基础指南，重点介绍数据分析领域主流的 Python 库，以及与网络爬虫和机器学习相关的工具库。本书共 13 章，具体的内容划分可参见下图。

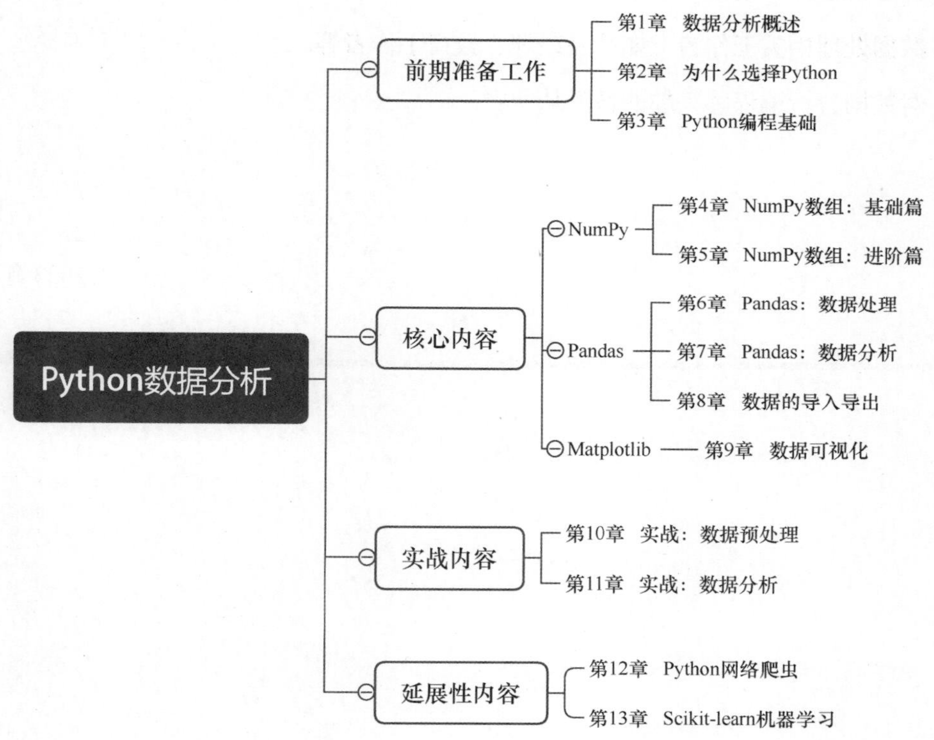

本书的前 3 章涉及前期的准备工作，介绍数据分析的基本概念，引导读者思考为什么选择 Python，并介绍安装配置、Python 解释器以及 Python 的基础语法等内容。从第 4 章开始进入本书的核心内容，重点讲解包括 NumPy、Pandas 和 Matplotlib 在内的主流数据分析库，涵盖数据存储、数据访问、数据预处理、数据分析、数据导入导出和数据可视化各方面的知识点。第 10 章和第 11 章是实战演练，基于真实数据将前面所学的内容应用到实战中，同时使读者在实战中掌握新的知识。最后两章属于延展性的内容，以抛砖引玉的方式浅谈如何使用 Python 实现网络爬虫和创建机器学习模型。

本书读者对象

- Python 的初学者和自学者。
- 数据分析的初学者和自学者。
- 欠缺编程经验的数据分析人员。
- 研发工程师、数据库工程师。
- 数据处理相关工作者，如产品经理、教育工作者等。
- 对数据分析编程感兴趣的各类从业者。

刘　麟

2023 年 1 月

目录

Contents

第1章 数据分析概述

1.1 数据分析的含义

数据分析是指运用适当的方法和技巧对数据（一般数据量较大）进行分析，从看似杂乱无序或毫无关联的数据中挖掘出有价值的信息，总结出隐藏在数据背后的规律。概括地说，数据分析就是通过分析手段将原始数据提炼成有价值的信息。数据分析一般是带有目的性的，它可能是为了制订解决方案或研究某个对象，也可能是为了预测事物的发展趋势。因此，要有针对性地分析数据、提炼信息，因为分析相同的数据如果目的不同，得到的信息也可能会大不相同。数据分析只有与实际问题相结合，才能体现出自身的价值。

1.2 数据分析的基础流程

数据分析并不是毫无章法的，如果遵循一定的流程，可以提高工作效率，也能降低出错的概率。数据分析的整个流程大致可以分为 5 个相对独立又相互关联的阶段：明确需求、数据收集、数据处理、数据分析和数据展示。下面简单介绍各个阶段。

1. 明确需求

数据分析不是无目的性的，否则在面对大量数据时我们会无从入手。只有明确需求，清楚我们想知道什么，才能有针对性地分析数据。明确需求和目标，可以帮助我们在后续的分析流程中选择适当的方法。对于需求本身，要定义它的范围，太宽泛则会导致收集数据时没有导向性，分析结果也会散乱且没有重点。

2. 数据收集

数据收集指的是根据定义的范围和明确的目标，收集相关数据。通常要先提出需求，定义了分析范围后，再收集数据，否则没有边界会导致收集大量无效数据。收集的数据可以是一手数据，如企业内部的销售数据、实验室的试验结果；也可以是二手数据，如第三方机构发布的权威数据、利用爬虫技术获取的网络数据。根据收集方式的不同，数据收集又可分为线下收集和线上收集。数据收集为数据分析提供输入和素材，做好收集工作才能为数据分析打下坚实的基础。

3. 数据处理

从不同渠道收集到的原始数据在大部分情况下都比较粗糙，无法直接拿来分析。因此，在进行数据分析之前需要对数据进行二次加工，降低原始数据的复杂度，清除干扰项，把数据处理成合适的形式和结构。这就好比制作一份佳肴之前，我们可能需要清洗食材、加工食材。数据处理包括数据过滤、数据筛选、数据清理、缺失数据填补、类型转换、数据排序等。

4. 数据分析

这个阶段包括分析和挖掘：数据分析侧重于观察和描述数据本身的特征，通常依赖数据分析人员的个人经验和对业务的熟悉程度；数据挖掘侧重于知识发现，挖掘数据背后更深层次的规律，通常需要建立数学模型。

其实，整个数据分析的流程与烹饪有很多相似的地方。制作一道菜品，需要先了解品尝者的口味（明确需求），再购买食材（数据收集）、准备食材（数据处理）。数据分析则是最后烹制的过程，煎炸蒸煮，哪种是最合适的烹饪手段也同样是在数据分析中需要考虑的问题。因此，基于准备好的数据，我们要结合实际业务使用合理的策略和方法去分析数据的特征，选择恰当的模型去挖掘数据背后的信息。

5. 数据展示

数据展示是将最终分析的结果以更直观、易懂的方式呈现出来，呈现方式可以是报告、报表、图表，甚至是更生动的动态演示。是否需要数据展示，主要根据项目需求而定，它并不是必要的阶段。

1.3 数据收集

1.3.1 线下收集

线下收集是比较传统的收集方式，在互联网技术成熟之前，很多企业和机构都会使用这种方式收集数据。常见的线下收集方式有问卷调查，通过发放纸质问卷向目标人群收集对某种事物或现象的看法。此外，还有基本信息的收集，包括录入企业员工信息、收集学生和家长的信息等。线下收集的方式操作起来简单方便，可以掌控数据样本的大小，但是具有一定的局限性，容易产生偏差和错误。

1.3.2 线上收集

线上收集是指利用互联网技术实现自动化数据采集。依赖不同的技术，线上收集可以演化出不同的数据采集方法。例如，数据埋点可以通过事件追踪的方法捕获并记录用户的行为，常被用来进行网站分析。数据埋点是一种私有化部署的采集方式，如果想获取公开的网站或第三方平台发布的网络数据，则可以利用网络爬虫技术。线上收集的方式效率高，错误率低，局限性小，也可以做到有针对性地采集数据。因为线上收集方式收集效率高，有时候获取的数据量较大，所以需要与大数据分析技术配合应用。

1.4 统计分析策略

1.4.1 描述性统计分析

描述性统计分析是比较基础的数据分析，主要是对目标数据集进行统计性描述。描述性统计分析通过统计指标描述数据的特征，主要包括数据的平均数、数据的分布、数据的集中趋势、数据的离散度等。

我们来看一个简单的例子，表 1-1 统计了两个城市的市民（成年人）身高信息。最小值和最大值表示市民的身高范围，A 城市中市民的身高范围在 172.3 厘米到 176.7 厘米，B 城市中市民的身高范围在 160.2 厘米到 177.9 厘米。表格中的平均值表示了两个城市市民的平均身高，A 城市为 173.2 厘米，B 城市为 166.3 厘米。标准差则体现出身高的波动性，A 城市的身高标准差为 1.16，B 城市的标准差为 4.34，大于 A 城市的标准差。

表 1-1 A 城市和 B 城市的身高统计指标

统计指标	A 城市	B 城市
最小值（厘米）	172.3	160.2
最大值（厘米）	176.7	177.9
平均值（厘米）	173.2	166.3
标准差（厘米）	1.16	4.34

通过比较几个简单的统计指标，我们可以看出两个数据集的特征：首先，从最大和最小值可以看出，B 城市的市民身高分布范围更广；标准差则体现出 B 城市的市民身高波动范围较大，分布更分散；平均值直观地表明 A 城市市民的平均身高要高于 B 城市。

因此，通过描述数据的特征，我们可以快速地掌握数据的概貌，对数据有一个初步的认知。

1.4.2 推断性统计分析

推断性统计分析是根据样本数据推断总体的特征，并对总体特征进行估计、检验和分析。推断性统计分析是经典的统计分析方法，常用于探索数据背后所呈现的规律。通过分析样本数据，可以推断总体的很多数据特征，如推断数据分布，检验总体是否服从正态分布；分析样本数据的多个特征属性，判断属性之间的关联性；通过比较样本数据之间的差异，推测总体受外部因素影响的变化规律。

同样，我们通过一个例子来了解推断性统计分析方法。表 1-2 所示是抽检的 20 把座椅的最大承重数据，假如普通座椅的标准是平均最大承重为 150 千克，那么通过 T 检验可以验证这批产品是否合格。T 检验是通过样本的平均值推断差异发生的概率，按照如下步骤进行检验。

表 1-2 抽检的座椅的最大承重

编号	最大承重（千克）	编号	最大承重（千克）	编号	最大承重（千克）	编号	最大承重（千克）	编号	最大承重（千克）
1	149.1	5	152.8	9	153.4	13	145.5	17	148.9
2	154.1	6	150.5	10	147.2	14	148.3	18	150.6
3	150.6	7	151.7	11	150.1	15	152.1	19	153.1
4	152.7	8	151.1	12	152.1	16	150.6	20	151.2

（1）提出假设、确定检验标准。

H_0：产品合格，平均值为 150 千克（零假设）。

H_1：产品不合格，平均值不为 150 千克（备择假设）。

检验标准：P 值（P 值用来判定假设检验结果的发生概率）不低于 0.05。

（2）计算 T 检验统计量。

这个问题选择单总体 T 检验，该检验用于检验一个样本平均数与一个已知的总体平均数的差异是否显著。根据表 1-2 中的数据，借助统计分析工具计算的 T 检验统计量为 2.09。

（3）查询 P 值。

根据计算的 T 检验统计量，查询 T 检验界值表，找到对应的概率 P 值。查询的结果为 0.12，高于检验标准（0.05），表明原假设成立，即产品合格。

如示例所示，推断性统计分析通常是通过假设检验的方式，计算统计量和概率 P 值，再根据检验标准验证假设是否成立。推断性统计分析中，常用的检验方法除了 T 检验，还包括卡方检验、Z 检验、F 检验等。

1.4.3 探索性统计分析

探索性统计分析也是一种挖掘数据内在规律的分析方法，但更具有探索性。不同于推断性统计分析，探索性统计分析是在尽量少的先验假设下，通过数据分析探索数据背后的模式或规律。在实际应用中，很多数据并不符合假设的统计模型分布，从先假设再分析得出的结果中往往挖掘不到有意义的信息。探索性统计分析则更侧重于用数据本身解释隐藏在背后的真相，通过数据可视化、制表或拟合等手段去观察和发现数据的特征及其内在联系。

探索性统计分析在实际生活中的应用较广泛，例如调查男性和女性在商品购买习惯方面的差异、探讨泳衣阻力与游泳成绩之间的关系等。数据分析中有一个经典的成功案例——啤酒与尿不湿的故事，这个故事将看似毫无关联的啤酒与尿不湿通过数据分析联系在一起。探索性统计分析就是拥有这样的魔力，可以探索和挖掘不易被察觉的规律和内在联系。

1.5 数据分析方法

随着科学计算的不断发展，越来越多的数据分析方法被提出来，如何选择合适的方法则是数据分析人员需要不断去学习的。本节我们介绍几种常用的数据分析方法。

1.5.1 公式拆解法

公式拆解法是指对某一指标用公式层层拆解并分析其影响因素。公式拆解法借助公式的形式，对影响指标的因素层层抽丝剥茧，最终找出核心问题的所在。使用公式拆解法时，需要先确定表明问题的关键指标，然后层层拆解。如分析某游戏产品利润低的原因，过程如下。

（1）纯利润 = 销售额 − 开发成本，分析发现是销售额较低。

（2）销售额 = 销售量 × 游戏产品单价，分析发现是销售量不理想。

（3）销售量 = 游戏平台 A 的销售量 + 游戏平台 B 的销售量，分析发现是游戏平台 A 的销售量明显减少。

（4）游戏平台 A 的销售量 = 老用户的购买量 + 新用户的购买量，分析发现是老用户流失严重。

通过这样层层深挖，我们最终可以找到核心问题是什么，从而进一步制订解决问题的方案。例如上面的例子，假设是平台 A 本身的问题导致老用户流失，那么可以考虑使用新的促销手段吸引更多的新用户。

1.5.2 对比分析法

对比分析法是指通过对比两组或多组数据来直观地体现事物的差异或变化，这是一种很常见的分析方法。对比分析法首先要根据问题确定对比的指标，例如分析一款软件在计算机和手机上的注册用户情况，可以比较注册用户数量的差异，也可以分析注册转化率（注册用户数量 ÷ 下载用户数量）的差异。对比的方式大致可以分为横向对比和纵向对比：横向对比通常是在同一范围内比较不同的事物，例如比较同一时期内某产品在不同销售渠道的销售占比；纵向对比通常是比较同一事物在不同范围的变化，例如分析某产品一年内每月销售额的变化，类似于“与自己比”。

AB 测试分析法是在软件测试中常用的对比分析法，主要用于比较 A 和 B 两组对象在差异性上所呈现的不同效果。例如，某音乐软件在测试阶段发布了不同的用户交互界面，通过 AB 测试分析法推断哪种界面设计能够提高转发和评论数量。

1.5.3 预测分析法

预测分析法是指基于已知的数据对未知事物或事物在未来的发展趋势做出估计和测算，即用已知预测未知。这种方法常被用在一些特定领域里。例如，根据历年传染病的感染人数，结合实际情况制作流行病的传播模型，预测当下传染病在将来的传播情况，从而提前制订传染病防控策略；根据历史的股票涨跌数据，预测当前股市的趋势，降低投资风险；通过用户的音乐播放历史清单，推测用户的喜好，从而推荐用户可能喜欢的音乐作品。预测分析法根据预测方式大致分为两种：一种是基于时间序列的预测，基于历史数据预测未来的趋势；另一种是相关性预测，预测变量之间的关联性和因果关系，是一种回归类预测，常见于推荐系统。

1.5.4 漏斗分析法

漏斗分析法是一套流程式数据分析方法，侧重于分析事件在关键环节上的转化率。在互联网行业中，漏斗分析法被普遍用于用户行为分析和流量监控，反映各个阶段用户的流失和留存情况。以电商为例，用户购买商品要经过登录首页、浏览商品详情、加入购物车、进入支付页面、支付成功共 5 个阶段，每个阶段都可能有用户流失，形成倒三角的漏斗模型，如图 1-1 所示。

基于漏斗模型，我们可以进一步分析每个阶段用户流失的原因，并根据分析结果做出决策。例如，分析用户进入支付页面但最终不选择支付的原因，可能是优惠力度不够，或是用户惯用的支付方式不支持，也可能是账户余额不足等其他原因。只有了解了用户流失的原因，才能做出应对策略，从而提高用户转化率。

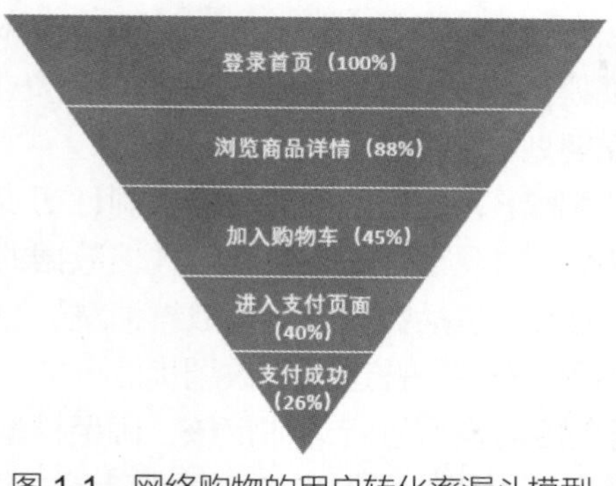

图 1-1　网络购物的用户转化率漏斗模型

1.5.5　象限分析法

象限分析法是指以两个或多个维度为坐标并划分出不同象限，不同象限表示不同的价值导向。象限分析法是典型的策略驱动思维，常见于市场分析、产品分析、客户管理等。例如，图 1-2 所示为一个购物平台分析客户群体的例子，通过页面点击率和购买转化率两个维度来刻画客户群像。通过划分象限，可以了解购物平台的主要客户群体，也可以针对客户特点施行不同的促销活动和商品推荐。

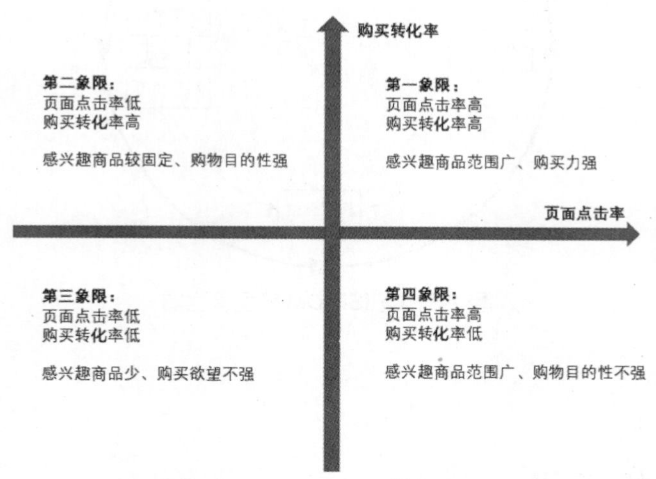

图 1-2　基于象限分析的客户群体

1.6　数据挖掘的标准流程（CRISP-DM 模型）

数据挖掘是一个发现知识的过程，由 SIG（Special Interest Group，共同利益组织）组织提出的 CRISP-DM（Cross-Industry Standard Process for Data Mining，跨行业数据挖掘标准流程）模型正是知识发现模型的一种。CRISP-DM 模型定义了数据挖掘的标准流程，将一个数据挖掘项目的生命周期划分为 6 个阶段。

- 商业理解：理解业务需求，确定挖掘的目标，制订初步计划。
- 数据理解：收集数据，再观察并描述数据，评估数据的质量。
- 数据准备：数据预处理，包括数据筛选、数据清洗、数据格式转化等。
- 建立模型：选择合适的模型，并进行参数调优。
- 模型评估：从业务角度对模型进行评估审核，确保模型没有重大错误。
- 模型部署：发布模型，可能是以报告形式呈现结果，也可能是将模型集成到业务系统中。

CRISP-DM 模型定义了整个项目的生命周期，有些阶段在数据分析的基本流程中能找到对应的步骤。数据挖掘是一个循环的过程，图 1-3 所示的 6 个阶段组成的不是一个单向流程，而是需要不停迭代，进而不断优化。

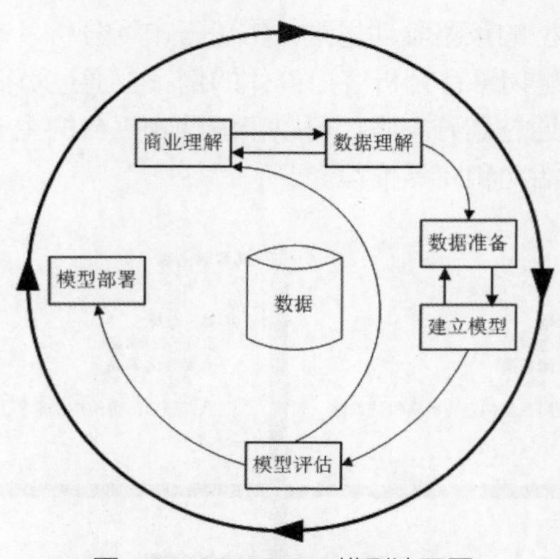

图 1-3　CRISP-DM 模型流程图

1.7　数据分析工具

本节介绍几个被大家熟知的数据分析工具，了解它们的特点，有助于我们在实际业务场景中选择更合适的工具，从而提高效率、节省时间成本。

1.7.1　Microsoft Excel

Excel 是日常办公中被人们广泛使用的电子表格工具，它拥有直观的界面，以表单形式存储并展示数据。Excel 提供了强大的数据操作功能，支持数据选取、数据过滤、数据排序、数据插入、数据自动填充等，操作简单快捷。同时，Excel 也支持丰富的数据图表，可绘制柱形图、折线图、散点图、箱形图等。Excel 提供的函数库和分析工具库也支持简单的数据统计分析，函数库包括求和、平均数、标准差等函数，分析工具库支持 T 检验、F 检验、协方差等功能。此外，Excel 支持通过 VBA（Visual Basic for Application，是 Visual Basic 的一种宏语言）开发工具编写宏脚本实现自动化操作，避免大量烦琐的重复工作。

1.7.2 R 语言

R 语言是在统计领域被广泛使用的统计分析软件，能运行在多个不同的操作系统上。R 语言常被用于科研项目里，一方面是因为 R 语言的开源性；另一方面是因为 R 语言内嵌了不同类型的数据集，免去了研究初期的数据收集工作。R 语言本身是可编程语言，作为开放的统计编程环境，它的语法易懂易学，且提供了友好的帮助系统。除了强大的统计分析功能，R 语言也集成了数据可视化的功能，同样能够基于数据绘制不同的图表。

1.7.3 Python

Python 是一门开源的计算机编程语言，并不是专门用于数据分析领域的工具。但是由于 Python 的开源性以及丰富的第三方库，它在科学计算领域慢慢崭露头角，发展成了一个可用于数据分析的成熟的开发环境。并且 Python 拥有极强的黏合性，能够集成其他工具和开发语言，完成更加有挑战性的数据分析项目。Python 也是本书重点介绍的数据分析工具，在后面我们会展开更详细的讨论。

第2章 为什么选择 Python

随着网络技术的发展，数据收集的难度降低了，数据的准确性也在不断提高。但是随之而来的难题是如何发掘隐藏在海量数据背后的信息，这也使得数据分析的价值越来越被重视。

Python 作为一门接近自然语言的编程语言，在数据分析上有许多天然优势，但并不是说 Python 就是最好的数据分析工具。优秀的数据分析工具还有很多，如 Excel、R 语言、MATLAB 等，它们有各自的特点，最重要的是应根据具体问题选择最合适的工具。所以学习完本章后，希望大家能够思考一下自己为什么选择 Python。

2.1 关于 Python

2.1.1 Python 的起源

Python 的起源要追溯到 1989 年 12 月。吉多·范罗苏姆（Guido van Rossum），Python 之父，在那一年圣诞节的假期设计出了简洁优美的编程语言 Python。吉多·范罗苏姆生于荷兰哈勒姆，毕业于阿姆斯特丹大学，并获得了数学和计算机科学硕士学位，他在 1996 年曾谈到给 Python 起名的经过："6 年前，1989 年 12 月，我在寻找一个编程项目来打发圣诞节前后的假期时光。假期里我的办公室关门了，但我有一台家用电脑。我决定为当时我正构思的一个新的脚本语言写一个解释器，它是 ABC 语言的继承，对 UNIX / C 程序员会有吸引力。作为一个略微有些奇怪想法的人和 *Monty Python's Flying Circus*（《蒙提·派森的飞行马戏团》）的狂热爱好者，我选择了 Python 作为项目的标题。"

吉多提到的 ABC 语言也是他本人参与设计开发的。ABC 语言设计的初衷是为教学服务，所以强调的是可读性和易用性。我们来看一段 ABC 程序。

```
HOW TO RETURN words document:
 PUT {} IN collection
 FOR line IN document:
```

```
  FOR word IN split line:
   IF word not.in collection:
   INSERT word IN collection
RETURN collection
```

上面这段用 ABC 语言编写的程序是用来统计单词频数的，从语法结构上，已经能看到 Python 的影子了。但是，ABC 语言在模块扩展性上存在明显的短板，因此，作为 ABC 语言的继承者，Python 很看重模块化设计。并且，Python 在 C 语言的基础上开发，能够方便地调用系统底层应用，包括文件系统操作，这也弥补了 ABC 语言的另一个不足。

2.1.2 Python 2 和 Python 3

Python 2.x 的第一个版本发布于 2000 年，距离第一个 Python 解释器的诞生（1991 年）已经过去了 9 年。随后的 10 年内，Python 2.x 又陆续发布了多个版本，目前使用最广泛的是 Python 2.7，它也是最后一个 Python 2.x 的版本。

Python 3.x 的第一个版本发布于 2008 年的年底，是在 Python 2.6 发布几个月之后。虽然 Python 3.x 是吸取以往的经验教训而诞生的新版本，但是 Python 3.x 无法向下兼容，包含了与 Python 2.x 不兼容的更新，这也是为什么后来又发布了 Python 2.7。

在 Python 2.x 和 Python 3.x 共存的过渡期里，很长一段时间内 Python 2.x 依然是主流的 Python 版本，其中的主要原因是当时很多第三方库对 Python 3.x 还不支持或库本身还不够成熟。因此，大部分数据分析社区在 2012 年还是以 Python 2.x 作为主要的分析工具。

然而，Python 2.7 已在 2020 年停止更新和维护（包括停止修复漏洞和发布安全补丁），官方也宣布不会再发布 Python 2.8。所以，本书使用的是 Python 3.7，也推荐你使用 Python 3.4 以上的版本。这里要提醒的是，如果用 Python 2.7 运行本书的示例代码，可能会得到不同的运行结果，或返回异常。

2.2 了解 Python 的特点

2.2.1 简单易学

Python 的语法贴近自然语言（英语语法），简单易读且易懂。一段优秀的 Python 代码可以做到自注释，读起来就像是一份简单的程序说明。即使是完全没有编程基础的 Python 初学者，也能够大致地理解一段简单的 Python 代码，它看起来如同一份伪代码。因为 Python 的伪代码特性，编程者可以更专注于思考解决问题的方案，而无须过多地为编程语言的语法问题而烦恼。换言之，你可以更高效地将你的想法转变成 Python 代码。

2.2.2 自由开放

Python 作为开源软件，其源码（又称源代码）是开放的，你可以自由地下载、阅读、学习，甚至修改它的源代码。Python 在发展过程中得以不断优化改进，正是基于这种分享知识的理念，社区成员能够不断地为 Python 的成长做出贡献。

Python 在不同的领域拥有诸多优秀的开源社区。在这些专业领域的开源社区，你同样可以学习别人的源代码，也可以分享你的经验或提出疑惑，或者发布开源项目为社区做出自己的贡献，与社区共同成长。

2.2.3 解释型语言

Python 同时也是一门解释型语言，其源代码不需要预先编译为机器语言，可以直接运行。每次运行 Python 程序时，Python 解释器将源代码转换为字节码，再把字节码运行在 Python 虚拟机中。因为不需要编译，更新完 Python 代码后，计算机可以马上运行程序并得到反馈结果，即时更新，这样节省了开发和调试的时间成本。

相比于编译型语言，解释型语言的执行效率较低，但是跨平台性更好。同时，因为 Python 的开源性质让它在很多平台上都做了适配，所以它不仅支持各种计算机系统（如 Windows、Linux、Unix、macOS），还支持嵌入式操作系统。

2.2.4 封装与扩展性

我们已经了解到 Python 是在 C 语言的基础上诞生的，Python 在 C 语言之上进行了诸多良好的封装，隐藏了很多复杂且容易出错的底层细节，例如内存分配、变量声明、类型转换等。这就好比个人计算机，只暴露外围设备接口，可以外接鼠标、键盘、显示器等，你只需要学习如何使用计算机解决自己的问题，至于主板、内存、硬盘等细节都被隐藏在机箱内。

当然，也许有时候你对机箱内部感兴趣，甚至需要更换机箱里的硬件。当你需要更改底层接口去解决诸如内存回收、运行效率等问题时，可以借助 Python 提供的整合其他编程语言（包括 C/C++ 和 Fortran）的方法，如调用 C 语言库的接口。不仅如此，Python 的模块化设计让它拥有丰富的第三方库。一方面，这些库涵盖了很多领域，如数据库访问、网络编程、图形界面等；另一方面，这些库的底层不一定是 Python，可以根据具体问题的场景选择合适的语言。

2.3 Python 在数据分析上的优势

2.3.1 自由的数据结构

当我们谈论数据时，大部分时候指的是结构化数据，存储结构化数据的形式可以有多种，举例如下。

（1）多维数组，通常用于存储数值型数据，多见于数学分析领域。

（2）表格型数据，数据表头会标注每一列和每一行数据的含义，表格中可以包含多种数据类型。

（3）数据库，通常包含多张数据表，表中的数据以键值对形式进行存储。在关系数据库中，表和表之间通过外键进行关联。

在 Python 中，万物皆可为对象，我们不仅可以将不同类型的数据打包存储，还可以把 Python 原生的数据结构在一定规则下进行自由组合来构建更复杂的数据结构。例如，列表中嵌套列表，存储多维数组；字典中嵌套列表，构建表格型数据；列表中嵌套字典，描述类似于数据库中数据表的结构。并且，我们可以根据需要来选择大小固定或可变的数据结构。Python 在数据结构上所呈现出来的自由度，为数据存储提供了很大的便利性。

2.3.2 黏合剂 Python

在数据分析问题上，我们往往会根据自身的需求选择当下比较成熟的科学计算工具。但是随着计算机和软件工具的发展与演进，有些工具逐渐被淘汰，有些工具在某些专业领域继续深入。这样会给很多公司和科学实验室带来棘手的问题：一方面，需要考虑复用还是摒弃用过时的工具所编写的代码；另一方面，需要考虑如何利用不同的数据分析工具去系统性地解决实际问题。简单来说，就是代码迁移和工具整合的问题。

Python 良好的扩展性为解决这类问题提供了备选项，它犹如胶水一般能够黏合不同的软件工具。在代码迁移问题上，Python 可以将存量代码与自身或其他软件进行黏合，大大减少了代码重构的成本，如 Python 提供了调用 Fortran 的接口。同样，Python 通过自身黏合剂的作用可以整合不同的工具，利用不同工具所具备的优势去解决对应的问题，如用 Python 调用 C 语言库去解决计算性能的瓶颈问题。

2.3.3 丰富的第三方库

Python 在科学计算领域能够成功的一部分原因在于它拥有丰富的第三方库。Python 的开源性质让它吸引了诸多科学计算领域中的优秀人才，这些人为开源社区的建设不断地做出贡献。随着 Python 数据分析生态系统的完善，越来越多重要的第三方库诞生了。这些强大的第三方库不仅在纵向上为数据预处理、数据分析、数据可视化等方面提供了易用的工具，也在横向上为各个领域提供了系统的分析工具，其中包括金融、生物信息、医学等专业领域。这些丰富的类库为 Python 在数据分析领域的发展奠定了基础。

2.4 数据分析的第三方库

本节简要地介绍 Python 数据分析中常用的类库，通过对这些第三方库的初步了解，我们会发现 Python 吸取了很多其他编程语言的优势，并融合自身的语言特点，构建了一个非常完善的数据分析生态系统。这些常用库中，有一部分在后续的章节会进行深入介绍。

2.4.1 NumPy

NumPy 的全称是 Numerical Python，是科学计算的基础 Python 库。NumPy 包含的主要内容如下。

- 强大的多维数组对象 ndarray。
- 基于数组元素的运算和数组间的操作（广播机制）。
- 整合 C/C++ 和 Fortran 代码的工具。
- 线性代数、傅里叶变换，以及随机数生成。

除了在科学计算上的用途，NumPy 还被用作数据容器，存储通用数据。NumPy 能够无缝地、快速地融合多种多样的数据库，支持任意数据类型的定义。并且，NumPy 在数值型数据上的存储效率要高于 Python 原生数据结构。

2.4.2 Pandas

Pandas 的名字来源于一个计量经济学术语——面板数据（panel data）。面板数据是指在时间序列上取多个截面，在这些截面上同时选取样本观测值所构成的样本数据。如果将面板数据看作具有截面和时间序列两个维度的数据集，它就是一个大小为 $m \times n$ 的表格数据，存储了 m 个时间点上各 n 个样本的观测数据指标。

从 Pandas 的名字来源可以窥见它的主要特点，它不仅擅长处理时间序列类型的索引数据，还提供了用于实现表格化、支持行列标签的数据结构。这种可索引的二维数据结构在 Pandas 中被称为 DataFrame，它是因 R 语言中相似的 data.frame 对象而得名的。因此，Pandas 的很多特征通常与 R 语言的核心功能一致。另外，Pandas 中灵活的数据操作是建立在 NumPy 的高性能计算基础之上的，因而能够高效地进行数据预处理或数据清理。

2.4.3 Matplotlib

MATLAB 作为强大的科学计算工具，被广泛地使用在数据绘图领域，它拥有强大的数据可视化功能。Python 中的 Matplotlib 在语法和绘图风格上都能看到 MATLAB 的影子，提供了类似 MATLAB 的接口。

作为综合性的 Python 绘图库，Matplotlib 提供了静态的、动态的，甚至是交互式的可视化效果。Matplotlib 可以基于 NumPy 数据对象进行绘图，提供了面向过程和面向对象两种绘图方式。在 Python 环境中，Matplotlib 不仅限于在程序脚本上的应用，还能够被集成到 Web 应用和其他图形工具包中。

2.4.4 SciPy

SciPy 是多种数学算法和数学函数的集合，被广泛用于解决科学计算领域中的各种问题。SciPy 拥有丰富的子模块，涵盖了不同的科学计算领域，以下列举一些常用的子模块。

- scipy.cluster：聚合算法。
- scipy.fftpack：快速傅里叶变换。
- scipy.integrate：积分和常微分方程求解器。
- scipy.interpolate：插值和光滑样条曲线。
- scipy.linalg：线性代数。
- scipy.ndimage：多维图像处理。
- scipy.odr：正交距离回归。
- scipy.optimize：优化器和求根算法。
- scipy.signal：信号处理工具。
- scipy.sparse：稀疏矩阵。
- scipy.spatial：空间数据结构和算法。
- scipy.special：特殊函数，提供的都是超越函数，如椭圆函数。
- scipy.stats：统计分布和统计函数。

SciPy 是建立在 NumPy 和 Matplotlib 基础之上的，提供了用于数据操作和数据可视化的命令行和类。基于 SciPy，许多优秀的专业领域的项目也随之诞生。

2.4.5 Scikit-learn

Scikit-learn 项目最早在 2007 年发起，在 2010 年诞生了第一个版本，是基于 SciPy 的面向机器学习的工具包。Scikit-learn 集成了很多经典的机器学习算法，主要功能包括：数据预处理、模型选择、数据降维、聚类、回归、分类。以下是各功能的简单介绍。

- 数据预处理：特征提取和归一化。
- 模型选择：通过参数调整提高模型的精度，包括网格搜索、交叉验证等。

- 数据降维：常用于图像处理，涉及的算法有主成分分析（Principal Component Analysis，PCA）、特征选择、矩阵分解等。
- 聚类：主要应用有客户群细分、实验结果分组，用到的聚类方法有 K-means、谱聚类、均值漂移聚类等。
- 回归：可用于药物反应分析、股票价格预测，涉及的算法包括支持向量回归（Support Vector Regression，SVR）、最近邻、随机森林等。
- 分类：分类和回归都属于有监督学习，在算法上有很大的交集，应用场景有垃圾邮件检测、图像识别等。

2.5 网络爬虫的第三方库

2.5.1 Request

Request 是一个简洁的超文本传输协议（Hyper Text Transfer Protocol，HTTP）封装库，提供与 HTTP 请求相关的 Python 接口。Request 在 Python 标准库 urllib3 的基础上封装的接口更加人性化，允许调用者非常简单地组装 HTTP 消息，然后发送并接收服务器端的响应。Request 库常被集成到爬虫工具中，用于获取网络数据。

在 HTTP 消息的处理方面，Request 库支持查询字段的自动添加、消息内容的编解码、文件的上传下载以及自动解压。在连接管理方面，Request 库支持连接池、连接持久化、Cookie（一种包含用户信息的文本文件）会话、HTTP 代理、连接超时等功能。在安全方面，Request 库提供了基本的认证机制和浏览器式的 SSL 认证（指客户端到服务器端的认证）。

2.5.2 lxml

lxml 库可以处理可扩展标记语言（extensible Markup Language，XML）和超文本标记语言（Hyper Text Markup Language，HTML）数据，通常被作为 XML 的解析器。lxml 绑定了 C 语言库（libxml2 和 libxslt），既保证了完整的解析功能，又兼顾了文档解析速度，并且通过简单的 Python 接口提供服务。此外，lxml 库还提供了简单的数据类型转换接口，允许将解析的数据转换为 Python 原生数据类型。

2.5.3 html5lib

html5lib 是更纯粹的 HTML 解析器，遵循的是网页超文本应用技术工作小组（Web Hypertext Application Technology Working Group，WHATWG）制定的 HTML 规范。

html5lib 支持 HTML5，保持了与主流浏览器良好的兼容性。html5lib 拥有强大的容错性，能最大限度地解析含有格式错误的 HTML 文档。

2.5.4 BeautifulSoup

BeautifulSoup 可以从 XML 和 HTML 格式的文件中提取数据，再存储到可读性更强的数据对象中。BeautifulSoup 通过解析器将网页数据构建成解析树，并提供用户惯用的导航、搜索、修改数据的方法。BeautifulSoup 支持不同的解析器，包括 Python 标准库中的 HTML 解析器，以及前面介绍的 lxml 和 html5lib 库。BeautifulSoup 允许方便地遍历、搜索、过滤网页数据，节省了大量的编码时间。

2.5.5 Scrapy

Scrapy 是用 Python 开发的一个快速的、上层的网络爬虫框架，用于抓取网站并从页面中提取结构化数据。Scrapy 的应用领域十分广泛，覆盖从数据挖掘到数据检测和自动化测试。Scrapy 之所以被广泛使用，是因为它是一个框架，作为框架它提供了基础服务和爬虫的基类，任何人都可以在此之上进行扩展和衍生，从而开发一套满足自身需求的应用。

第3章 Python 编程基础

3.1 安装与配置

由于每个人的系统环境和应用场景不同，无法找到一个统一的安装和配置 Python 的解决方案。你可以选择从 Python 官方网站下载安装包，然后根据需求自行安装 Python 库，也可以通过第三方工具或平台完成安装和配置的工作。对于数据分析领域，我们推荐使用免费的 Anaconda 平台，它在安装 Python 的同时还安装了很多在数据分析领域被广泛使用的 Python 工具包。Anaconda 提供的 Python 版本会不断更新，目前提供 Python 2.7 和 Python 3.7 两个版本，本书使用的是 Python 3.7。

3.1.1 在 Windows 操作系统下安装 Python

在 Anaconda 平台上，下载适合 Windows 操作系统的安装器。下载完毕后，启动安装程序，根据提示逐步操作下去。在安装过程中，可以更改安装路径，并会出现提示选项询问是否要将 Anaconda 添加到系统环境变量中。安装成功后，打开 Windows 操作系统的命令行工具，输入 python 命令启动 Python 解释器，并查看 Python 的版本。

```
>python
Python 3.7.6 (default, Jan  8 2020, 20:23:39) [MSC v.1916 64 bit (AMD64)] ::
Anaconda, Inc. on win32
Type "help", "copyright", "credits" or "license" for more information.
>>>
```

考虑到 Anaconda 版本和安装选项的差异，实际安装步骤可能与本书的描述不太一样，因而推荐按照 Anaconda 的安装指南进行安装或配置。

3.1.2 在 macOS 下安装 Python

下载 macOS 的 Anaconda 安装器，推荐使用带有图形界面的安装器。与在 Windows 操作系统中相似，Anaconda 安装器会引导你一步一步进行安装和配置的操作。安装完成后，打开 macOS 的终端（命令行工具），输入 python 命令便可查看 Python 版本。

```
$ python
Python 3.7.6 (default, Jan  8 2020, 13:42:34)
[Clang 4.0.1 (tags/RELEASE_401/final)] :: Anaconda, Inc. on darwin
Type "help", "copyright", "credits" or "license" for more information.
>>
```

在 macOS 下，Anaconda 的执行目录会自动添加到环境变量中，如果出现了问题，可以手动修改 .bash_profile 文件。

3.1.3 在 GNU/Linux 操作系统下安装 Python

我们以 CentOS 为例，介绍在 Linux 操作系统下安装 Python 的流程。下载 Linux 操作系统的 Anaconda 安装器，安装器是一个可执行的 shell 脚本，可通过如下命令执行安装脚本。

```
#bash Anaconda3-2020.02-Linux-x86_64.sh
```

在执行脚本的过程中，Anaconda 会要求选择安装路径，一般默认路径是用户的 home 目录。除此之外，安装脚本可能会询问其他的安装选项，如是否要将 Anaconda 的执行目录添加到 Linux 操作系统的环境变量中。安装并设置完成之后，执行 python 命令查看安装的 Python 版本。

```
#python
Python 3.7.6 (default, Jan  8 2020, 19:59:22)
[GCC 7.3.0] :: Anaconda, Inc. on linux
Type "help", "copyright", "credits" or "license" for more information.
>>>
```

要说明的是，不同的 Linux 版本会造成安装细节的差别，但安装流程是大致相同的。

3.1.4 安装及更新 Python 库

Anaconda 本身就附带了很多科学计算的工具包，如果你还需要其他的第三方库，可以在 Anaconda 的导航器里选择指定的工作环境进行安装。更普遍的方法是通过 Anaconda 的命令行进行安装，命令如下。

```
conda install package_name
```

其中，package_name 是你想要安装的工具包的包名。你还可以尝试 pip 包管理工具，如果你选择的是 Python 3.x 版本，则自带 pip 工具，安装命令如下。

```
pip install package_name
```

如需升级第三方库，对应的 conda 命令如下。

```
conda update package_name
```

如果选择的是 pip 工具，升级第三方库的命令如下。

```
pip install -upgrade package_name
```

3.1.5 集成开发环境

Python 作为解释型的脚本语言，是可以在文本编辑器里开展代码开发工作的。鉴于 Python 的流行性，大多数文本编辑器都支持开发 Python 的插件，提供诸如语法高亮、格式校对等简单功能。但是针对大型项目的开发，推荐使用功能更加丰富的集成开发环境（Integrated Development Environment，IDE），便于进行项目管理，且可提高开发效率。下面简单介绍一些免费的主流 Python 集成开发环境。

- PyCharm：由 Jetbrans 公司打造的专业集成开发环境，除了基本功能外，还支持 Web 开发，对商业用户收费。
- PyDev：基于 Eclipse 平台的集成开发环境，以插件的形式存在，适合有多语言开发需求的用户。
- Python Tools for Visual Studio：VS 平台上用于开发 Python 的插件，适合 Windows 用户。
- Spyder：Anaconda 提供的简单集成开发环境，拥有类似 MATLAB 风格的界面。

如果你是 Python 的初学者，并且安装了 Anaconda 工具，推荐将 Spyder 作为你尝试的第一个集成开发环境。Spyder 是一个相对简单且适合数据分析人员使用的集成开发环境。

3.2 Hello World!

3.2.1 Python 解释器

Python 解释器是运行代码的核心，它将代码转换为机器语言并逐行执行。标准的 Python 解释器通过输入 python 命令来启动。如果要运行一个 Python 脚本，只需将文件名作为 python 命令的第一个参数即可。

```
python test.py
```

标准的 Python 解释器支持交互式控制台，正如我们查看 Python 版本时那样，输入 python 命令并且不带任何参数时，便可以启动控制台。

```
#python
```

```
Python 3.7.6 (default, Jan  8 2020, 19:59:22)
[GCC 7.3.0] :: Anaconda, Inc. on linux
Type "help", "copyright", "credits" or "license" for more information.
>>>
```

控制台中显示的 >>> 提示符是输入代码的地方，在提示符后面输入代码并按 Enter 键便可以直接运行代码段，示例如下。

```
>>> print(5)
```

如需退出交互式控制台，则输入退出命令 exit() 即可。

3.2.2 运行 IPython

交互式控制台允许开发人员快速地验证代码运行结果是否为预期的结果，这也是数据分析从业人员常用的开发技巧。相较于标准的 Python 解释器，在数据分析领域中更常用的是 IPython。IPython 是加强版的 Python 解释器，它在交互方式上进行了优化，同时还支持一些简单的系统命令行。在 Anaconda 中你可以很轻松地安装 IPython，安装成功后，启动方式为输入 ipython 命令。

```
#ipython
Python 3.7.6 (default, Jan  8 2020, 19:59:22)
Type 'copyright', 'credits' or 'license' for more information
IPython 7.12.0 -- An enhanced Interactive Python. Type '?' for help.

In [1]:
```

本书中的大部分示例代码会使用 IPython 作为执行代码的工具，因此我们用 IPython 编写第一个 Python 程序，与 Python 的交互解释器相似，在提示符后面输入代码。

```
In [1]: print('Hello World!')
Hello World!
```

我们也可以将上面的代码写入 .py 的脚本中，然后在 IPython 中运行脚本。

```
In [2]: cat hello_world.py
print('Hello World!')

In [3]: run hello_world.py
Hello World!
```

运行脚本的方式是调用 run 命令，并将脚本文件的路径作为第一个参数输入。

如果你是 Python 的初学者，那么你已经向 Python 这个新世界问好，开启了你的 Python 之旅。在后续的章节中，你将会学习 Python 的简单语法，再逐步深入了解如何利用 Python 进行数据分析。

3.3 基础语法

3.3.1 缩进

Python 使用缩进来编写代码块，而不是大括号，这是 Python 语法的一大特色。我们来看一段示例代码。

```
if x < 0:
    print ("it's negative.")
else:
    print ("it's non-negative.")
```

冒号后面表示一个缩进代码块的开始，同一个代码块中的所有代码语句必须有相同的缩进。Python 对于缩进格式要求十分严格，如果缩进不一致可能会出现语法错误。为了尽量避免这种人眼难以察觉的问题，推荐使用 4 个空格作为默认的缩进。

3.3.2 注释

Python 中单行注释以 # 开头。我们给前面的示例代码加上单行注释。

```
if x < 0:
    # 判断 x 为负数
    print ("it's negative.")
else:
    # 否则为非负数
    print ("it's non-negative.")
```

单行注释可以单独成行，也可以加在代码语句的末尾。如:

```
print ("it's negative number.") # 输出到屏幕表明这是负数
```

多行注释则使用 3 个单引号或双引号进行标识，如下面的示例，用多行注释简要说明函数的功能和参数。

```
def func_sum(input_array):
    '''
    功能：对数组进行求和
    参数：input_array 为输入的数组
          total_value 为求和的结果
    '''

    total_value = 0
    for x in input_array:
```

```
        total_value += x
    return total_value
```

添加适当的、简要的注释可以大大提升代码的可读性，尤其是在复杂的程序项目中，代码注释是非常重要的。

3.3.3 标识符

Python 的标识符用于识别变量、函数、类、模块及其他对象，标识符的命名遵循以下规则。

（1）标识符由字母、数字和下划线组成。

（2）标识符必须以字母或下划线作为第一个字符。

（3）标识符区分字母大小写。

其中，以下划线开头的标识符具有特殊的意义：以单下划线开头的变量或方法表示内部使用，是无法从外部导入的；以双下划线开头的属性是类的私有成员，子类是无法继承私有成员的；以双下划线开头和结尾是特殊方法的专用标识，如 __init__ 是类的初始化方法。

3.3.4 关键字

Python 保留的关键字（又称关键词）是语言本身的专有标识符，不能够用于命名变量、方法、类等，通过 keyword 模块可以查看当前 Python 版本的所有关键字。

```
>>> import keyword
>>> keyword.kwlist
['False', 'None', 'True', 'and', 'as', 'assert', 'async', 'await', 'break',
'class', 'continue', 'def', 'del', 'elif', 'else', 'except', 'finally', 'for',
'from', 'global', 'if', 'import', 'in', 'is', 'lambda', 'nonlocal', 'not', 'or',
'pass', 'raise', 'return', 'try', 'while', 'with', 'yield']
```

3.4 变量和数据类型

3.4.1 变量赋值

Python 中的变量不需要类型声明，但是使用变量前必须先赋值。等号用于变量赋值，等号的左边是变量名，右边是要赋予的值。

```
my_weight = 120 # 体重（整型）
```

```
my_height = 178.5 # 身高（浮点型）
my_name = "Lynn" # 姓名（字符串）
```

3.4.2 布尔型

Python 的布尔值分别为 True 和 False，比较运算和条件表达式的运行结果是布尔值。

```
>>> a = 7
>>> a > 0
True
>>> b = None
>>> b is not None
False
```

3.4.3 数值类型

Python 支持如下 3 种数值类型。

- 整型：整数，Python 3 可以存储任意大小的整数。
- 浮点型：包含整数和小数部分，为双精度 64 位数值，可以用科学记数法表示。
- 复数：由实数和虚数组成，实数部分和虚数部分都为浮点数。

下面的示例列举了这 3 种数值类型的变量。

```
x_int = 123 # 整型
x_float = 12.3 #浮点型
x_float2 = 1.23e-5 #科学记数法
x_complex = 1.1 + 2.3j # 复数
x_complex2 = complex(1.1, 2.3) #用 complex 定义复数
```

3.4.4 字符串

Python 没有单字符类型，单个字符也是字符串。我们可以用单引号或双引号定义一个字符串。

```
a = 'This is a string.'
b = "This is a string."
```

如果需要定义带有换行符的多行字符串，可以用 3 个单引号或双引号。

```
a = '''
This is a string which contains:
fist line
second line
'''
```

```
b = """
This is a string which contains:
first line
second line
"""
```

Python 支持中文字符，但是需要在文件头指定编码格式为 utf-8。

```
#!/usr/bin/python
# coding=utf-8

a = "这是中文字符"
print(a)
```

3.5 内置的数据结构

3.5.1 集合

Python 的集合是无序的且不包含重复元素的序列对象，可以通过 set 函数初始化一个集合，如传入一个列表。

```
my_set = set([1, 2, 3, 4])
```

我们也可以使用花括号创建一个集合。

```
my_set = {1, 2, 3, 4}
```

如果想要创建一个空集合，只能使用 set 函数且不传递任何参数。

```
empty_set = set()
```

Python 的集合是可变容器，可以添加或删除元素。

```
>>> my_set = set(["sunny", "foggy", "windy"])
>>> my_set.add("rainy") # 添加元素
>>> print(my_set)
{'windy', 'foggy', 'rainy', 'sunny'}
>>> my_set.add("sunny") # 添加重复元素，不会更新集合
>>> print(my_set)
{'windy', 'foggy', 'rainy', 'sunny'}
>>> my_set.remove("rainy") # 删除元素
>>> print(my_set)
{'windy', 'foggy', 'sunny'}
```

Python 的集合支持集合运算。

```
>>> s1 = {1, 2, 3}
>>> s2 = {2, 3, 4}
>>> print(s1 & s2) # 交集
{2, 3}
>>> print(s1 | s2) # 并集
{1, 2, 3, 4}
>>> print(s1-s2) # 补集
{1}
```

3.5.2 元组

Python 的元组是有序的不可变容器，元组的元素是不允许被修改的。我们可以传递列表给 tuple 函数，从而初始化一个元组。

```
my_tuple = tuple([1, 2, 3, 4])
```

或通过圆括号初始化，传递的多个元素以逗号为分隔符。

```
my_tuple = (1, 2, 3, 4)
```

如需通过圆括号创建一个只包含单个元素的元组，必须在元素后面添加逗号。

```
my_tuple = (1,)
```

元组中的元素是有序的，我们可以通过索引进行访问或获取切片。

```
>>> my_tuple = (1, 2, 3, 4)
>>> print(my_tuple[0])
1
>>> print(my_tuple[1:3])
(2, 3)
```

虽然元组的元素不允许被修改，但是可以合并元组，合并后的元组是一个新的元组。

```
>>> tuple1 = (1, 2, 3)
>>> tuple2 = (4, 5)
>>> print(tuple1 + tuple2)
(1, 2, 3, 4, 5)
```

3.5.3 列表

列表是 Python 中常用的序列对象，列表中的元素是有序的且可以被修改。最常用的初始化列表的方式是在方括号中添加元素，元素间用逗号隔开。

```
my_list1 = [1, 2, 3, 4]
```

也可以用 list 函数初始化。

```
my_list2 = list(["sunny", "windy", "foggy"])
empty_list = list()
```

与元组相同，列表支持索引访问和切片操作。

```
>>> my_list = [1, 2, 3, 4]
>>> print(my_list[0])
1
>>> print(my_list[1:3])
[2, 3]
```

与元组不同的是，列表支持添加、删除、更新元素。

```
>>> my_list = [1, 2, 3, 4]
>>> my_list.append(5) # 添加元素
[1, 2, 3, 4, 5]
>>> print(my_list)
>>> dele my_list[4] # 删除第五个元素
>>> print(my_list)
[1, 2, 3, 4]
>>> my_list[2] = 1 # 更新第三个元素
>>> print(my_list)
[1, 2, 1, 4]
```

列表也支持合并操作。

```
>>> my_list1 = [1, 2, 3, 4]
>>> my_list2 = ['sunny', 'windy', 'foggy']
>>> my_list3 = my_list1 + my_list2
>>> print(my_list3)
[1, 2, 3, 4, 'sunny', 'windy', 'foggy']
```

3.5.4 字典

Python 的字典也是可变容器，以键值对的形式存储数据，可以存储任意类型的对象。我们可以使用 dict 函数初始化一个字典，甚至是创建一个空字典。

```
my_profile = dict({"Name": "Lynn", "Height": 176, "Weight": 120})
empty_dict = dict()
```

更常用的初始化方法是直接在花括号中添加键值对，键值对之间用逗号隔开，键值对中用冒号分隔键和数据值。

```
my_profile = {"Name": "Lynn", "Height": 176, "Weight": 120}
```

字典中的键是唯一的，但是数据值可以重复。

```
coffe_price = {"Latte": 30, "Cappuccino": 30}
```

字典中的键即索引，因此可以通过键访问其对应的数据项。

```
>>> my_profile =  {"Name": "Lynn", "Height": 176, "Weight": 120}
>>> print(my_profile["Height"])
176
```

作为可变容器，字典支持添加、删除和更新操作。

```
>>my_ profile = {"Name": "Lynn", "Height": 176, "Weight": 120}
>>my_profile["Gender"] = "male" # 如果指定的键不存在，则添加新的键值对
print(my_profile)
{'Name': 'Lynn', 'Height': 176, 'Weight': 120, 'Gender': 'male'}
>>del my_profile["Gender"] # 删除键 Gender 和对应的数据项
>>print(my_profile)
{'Name': 'Lynn', 'Height': 176, 'Weight': 120}
>>my_profile["Weight"] = 130 # 如果指定的键已经存在，则更新数据值
>>print(my_profile)
{'Name': 'Lynn', 'Height': 176, 'Weight': 130}
```

3.6 控制流

3.6.1 条件语句

Python 编程中 if 条件语句用于流程控制，它通过判断条件是否为真值（true value of a quantity）来控制代码块的运行。

```
if x < 0:
    print ("it's negative.")
```

当要判断多个条件时，可以用 elif 和 else 实现多个条件分支。

```
if x < 0:
    print("it's negative.")
elif x == 0:
    print("it's equal to zero.")
else:
    print("it's positive.")
```

一个 if 语句可以与多个 elif 和一个 else 组合，条件是按照从上到下的顺序进行判断，

只要某个条件判断结果为 True，其后面条件分支下的代码块都不会执行。如果 if 和所有 elif 的判断条件均为 False，则执行 else 分支下的代码块。

如果判断条件比较复杂，可以先将复杂条件拆分成多个简单条件，然后使用 and 和 or 进行组合。例如，判断某个数是否在预期的数值区间里。

```
if (x > 0 and x < 5) or (x > 10 and x < 15):
    print("This number is what we need.")
```

3.6.2 循环语句

Python 中最主要的循环语句是 for 循环和 while 循环。for 循环用于遍历一个迭代对象，直到遍历完所有元素，语法格式如下。

```
for value in sequence:
    # 这里存放循环执行的代码块
    pass
```

我们来看一个用 for 循环实现求和功能的例子。

```
my_data = [1, 2, 3, 4]
total = 0
for x in my_data:
    total += x
print(total)
```

while 循环需要提供一个判断条件，当条件判断结果为 False 时循环停止，否则一直执行相应的代码块，语法格式如下。

```
while condition:
    # 这里存放循环执行的代码块
    pass
```

同样来看一个简单的例子。

```
x = 0
while x < 10: # 当 x 累加到 10 时，循环停止
    x += 2
print(x)
```

Python 允许循环嵌套，即在一个循环中可以嵌入另一个循环。以下示例通过循环嵌套将二维数组的所有元素相加求和。

```
my_data = [[1, 2, 3], [4, 5, 6], [7, 8, 9]]
total = 0
for data_row in my_data:
    for x in data_row:
```

```
        total += x
    print(total)
```

while 的循环嵌套形式也与其类似，并且 for 循环与 while 循环也同样可以互相嵌套。

3.6.3 break 和 continue 关键字

Python 中的 break 和 continue 关键字可以用于跳出循环，使用 break 会跳出整个循环，使用 continue 会跳出本次循环。为了了解 break 和 continue 的区别，我们先定义一个存放整数的列表。

```
my_data = [1, 2, 5, 3, 4]
```

遍历列表元素，并将元素添加到新建的空列表中。

```
new_data = list()
for x in my_data:
    if x == 5:
        break

    new_data.append(x)
```

在示例中，当元素值为 5 时，用 break 会结束整个循环，所以新列表中只添加了前两个元素值。

```
>>> print(new_data)
[1, 2]
```

我们用 continue 替换 break 关键字。

```
new_data = list()
for x in my_data:
    if x == 5:
        continue

    new_data.append(x)
```

当条件满足时，continue 后面的代码块不会被执行。但是 continue 关键字只是跳出本次循环，并不会结束整个循环。因此，最终结果中只有 5 这个元素值没有被添加到列表中。

```
>>> print(new_data)
[1, 2, 3, 4]
```

3.7 函数

3.7.1 函数定义

函数用以实现独立的或相关联的功能，它是 Python 中组织和复用代码的方式。函数能够提高代码复用率，减少重复代码，更好地实现代码模块化。Python 中通过 def 关键字定义一个函数。

```
def add_num(a, b):
    return a + b
```

def 关键字后面定义的是函数名，圆括号里定义函数的输入参数。函数的输入参数分为位置参数和关键字参数，关键字参数必须定义在位置参数后面，且需要定义默认值。

```
def my_func(a, b, op="add"):
    if op == "add":
        return a + b

    elif op == "del":
        return a - b

    else:
        print("Not supported operation.")
```

函数的返回值用 return 关键字指定，如果没有 return 关键字，函数的默认返回值为 None。

3.7.2 函数调用

Python 中通过函数名来调用一个函数，调用时需要传递参数。位置参数需要严格按照顺序传递，关键字参数则通过关键字指定。

```
a = 2; b = 1
# 调用函数执行 a+b
c1 = my_func(a, b, op="add")
# 调用函数执行 a-b
c2 = my_func(a, b, op="del")
```

如果需要存储返回结果，则如上面的例子所示，用等号获取函数的返回值。如果函数有多个返回值，则以元组对象返回。通过下面的简单语法可以分别存储多个返回值。

```
def foo(a, b):
```

```
    r1 = a + b
    r2 = a - b
    return r1, r2

a = 2; b =1
c1, c2 = foo(a, b) # c1 和 c2 分别存储 foo 函数返回的 r1 和 r2
```

值得提醒的是，Python 中的函数也是对象，因此在调用时要注意函数所在的命名空间和作用域。

3.7.3 lambda 函数

lambda 函数也被称为匿名函数，是通过参数的表达式生成的函数。声明匿名函数的关键字是 lambda，如定义一个简单的求平方值的 lambda 函数。

```
f = lambda x: x*x
```

运行结果如下。

```
>>> f(2)
4
>>> f(3)
9
```

匿名函数可以快捷地定义某项简单的功能，因为其参数表达式的编写形式使得代码更加简洁直观。在数据分析或是科学计算领域，lambda 函数是很常见的，一些简单的运算或统计指标可以通过 lambda 函数快速实现。

3.8 类

3.8.1 类定义

Python 中的类体现了面向对象编程的特性，一个类封装了一组相关的数据和功能，从而能够描述一种类型的对象，或提供系统性的服务和接口。类是抽象的模板，定义一个类即创建了一个新的对象类型。Python 中定义类的关键字是 class，关键字后面是类的名称，如定义一个最简单的类。

```
class MyClass():
    pass
```

在一个类中可以添加类的属性，也可以定义类的方法。

```
class MyClass():
    def __init__(self):
        self.a = 1
        self.b = 2

    def my_func(self):
        pass
```

如果定义的是子类，则需在类名后面的圆括号中指定继承的父类名称。

```
class MyClass(BaseClass):
    pass
```

大部分情况下，子类会继承父类的属性和方法，也可以重写父类的方法。

3.8.2 类的实例化

实例化是指生成某个类的对象，是将抽象概念具象化。了解实例化的语法之前，我们先定义一个简单的类。

```
class ClassA():
    pass
```

实例化操作使用函数表示法，实例化时会自动调用类的初始化方法，并返回该类的新实例对象。

```
a = ClassA()
```

上面的例子中，在没有显式定义初始化方法时，Python 会调用默认的初始化方法，不需要传入任何参数，也不执行任何操作。在 Python 中，类的初始化方法是名为 __init__ 的特殊方法，允许自定义。例如，下面的类在初始化时为类的属性赋值。

```
class ClassB():
    def __init__(self):
        self.x = 1
        self.y = 2
```

实例化后，实例对象便能访问其属性值。

```
>>> b = ClassB()
>>> b.x, b.y
(1, 2)
```

初始化方法中的第一个参数为 self，是指类实例本身，这是隐式传递的参数，不需要在实例化时指定。我们再看一个带参数的初始化方法。

```
class ClassC():
```

```
    def __init__(self, x, y):
        self.x = x
        self.y = y
```

一个类可以生成多个实例，通过传递不同的参数值，生成的实例拥有不同的属性值。

```
>>> c1 = ClassC(1, 2)
>>> c2 = ClassC(3, 4)
>>> c1.x, c1.y
(1, 2)
>>> c2.x, c2.y
(3, 4)
```

3.8.3 类的属性访问

我们先定义一个简单的汽车类，类中定义 3 种不同类型的属性。

```
class Car():
    wheels = 4
    def __init__(self, color):
        self.__displacement = 1.6
        self.color = color

    def get_displacement(self):
        return self.__displacement

    def set_displacement(self, displacement):
        self.__displacement = displacement
```

首先介绍的是实例属性，实例属性是在实例化时才被初始化的，其中又分为公有属性和私有属性。示例中，车的颜色是公有属性，通过生成的实例可以直接访问。

```
>>> c = Car('red')
>>> c.color
'red'
```

但是，用同样的方法是无法访问私有属性的，私有属性以双下划线开头。

```
>>> c.__displacement
Traceback (most recent call last):
  File "<stdin>", line 1, in <module>
AttributeError: 'Car' object has no attribute '__displacement'
```

如果要访问和设置私有属性，则需要调用实例的专有接口。

```
>>> c.get_displacement()
1.6
```

```
>>> c.set_displacement(1.8)
>>> c.get_displacement()
1.8
```

最后介绍的是类属性，在示例中表明轮胎数量的 wheels 属性就是类属性，实例对象可以直接访问类属性。

```
>>> c.wheels
4
```

类属性与实例属性最大的区别在于不依托于实例对象，通过类本身也可以访问类属性。

```
>>> Car.wheels
4
```

要提醒的是，类属性容易造成多个实例之间的数据共享。例如，当定义的类属性是字典、元组时，任何一个实例对属性的修改都会对其他实例造成影响，因此要慎用类属性。

3.8.4 类的方法调用

类还支持定义多种方法以实现不同的功能，依然以汽车类为例，但进行一些更改。

```
class Car():
    wheels = 4
    def __init__(self, color):
        self.speed = 0
        self.color = color

    def run(self, speed):
        self.speed = speed

    @classmethod
    def get_wheels(cls):
        return cls.wheels

    @staticmethod
    def get_price():
        return 200000
```

这里，定义的 run 方法是类实例的方法对象，它的第一个参数为 self，即类实例对象。类实例的方法对象通常是由类实例调用的，这种调用方式的 self 参数是隐式传递。

```
>>> c = Car('black')
>>> c.run(80)
>>> c.speed
80
```

另一种方式是传入类实例作为参数，然后由类本身调用函数对象。

```
>>> Car.run(c, 90)
>>> c.speed
90
```

这种调用方式不够直接，也不便利，不推荐使用这种方式，不过了解这种调用方式有助于我们理解隐式传递的概念。

通过装饰器，我们还可以定义具有其他特性的方法对象。此处介绍两种：类方法和静态方法。类方法通过修饰器“@classmethod”定义，它的第一个参数是类对象，注意不是类实例，通过类对象或实例对象均可以调用类方法。

```
>>> c.get_wheels()
4
>>> Car.get_wheels()
4
```

通过示例，我们会发现，类名也是隐式传递的参数。因为类对象被作为输入参数传递进去，所以类方法中是可以访问类属性的。要介绍的另一种是静态方法，通过修饰器“@staticmethod”定义，调用方式与类方法相似。

```
>>> c.get_price()
200000
>>> Car.get_price()
200000
```

如果一个方法被定义为静态方法，则表明可以如函数一般使用该方法，不存在隐式传递的特性。因此，你会发现在静态方法中无法使用 self 或 cls 参数去访问类或类实例的属性。

3.9 文件操作

3.9.1 打开和关闭文件

Python 提供了内置的 open 函数，用于打开文件。通过 open 函数打开文件后，会返回一个文件对象（文件句柄），读写文件都是基于文件对象展开的。使用 open 函数，需要指定文件路径，可以是相对路径，也可以是绝对路径。

```
fo1 = open("test.txt")
fo2 = open("/home/test.txt")
```

同时还可以根据操作需要，选择相应的打开模式。

```
fo = open("test.txt", 'a')
```

主要的打开模式如下。

- r：只读模式，默认模式，如果文件不存在则抛出异常。
- w：只写模式，如果文件不存在则创建新文件，存在则覆盖原内容。
- a：追加模式，不可读，如果文件不存在则创建新文件，存在则在文件末尾追加新内容。

如果同时需要读写权限，则可以在上面列举的模式后面加上“+”。

```
fo = open("test.txt", 'w+')
```

当文件操作结束后，需要调用文件对象的 close 函数关闭文件。

```
fo = open("test.txt")
fo.read()
fo.close()
```

还有一种更优雅的语法表达方式。

```
with open("test.txt") as fo:
    fo.read()
```

使用 with 关键字，在退出代码块后会自动关闭文件。

3.9.2 读写文件

文件对象提供了 3 种读取文件的方法：read、readline、readlines。假设我们有一个名为 test.txt 的文件，其内容如下。

```
This is first line.
This is second line.
```

使用 read 方法会直接读取文件的所有内容，包括换行符，返回的是字符串对象。

```
>>> fo = open("test.txt")
>>> text_data
'This is first line.\nThis is second line.\n'
>>> fo = open("test.txt")
>>> text_data = fo.read()
>>> print(text_data)
This is first line.
This is second line.

>>> fo.close()
```

readline 方法每次只读取一行文件数据，返回的是字符串对象，可以通过多次调用逐行读取文件。

```
>>> fo = open("test.txt")
>>> text_line = fo.readline() # 读取第一行
>>> print(text_line)
This is first line.

>>> text_line = fo.readline() # 读取第二行
>>> print(text_line)
This is second line.

>>> fo.close()
```

readlines 方法读取文件的所有行，并返回一个列表对象。

```
>>> fo.close()
>>> fo = open("test.txt")
>>> text_lines = fo.readlines()
>>> text_lines
['This is first line.\n', 'This is second line.\n']
>>> fo.close()
```

关于写文件，文件对象提供了 write 方法，调用方法如下。

```
fo.write("This is new line.")
```

但是写文件时，要注意文件的打开模式，不同的模式下写入的结果不同。依然以 test.txt 文件为例，我们先看看追加模式下的写入结果。

```
>>fo = open("test.txt", 'a+')
>>fo.write("This is new line.")
>>text_data = fo.read()
>>print(text_data)
"""
This is first line.
This is second line.
This is new line.
"""
>>fo.close()
```

追加模式下，新内容是追加在文件末尾的，不会覆盖文件原内容。但是如果是以只写模式打开，则会清空文件原内容，再写入新增的内容。

```
>>> fo = open("test.txt", 'a')
>>> fo.write("This is new line.\n")
>>> fo.close()
```

```
>>> fo = open("test.txt")
>>> text_data = fo.read()
>>> print(text_data)
This is new line.
>>> fo.close()
```

写入的内容要在关闭文件句柄后才会保存到文件中。因此，更建议用 with 关键字为文件进行读写，这样能够保证操作后关闭文件句柄。

```
>>> with open("test.txt", 'a') as fo:
...     fo.write('This is another new line.\n')
...
26
>>> with open('test.txt') as fo:
...     text_data = fo.read()
...
>>> print(text_data)
This is first line.
This is second line.
This is new line.
This is another new line.
```

第4章 NumPy 数组：基础篇

NumPy 作为基础的科学计算 Python 库，提供了高效的数据存储方法，包括存储多维数组、掩码数组等。同时，NumPy 还提供了快速的数组操作接口，覆盖了数组运算、基本的线性代数和基本的数理统计等。因为 NumPy 拥有高效执行数组运算的特性，越来越多的科学计算工具使用 NumPy 数组。学习 NumPy 可以帮助我们了解更多基于 Python 的数据分析工具。

4.1 数组对象

NumPy 的核心是其数组对象，即 ndarray 对象，它是一种通用的多维数据容器。NumPy 中的大部分数组操作是围绕 ndarray 对象展开的。

4.1.1 对象属性

对于 NumPy 的数组对象，我们可以通过属性访问的方式了解它的基本信息。为了探索 ndarray 的属性，我们分别创建一个一维数组和一个二维数组。

```
In [1]: import numpy as np

In [2]: arr1 = np.array([0, 1, 2, 3, 4])

In [3]: arr2 = np.array([[0.0, 1.0, 2.0], [3.0, 4.0, 5.0]])
```

每个数组都拥有 ndim 属性，返回数组的维度。因此，一维数组返回的属性值为 1，二维数组返回的属性值为 2。

```
In [4]: arr1.ndim
Out[4]: 1

In [5]: arr2.ndim
Out[5]: 2
```

ndarray 的 shape 属性返回数组的形状，返回的是元组对象，用以表示每个轴（维度）的长度。

```
In [6]: arr1.shape
Out[6]: (5,)

In [7]: arr2.shape
Out[7]: (2, 3)
```

通过数组对象的 dtype 属性，我们可以获取数组中每个元素的数据类型。

```
In [8]: arr1.dtype
Out[8]: dtype('int64')

In [9]: arr2.dtype
Out[9]: dtype('float64')
```

数组对象的 itemsize 属性可以反映每个元素所占的内存空间大小，64 位的整型和浮点型都占 8 字节。

```
In [10]: arr1.itemsize
Out[10]: 8

In [11]: arr2.itemsize
Out[11]: 8
```

如需获取数组中元素的总个数，则可以访问 size 属性。

```
In [12]: arr1.size
Out[12]: 5

In [13]: arr2.size
Out[13]: 6
```

如需获取整个数组所占的内存空间大小，可以通过元素所占的内存空间大小和元素总数计算得到，但更直接的方式是访问 nbytes 属性。

```
In [14]: arr1.nbytes
Out[14]: 40

In [15]: arr2.nbytes
Out[15]: 48
```

上面介绍的这些属性并不能涵盖 ndarray 的所有属性，但属于数组对象的常用属性，可以用来表明一个数组对象的主要特征。

4.1.2 数据类型

ndarray 是同类数据结构，一个数组中的每个元素都是相同的类型。我们已经知道通过访问属性可以获知数组的数据类型。

```
In [1]: import numpy as np

In [2]: arr = np.array([0, 1, 2])

In [3]: arr.dtype
Out[3]: dtype('int64')
```

数据类型实质上是 NumPy 的 dtype 对象。例如，用 dtype 对象的构造函数生成 64 位整型。

```
In [4]: np.dtype(np.int64)
Out[4]: dtype('int64')
```

NumPy 支持的数据类型非常广泛，很多 NumPy 内置的数据类型能在 C 语言中找到与之匹配的类型，这也是 NumPy 能够与其他系统灵活地进行数据交互的关键。为了更深入地了解 NumPy 的数据类型，我们创建多个不同类型的数组。

```
In [5]: arr1 = np.array([0, 1, 2], dtype=np.uint8)

In [6]: arr2 = np.array([0, 1, 2], dtype=np.int16)

In [7]: arr3 = np.array([0, 1, 2], dtype=np.float32)

In [8]: arr4 = np.array([0j, 1j, 2j], dtype=np.complex64)

In [9]: arr1.dtype, arr2.dtype, arr3.dtype, arr4.dtype
Out[9]: (dtype('uint8'), dtype('int16'), dtype('float32'), dtype('complex64'))
```

数据类型描述了一个数组如何使用内存空间，如申请的内存空间大小，这主要取决于数据的类型和数据的大小。NumPy 中的大部分数值型的 dtype 对象实例遵照类型名称加位数的命名方式，这种命名方式清晰地表明了数据的类型和大小。例如，8 位无符号整型（uint）命名为 uint8，大小为 8 位（1 字节）。

```
In [10]: arr1.dtype, arr1.itemsize
Out[10]: (dtype('uint8'), 1)
```

NumPy 还支持用类型代码指定数据类型，类型代码通常是类型缩写加字节数，如生成 128 位（16 字节）的浮点型，类型代码为 f16。

```
In [11]: np.dtype('f16')
Out[11]: dtype('float128')
```

通常，类型的缩写为全称的首字母，具体如下。

- u：无符号整型（uint）。
- i：有符号整型（int）。
- f：浮点型（float）。
- c：复数（complex）。
- b：布尔型（bool）。
- O：Python 对象（Object）。
- S：字符串类型（string_）。
- U：Unicode 类型（unicode_）。

但并不是 NumPy 内置的所有数据类型都有对应的类型代码，如 128 位和 256 位的复数类型（complex128 和 complex256）就没有类型代码。

数组生成后，我们是无法通过更新元素值来修改数据类型的。当输入的元素值与定义的数据类型不一致时，会被强制转换，如果无法转换则抛出异常。例如，传入的浮点型数据被转换为整型数据。

```
In [12]: arr
Out[12]: array([0, 1, 2])

In [13]: arr[0] = 3.888

In [14]: arr
Out[14]: array([3, 1, 2])
```

如需转换数据类型，我们可以调用 astype 进行显式转换。

```
In [15]: arr.astype(np.float64)
Out[15]: array([3., 1., 2.])
```

将浮点型转换为整型时，小数部分会被忽略（注意不是四舍五入）。

```
In [16]: arr = np.array([1.2, 2.8, 3.9])

In [17]: arr.astype(np.int64)
Out[17]: array([1, 2, 3])
```

当字符串是数字时，可以显式地将字符串类型转换为数值型。

```
In [18]: arr = np.array(['1.2', '2.8', '3.9'])

In [19]: arr.dtype
Out[19]: dtype('<U3')
```

```
In [20]: arr.astype(np.float64)
Out[20]: array([1.2, 2.8, 3.9])
```

使用 astype 转换数据类型时，会生成一个新的数组，并不是对原数组进行转换。

4.2 创建数组

4.2.1 通用的创建方式

创建数组最通用、最灵活的方式是调用 array 函数，它接收任意的序列对象，并将输入对象转换成 NumPy 数组。最常见的例子就是传递列表生成数组。

```
In [1]: import numpy as np

In [2]: np.array([1, 3, 5])
Out[2]: array([1, 3, 5])
```

传递的也可以是元组对象。

```
In [3]: np.array((1, 3, 5))
Out[3]: array([1, 3, 5])
```

NumPy 会根据传递的数据自动推断数组的数据类型，也可以传递 dtype 参数显式地指定数据类型。

```
In [4]: arr1 = np.array([1, 3, 5], dtype=np.float64)

In [5]: arr1.dtype
Out[5]: dtype('float64')
```

如果创建多维数组，可以传递嵌套的序列对象，如列表中嵌套同等长度的列表。

```
In [6]: arr2 = np.array(([1, 3, 5], [2, 4, 6]))

In [7]: arr2
Out[7]:
array([[1, 3, 5],
       [2, 4, 6]])
```

查看数组的维度和形状，可以确认生成的是二维数组。

```
In [8]: arr2.ndim
Out[8]: 2
```

```
In [9]: arr2.shape
Out[9]: (2, 3)
```

也可以是元组里嵌套列表。

```
In [10]: np.array(([1, 3, 5], [2, 4, 6]))
Out[10]:
array([[1, 3, 5],
       [2, 4, 6]])
```

生成 NumPy 数组还可以使用 asarray 函数，它与 array 函数的功能基本相同，如接收序列作为输入对象。

```
In [11]: np.asarray((1, 3, 5))
Out[11]: array([1, 3, 5])
```

两个函数的差别在于处理 ndarray 对象。

```
In [12]: arr0 = np.array((1, 3, 5))

In [13]: arr1 = np.array(arr0)

In [14]: arr2 = np.asarray(arr0)

In [15]: arr0 is arr1
Out[15]: False

In [16]: arr0 is arr2
Out[16]: True
```

当输入数据为 NumPy 数组时，array 函数会复制数据并生成一个新数组，asarray 函数则只是生成一个引用并指向输入的数组对象。

4.2.2 填充数组

值填充也是一种创建数组的方式，指定数组形状，使用同一数据值填充整个数组。生成全 0 数组就是一个很好的例子。

```
In [1]: import numpy as np

In [2]: np.zeros(5)
Out[2]: array([0., 0., 0., 0., 0.])
```

使用 zeros 函数时，如果输入参数是整数，自动生成对应长度的一维数组。如果要创建多维数组，可以传递元组来指定数组形状。

```
In [3]: np.zeros((3, 3))
Out[3]:
array([[0., 0., 0.],
       [0., 0., 0.],
       [0., 0., 0.]])
```

若要生成全 1 数组，则使用 ones 函数。ones 函数的用法与 zeros 函数类似，支持整数或元组作为输入参数。

```
In [4]: np.ones(6)
Out[4]: array([1., 1., 1., 1., 1., 1.])

In [5]: np.ones((3, 5))
Out[5]:
array([[1., 1., 1., 1., 1.],
       [1., 1., 1., 1., 1.],
       [1., 1., 1., 1., 1.]])
```

无论是 zeroes 函数还是 ones 函数，它们默认创建的数组的数据类型都为 float64。

```
In [6]: arr0 = np.zeros(3)

In [7]: arr0.dtype
Out[7]: dtype('float64')

In [8]: arr1 = np.ones(3)

In [9]: arr1.dtype
Out[9]: dtype('float64')
```

可以传递 dtype 参数，显式地指明数组的数据类型。

```
In [10]: np.zeros(3, dtype=np.int32)
Out[10]: array([0, 0, 0], dtype=int32)

In [11]: np.ones(3, dtype=np.int16)
Out[11]: array([1, 1, 1], dtype=int16)
```

全 0 或全 1 数组是较常见的填充数组，因而 NumPy 提供了 zeros 和 ones 函数作为快捷的创建方法。相比于创建特定数值的填充数组，更加通用的方法是使用 full 函数生成填充数组，full 函数允许指定填充值。

```
In [12]: np.full(3, 8)
Out[12]: array([8, 8, 8])
```

上面的例子中，full 函数的第一个参数为 3，用来指明一维数组的长度；第二个参数为 8，用来指定填充值。如果需要生成多维数组，将元组作为第一个参数传递给 full 函数，以二维数组为例的代码如下。

```
In [13]: np.full((3, 4), 6)
Out[13]:
array([[6, 6, 6, 6],
       [6, 6, 6, 6],
       [6, 6, 6, 6]])
```

使用 full 函数时，它会根据指定的填充值自动推断数组的类型。同样，full 函数支持 dtype 参数，允许显式地定义数组类型。

```
In [14]: np.full((3, 4), 6, dtype=np.float32)
Out[14]:
array([[6., 6., 6., 6.],
       [6., 6., 6., 6.],
       [6., 6., 6., 6.]], dtype=float32)
```

NumPy 还提供了复制填充的方法，即先复制给定数组的形状和类型，再进行数据填充。对于已经介绍的 3 种创建填充数组的方法，NumPy 都提供了对应的复制填充函数。我们依然先以全 0 数组为例。

```
In [15]: arr = np.array([[0, 1, 2], [3, 4, 5]])

In [16]: arr
Out[16]:
array([[0, 1, 2],
       [3, 4, 5]])

In [17]: np.zeros_like(arr)
Out[17]:
array([[0, 0, 0],
       [0, 0, 0]])
```

这是 zeros_like 函数的一个示例，给定的数组为 2 行 3 列的二维数组，所以生成的全 0 数组拥有同样的形状。我们也可以把同一个数组传递给 ones_like 函数，生成 2 行 3 列的全 1 数组。

```
In [18]: np.ones_like(arr)
Out[18]:
array([[1, 1, 1],
       [1, 1, 1]])
```

如果使用 full_like 函数创建数组，还需要传递第二个参数，用来指明填充的数据。

```
In [19]: np.full_like(arr, 6)
Out[19]:
array([[6, 6, 6],
```

```
        [6, 6, 6]])
```

读到这里，你可能会有个疑问：如果将给定数组的形状作为参数传递给 zeros、ones 或 full 函数，不是也能达到相同的效果吗？确实如此，以 full 函数作为示例的代码如下。

```
In [20]: np.full(arr.shape, 6)
Out[20]:
array([[6, 6, 6],
       [6, 6, 6]])
```

但是，使用复制填充函数同时复制数组的形状和类型，意味着生成的填充数组与给定数组的类型也是相同的。我们通过下面的示例来进一步了解复制填充函数的这一特点。

```
In [21]: arr = np.array([[1.1, 2.2], [3.3, 4.4], [5.5, 6.6]])

In [22]: arr_f = np.full(arr.shape, 8)

In [23]: arr_fl = np.full_like(arr, 8)

In [24]: arr.shape, arr.dtype
Out[24]: ((3, 2), dtype('float64'))

In [25]: arr_f.shape, arr_f.dtype
Out[25]: ((3, 2), dtype('int64'))

In [26]: arr_fl.shape, arr_fl.dtype
Out[26]: ((3, 2), dtype('float64'))
```

通过比较，你会发现 full_like 函数同时保留了原数组的形状和类型（float64），而 full 函数是根据指定的填充数据自动推断数组类型为整型（int64）。复制数组类型是复制填充函数的默认行为，我们也可以传递 dtype 参数进行类型转换。

```
In [27]: arr_fl = np.full_like(arr, 8, dtype=np.int64)

In [28]: arr_fl.shape, arr_fl.dtype
Out[28]: ((3, 2), dtype('int64'))
```

4.2.3 对角矩阵

对角矩阵是指主对角线之外的元素皆为 0 的矩阵。虽然对角矩阵的构造简单，却是在矩阵分解中很常见的一类矩阵。如果对角线上的元素均为 1，则这个对角矩阵被称为单位矩阵。NumPy 提供了生成单位矩阵的方法，最简单的是使用 identity 函数。

```
In [1]: import numpy as np
```

```
In [2]: np.identity(3)
Out[2]:
array([[1., 0., 0.],
       [0., 1., 0.],
       [0., 0., 1.]])
```

使用 identity 函数生成的矩阵是单位矩阵，即行列长度相同的矩阵，identity 函数接收的第一个参数就用于指定行列的长度。生成的单位矩阵默认为 float64 类型，可以传递 dtype 参数修改数组类型。

```
In [3]: np.identity(3, dtype=np.int32)
Out[3]:
array([[1, 0, 0],
       [0, 1, 0],
       [0, 0, 1]], dtype=int32)
```

因为 identity 函数的限制性，NumPy 还提供了更加灵活的创建单位矩阵的方法，即使用 eye 函数。使用 eye 函数也可以创建单位矩阵，当列长度没有指定时，生成的便是单位矩阵。

```
In [4]: np.eye(3)
Out[4]:
array([[1., 0., 0.],
       [0., 1., 0.],
       [0., 0., 1.]])
```

如果矩阵的行列长度不等，可以传递参数分别指定，如生成 3 行 4 列的矩阵。

```
In [5]: np.eye(3, 4)
Out[5]:
array([[1., 0., 0., 0.],
       [0., 1., 0., 0.],
       [0., 0., 1., 0.]])
```

eye 函数还支持 k 参数，用来指定对角线的索引值：默认值为 0，表示主对角线；若为正数，生成上三角矩阵；若为负数，生成下三角矩阵。下面的例子中，分别用 eye 函数生成上三角和下三角矩阵。

```
In [6]: np.eye(3, k=1)
Out[6]:
array([[0., 1., 0.],
       [0., 0., 1.],
       [0., 0., 0.]])

In [7]: np.eye(3, k=-1)
Out[7]:
```

```
array([[0., 0., 0.],
       [1., 0., 0.],
       [0., 1., 0.]])
```

值得注意的是，NumPy 拥有矩阵和数组两种数据类型，这表示矩阵和二维数组是存在差别的。上面介绍的 identity 和 eye 函数生成的实际上是二维数组，如果需要转换成矩阵类型，可以调用 mat 函数。

```
In [8]: arr = np.eye(3)

In [9]: np.mat(arr)
Out[9]:
matrix([[1., 0., 0.],
        [0., 1., 0.],
        [0., 0., 1.]])
```

4.2.4 空数组

有时候，我们需要先创建指定形状的空数组，后续再往里填充数据。考虑到这种情况，NumPy 提供了 empty 函数，允许我们创建空数组。下面是一个简单的 empty 函数的示例。

```
In [1]: import numpy as np

In [2]: np.empty(4)
Out[2]: array([6.90192560e-310, 4.68197254e-310, 6.90191763e-310, 6.90191763e-
310])
```

使用 empty 函数时，可以用单个整数指定数组长度，也可以传递元组定义数组的形状。

```
In [3]: np.empty((4, 3))
Out[3]:
array([[6.9019256e-310, 6.9019256e-310, 0.0000000e+000],
       [0.0000000e+000, 0.0000000e+000, 0.0000000e+000],
       [0.0000000e+000, 0.0000000e+000, 0.0000000e+000],
       [0.0000000e+000, 0.0000000e+000, 0.0000000e+000]])
```

如果需要为空数组指定数据类型，则创建时输入 dtype 参数。

```
In [4]: np.empty((4, 3), dtype=np.int32)
Out[4]:
array([[-1576826904,       32525,    23801184],
       [      22064,           0,           0],
       [          0,           0,           0],
       [          0,           0,           0]], dtype=int32)
```

通过 empty 函数创建的空数组，其中的元素都是未初始化的随机数据。因此，一定要将空数组初始化后，再进行数组运算，否则可能会抛出异常。可以通过数组更新的方式对空数组进行初始化，数组更新的方法在后续章节会介绍。

4.2.5 等差数组

在实现循环逻辑时，我们常会用到 Python 内置的 range 生成迭代器，迭代器会根据步长在指定范围内生成等差数列。

```
In [1]: a = list()
   ...: for i in range(5):
   ...:     a.append(i)
   ...:

In [2]: print(a)
[0, 1, 2, 3, 4]
```

当只传递一个参数时，默认从 0 开始，给定的数值作为结尾，以 1 为步长生成等差数列，但不包含结尾的数值。NumPy 提供了对应的数组版本，即 arange 函数，可以用于生成包含等差数列的一维数组。

```
In [3]: import numpy as np

In [4]: np.arange(5)
Out[4]: array([0, 1, 2, 3, 4])
```

我们可以同时输入取值范围的开始和结束位置。

```
In [5]: np.arange(1, 10)
Out[5]: array([1, 2, 3, 4, 5, 6, 7, 8, 9])
```

当明确指定取值范围时，第一个参数为起始位置，第二个参数为结束位置。你还可以传递第三个参数用来指定步长，如指定步长为 2，生成一个包含偶数的等差数列。

```
In [6]: np.arange(2, 11, 2)
Out[6]: array([ 2, 4, 6, 8, 10])
```

步长可以设定为小数。

```
In [7]: np.arange(1, 2, 0.1)
Out[7]: array([1. , 1.1, 1.2, 1.3, 1.4, 1.5, 1.6, 1.7, 1.8, 1.9])
```

arange 函数同样支持 dtype 参数，用于指定数组类型。但是要注意的是，当 dtype 参数与默认的数据类型不同时，会进行类型转换，转换后的数组可能不再是等差数组，如下面的例子。

```
In [8]: np.arange(1, 2, 0.1, dtype=np.int32)
```

```
Out[8]: array([1, 1, 1, 1, 1, 1, 1, 1, 1, 1], dtype=int32)
```

NumPy 中的 linspace 函数也可以生成等差数组，它与 arange 函数的主要差别在于，它是根据给定的数组长度自动计算步长，默认生成 50 个元素。例如，生成一个包含 1 到 50 的所有整数的数组。

```
In [9]: np.linspace(1, 50)
Out[9]:
array([ 1.,  2.,  3.,  4.,  5.,  6.,  7.,  8.,  9., 10., 11., 12., 13.,
       14., 15., 16., 17., 18., 19., 20., 21., 22., 23., 24., 25., 26.,
       27., 28., 29., 30., 31., 32., 33., 34., 35., 36., 37., 38., 39.,
       40., 41., 42., 43., 44., 45., 46., 47., 48., 49., 50.])

In [10]: np.linspace(1, 50).shape
Out[10]: (50,)
```

使用 linspace 函数时，必须同时输入取值范围的起始位置和结束位置。如果需要改变默认的数组长度，可以传递第三个参数，参数值必须为整型。

```
In [11]: np.linspace(1, 10, 5)
Out[11]: array([ 1.,  3.25,  5.5,  7.75, 10.  ])
```

也可以显式地指定数组长度。

```
In [12]: np.linspace(1, 10, num=5)
Out[12]: array([ 1.,  3.25,  5.5,  7.75, 10. ])
```

linspace 函数默认生成 float64 类型的数组，同样可以用 dtype 参数指定数组类型。

```
In [13]: np.linspace(1, 10, 10, dtype=np.int32)
Out[13]: array([ 1,  2,  3,  4,  5,  6,  7,  8,  9, 10], dtype=int32)
```

你可能发现了 linspace 和 arange 函数的另一个差别，即对于结束位置的处理。arange 函数默认不包含结束位置的数值，linspace 函数则默认包含，我们可以通过 endpoint 参数修改 linspace 函数的这一默认行为。

```
In [14]: np.linspace(0, 10, num=10, endpoint=False)
Out[14]: array([0., 1., 2., 3., 4., 5., 6., 7., 8., 9.])
```

4.2.6 随机数组

我们在预处理数据或建立机器学习模型时，常常需要生成随机数，如给训练集添加噪声数据。NumPy 提供了 random 模块，其包含了丰富的生成随机数的函数，允许使用者根据取值范围、数据类型、数据分布等多种因素生成不同类型的随机数组。下面我们介绍 random 模块中常用函数的用法。

1. 随机种子

在计算机领域中，随机种子是伪随机数的生成器，它以一个给定的随机数作为初始条件，再根据具体的算法不停迭代生成随机数。NumPy 通过 random.seed 函数设置随机种子，该函数的输入参数是用来指定初始条件的随机数，必须为整型。

```
In [1]: import numpy as np

In [2]: np.random.seed(6)
```

之所以称之为伪随机数，是因为在同一个随机种子下，生成的随机数序列是相同的。例如下面的例子，两次生成随机数组用的是相同的随机种子。

```
In [3]: np.random.seed(178)

In [4]: np.random.random(5)
Out[4]: array([0.52459625, 0.03836, 0.74761276, 0.73132176, 0.87655694])

In [5]: np.random.random(3)
Out[5]: array([0.95782206, 0.55550959, 0.87348273])

In [6]: np.random.seed(178)

In [7]: np.random.random(5)
Out[7]: array([0.52459625, 0.03836, 0.74761276, 0.73132176, 0.87655694])

In [8]: np.random.random(3)
Out[8]: array([0.95782206, 0.55550959, 0.87348273])
```

NumPy 会默认根据当前系统时间生成随机种子，我们也可以如上面的示例通过 seed 函数设置自己的随机种子。

2. 均匀分布的随机数

生成一个 [0, 1) 的随机数，最简单的方法是使用 random.random 函数。

```
In [9]: np.random.random()
Out[9]: 0.2576951856607832
```

不输入任何参数时，random 函数返回一个随机数。如果传递了 size 参数，则返回一维随机数组。

```
In [10]: np.random.random(3)
Out[10]: array([0.76543081, 0.28172148, 0.47289086])

In [11]: np.random.random(size=3)
```

```
Out[11]: array([0.63656378, 0.30865028, 0.84064114])
```

random 函数生成的是 0 到 1 之间均匀分布的随机数，但是只能生成一维数组。如果需要生成多维数组，可以使用 rand 函数。

```
In [12]: np.random.rand(3, 2)
Out[12]:
array([[0.76679933, 0.52968996],
       [0.31458738, 0.24361038],
       [0.19499372, 0.70111376]])
```

rand 函数支持用任意个参数指定数组形状。生成三维数组的方式如下。

```
In [13]: np.random.rand(3, 2, 2)
Out[13]:
array([[[0.30647292, 0.08214073],
        [0.95128132, 0.37031757]],

       [[0.98711749, 0.74324987],
        [0.74576809, 0.7900824 ]],

       [[0.11846569, 0.50455534],
        [0.89519195, 0.97064515]]])
```

如果需要在指定取值范围内生成均匀分布的随机数，可以使用 random.uniform 函数，函数定义如下。

```
uniform(low=0.0, high=1.0, size=None)
```

其中，参数 low 和 high 分别用来指定半闭区间的上界和下界，半闭区间不包含下界，即在 [low, high) 区间内生成随机数；参数 size 用于指定数组形状，当参数值为 None 时，返回单个随机数。因此，不传递任何参数时，默认生成一个 0 到 1 之间的随机数。

```
In [14]: np.random.uniform()
Out[14]: 0.3465812267397943
```

如果只传递了一个参数，NumPy 会根据参数值自动判断取值范围。假设参数值为 x，当参数值小于 high 的默认值（默认值为 1）时，取值范围为 $[x, 1)$。

```
In [15]: np.random.uniform(-0.9)
Out[15]: -0.7590535901768464
```

当参数值大于 high 的默认值时，取值范围为 $[1, x)$。

```
In [16]: np.random.uniform(3)
Out[16]: 2.216686766874042
```

若同时传递两个参数，可以明确地指明区间的上下界，如生成 2 到 3 之间的随机数。

```
In [17]: np.random.uniform(2, 3)
Out[17]: 2.7580567790122825
```

NumPy 会根据传递的参数自动识别区间范围，以较小的数为上界，较大的数为下界，即使前两个参数的传递顺序颠倒也同样可以工作。

```
In [18]: np.random.uniform(3, 2)
Out[18]: 2.7220058734374755
```

或者显式地传递参数。

```
In [19]: np.random.uniform(low=2, high=3)
Out[19]: 2.1143306756878415
```

如果需要生成随机数组，可以添加第三个参数作为 size 的参数值，如生成长度为 4 的一维随机数组。

```
In [20]: np.random.uniform(2, 3, 4)
Out[20]: array([2.63455455, 2.15494261, 2.70592454, 2.15740054])
```

若生成多维数组，则以元组指定数组形状，如生成二维数组。

```
In [21]: np.random.uniform(2, 3, (4, 3))
Out[21]:
array([[2.61065293, 2.65305482, 2.36106096],
       [2.69773141, 2.23063397, 2.54664382],
       [2.87666522, 2.70803163, 2.47693698],
       [2.31883244, 2.40384302, 2.18747458]])
```

同样可以显式地传递 size 的参数值。

```
In [22]: np.random.uniform(2, 3, size=(4, 3))
Out[22]:
array([[2.49129747, 2.87704576, 2.44124636],
       [2.77770555, 2.17961115, 2.54712474],
       [2.98874263, 2.74332179, 2.36328431],
       [2.51483677, 2.87498138, 2.37311824]])
```

目前，我们介绍的方法都是生成随机的浮点数，如果需要生成均匀分布的随机整数，可以使用 random 模块的 randint 函数。可以说，randint 函数是 uniform 函数的整数版本，两个函数的用法很相似。

```
randint(low, high=None, size=None, dtype='l')
```

从函数定义来看，调用 randint 函数时，必须传递 low 参数。如果只传递了 low 参数，取值范围为 [0, low)，如生成 0 到 3 之间的随机整数。

```
In [23]: np.random.randint(3)
```

```
Out[23]: 1
```

同样，传递两个参数可以明确指定取值范围的上下界，如生成2到5之间的随机整数。

```
In [24]: np.random.randint(2, 5)
Out[24]: 3
```

要注意的是，randint 函数的 low 参数是位置参数，必须保证它是传递的第一个参数值，这也是与 uniform 函数在用法上的一大差别。如果表示区间上下界参数的顺序颠倒了，randint 函数会抛出异常，并提示 low 参数值大于 high 参数值。

```
In [25]: try:
    ...:     np.random.randint(5, 2)
    ...: except Exception as e:
    ...:     print(repr(e))
    ...:
ValueError('low >= high')
```

但是显式地传递 low 和 high 参数，传递顺序就不再重要了。

```
In [26]: np.random.randint(high=5, low=2)
Out[26]: 4
```

接着要介绍的是 size 参数，它同样是用来指定数组形状的，如下面的示例，分别生成一维数组和二维数组。

```
In [27]: np.random.randint(1, 10, 3)
Out[27]: array([1, 5, 5])

In [28]: np.random.randint(1, 10, size=(3, 3))
Out[28]:
array([[3, 7, 6],
       [5, 4, 3],
       [7, 5, 1]])
```

你可能注意到 randint 函数还包含了 dtype 参数，它是用来指定数据类型的，但必须是整型。dtype 参数的默认值为小写字母“l”，即长整型，对应的 NumPy 数据类型为 int64。

```
In [29]: arr = np.random.randint(1, 10, 3)

In [30]: arr.dtype
Out[30]: dtype('int64')
```

我们可以传递 dtype 参数，指定数据类型为 int16。

```
In [31]: arr = np.random.randint(1, 10, 3, dtype=np.int16)
```

```
In [32]: arr.dtype
Out[32]: dtype('int16')
```

3. 正态分布的随机数

科学实验中很多随机变量的概率分布近似于正态分布，在机器学习的数据预处理过程中也常用到服从正态分布的随机数。描述正态分布模型的两个参数是均值和标准差，均值为 0 且标准差为 1 的正态分布称为标准正态分布。NumPy 中使用 random.randn 函数可以简单快速地生成标准正态分布的随机数。

```
In [33]: np.random.randn()
Out[33]: -1.1001684162472336
```

randn 函数的用法与 rand 函数相同，都支持任意个参数，输入的参数用于指定数组形状，参数的个数决定数组的维度。上面的例子中没有传递任何参数，所以返回一个随机数，若传递单个参数，则生成一维随机数组。

```
In [34]: np.random.randn(6)
Out[34]:
array([ 0.66841566,  0.13070924,  2.912265  , -1.96246262,  0.77988741,
       -2.46380808])
```

若输入多个参数，则返回多维数组，如生成二维数组。

```
In [35]: np.random.randn(3, 4)
Out[35]:
array([[-0.6164409 ,  1.01733808, -0.29138972, -0.64542099],
       [-1.65039333,  0.30495427,  0.62140002, -0.66949304],
       [-1.12103605,  0.18587984, -1.73052061,  1.54220697]])
```

如果要求样本服从指定的正态分布，可以调用 random 模块的 normal 函数，我们先看函数的定义。

```
normal(loc=0.0, scale=1.0, size=None)
```

其中，loc 参数用于设置正态分布的均值，scale 参数用于设置正态分布的方差，size 参数用于指定数组形状。默认情况下，使用 normal 函数生成的也是标准正态分布的随机数。

```
In [36]: np.random.normal()
Out[36]: -0.37423022933928207
```

也可以传递参数指定正态分布的均值和方差，如指定均值为 0.5、方差为 2 的正态分布。

```
In [37]: np.random.normal(0.5, 2)
```

```
Out[37]: 0.3450192879649525
```

传递 size 参数，可以生成随机数组。

```
In [38]: np.random.normal(0.5, 2, 6)
Out[38]:
array([-2.53296692, -0.60389143,  2.63047771,  1.18228555, -1.78939483,
       -1.33185651])

In [39]: np.random.normal(0.5, 2, size=(2, 3))
Out[39]:
array([[ 3.85119994,  4.21225657, -2.88986068],
       [-0.73573279,  3.1936784 , -0.10616994]])
```

4.3 数组访问

4.3.1 基础索引

NumPy 数组索引允许访问数组的子集或单个元素，本小节主要介绍 NumPy 数组的基础索引，了解访问数组元素的方式。一维数组的索引访问与 Python 列表类似，通过索引下标进行访问。

```
In [1]: import numpy as np

In [2]: arr1 = np.arange(6)

In [3]: arr1
Out[3]: array([0, 1, 2, 3, 4, 5])

In [4]: arr1[2]
Out[4]: 2
```

数组的索引下标从 0 开始，因此当索引值为 2 时，访问的是一维数组的第三个元素。NumPy 数组的索引值也支持负数，负数索引表示从数组尾部开始访问，如索引值为 -1 时访问的是最后一个元素。

```
In [5]: arr1[-1]
Out[5]: 5
```

将索引值设为 -2 时，访问的是倒数第二个元素，即从数组尾部开始的第二个元素。

```
In [6]: arr1[-2]
```

```
Out[6]: 4
```

如果用相同的索引方式访问二维数组，获取的则是一维数组，如下面的例子。

```
In [7]: arr2 = np.eye(4, 3)

In [8]: arr2
Out[8]:
array([[1., 0., 0.],
       [0., 1., 0.],
       [0., 0., 1.],
       [0., 0., 0.]])

In [9]: arr2[0]
Out[9]: array([1., 0., 0.])
```

用 0 作为索引去访问二维数组时，返回的是数组的第一行，如上述结果所示。若是要获取单个元素，我们可以对返回的一维数组传递索引值，操作如下。

```
In [10]: row0 = arr2[0]

In [11]: row0[0]
Out[11]: 1.0
```

因而要访问二维数组的单个元素时，要用递归的方式传递行和列的索引值，如上面的分步操作可以用下面的索引表达式实现。

```
In [12]: arr2[0][0]
Out[12]: 1.0
```

实际上，更常用的是另一种更简洁的索引表达式，即用逗号将行列索引分隔开。

```
In [13]: arr2[0, 0]
Out[13]: 1.0
```

可以输入负数索引值。

```
In [14]: arr2[-2, -1]
Out[14]: 1.0
In [15]: arr2[1, -1]
Out[15]: 0.0
```

我们知道如何访问二维数组后，便可以很容易地推广到更高维的数组。假设有一个 N 维数组，每个索引值对应的对象是一个 N-1 维的数组，可以用递归的方式访问维度更低的数组。无论是二维数组还是更高维的数组，都支持用逗号作为分隔符的索引列表，如访问三维数组的某个元素。

```
In [18]: arr3[2, 1, 2]
```

```
Out[18]: 0.24827121716817901

In [19]: arr3[-1, 0, 1]
Out[19]: 0.13178061367094984
```

如果索引列表不包含所有轴的索引值，返回的便是一个数组，而不是一个值。

```
In [20]: arr3[2, 1]
Out[20]: array([0.29153874, 0.92685243, 0.24827122, 0.26229326])

In [21]: arr3[-1, 0]
Out[21]: array([0.1246391 , 0.13178061, 0.50611967, 0.32613284])
```

4.3.2 数组切片

切片操作允许我们从数据对象中抽取部分数据并组成新的子集，NumPy 的数组切片针对的就是 ndarray 对象。NumPy 中的数组切片遵循 Python 原生的切片语法，如果你知道如何对 Python 列表进行切片，那么对下面的语法表达式一定不会感到陌生。

```
x[start:stop:step]
```

其中，start 是切片的起始位置，默认值为 0；stop 是切片的终止位置，默认值为对应维度的长度；step 是切片的步长，默认值为 1，如果步长定义为负数，则会执行反向切片。

我们先以一维数组为示例，来了解 NumPy 数组的切片操作。

```
In [1]: import numpy as np

In [2]: arr1 = np.arange(10)

In [3]: arr1
Out[3]: array([0, 1, 2, 3, 4, 5, 6, 7, 8, 9])
```

通过切片分别获取前 5 个和后 5 个数组元素。

```
In [4]: arr1[:5]
Out[4]: array([0, 1, 2, 3, 4])

In [5]: arr1[5:]
Out[5]: array([5, 6, 7, 8, 9])
```

同时指定切片的起始和终止位置，获取中间的 4 个元素。

```
In [6]: arr1[3:7]
Out[6]: array([3, 4, 5, 6])
```

当不输入任何索引值时，返回的切片将是完整的数组。

```
In [7]: arr1[:]
Out[7]: array([0, 1, 2, 3, 4, 5, 6, 7, 8, 9])
```

如果指定步长为非 1 的值，可以按间隔抽取数据。例如，设置步长为 2，分别获取数组中的所有奇数和偶数。

```
In [8]: arr1[::2]
Out[8]: array([0, 2, 4, 6, 8])

In [9]: arr1[1::2]
Out[9]: array([1, 3, 5, 7, 9])
```

若步长为负数，是从数组尾部开始抽取数据的，同时切片的起始和终止位置也要进行相应的变化，如下面的示例。

```
In [10]: arr1[7:0:-1]
Out[10]: array([7, 6, 5, 4, 3, 2, 1])
```

当步长为负数时，切片的方向是从后往前。有时候用负数作为索引值，切片操作可能更加简便。

```
In [11]: arr1[-1:0:-2]
Out[11]: array([9, 7, 5, 3, 1])
```

我们已经了解到，多维数组的索引访问支持用逗号分隔的索引列表。相应地，多维数组也支持切片列表的语法表达式。例如，用逗号作为分隔符，再分别定义各个维度上的切片操作。

```
In [12]: arr2 = np.array([[0, 1, 2], [3, 4, 5], [6, 7, 8]])

In [13]: arr2
Out[13]:
array([[0, 1, 2],
       [3, 4, 5],
       [6, 7, 8]])

In [14]: arr2[:2, :2]
Out[14]:
array([[0, 1],
       [3, 4]])

In [15]: arr2[:3, ::2]
Out[15]:
array([[0, 2],
       [3, 5],
       [6, 8]])
```

同样可以将步长设置为负数，如将步长设置为 -1，返回一个颠倒的数组。

```
In [16]: arr2[::-1, ::-1]
Out[16]:
array([[8, 7, 6],
       [5, 4, 3],
       [2, 1, 0]])
```

与多维数组的索引一样，我们不一定要在所有轴向上都定义切片操作，如只沿着第 0 轴进行切片并获取数组的前两行数据。

```
In [17]: arr2[:2]
Out[17]:
array([[0, 1, 2],
       [3, 4, 5]])
```

实际上，用下面的表达方式也能返回相同的结果。

```
In [18]: arr2[:2, :]
Out[18]:
array([[0, 1, 2],
       [3, 4, 5]])
```

要说明的是，数组切片的语法表达式其实是表示切片对象的一种快捷方法，这一点也是与 Python 的列表切片相同的。因此，用 Python 的切片对象也可以生成数组切片。

```
In [19]: arr2[slice(0, 2)]
Out[19]:
array([[0, 1, 2],
       [3, 4, 5]])
```

从这个角度理解，NumPy 的数组切片也是一种索引访问的操作，只是输入的索引是 Python 的切片对象。

4.3.3 索引切片

索引和切片都可以访问数据子集，将这两种访问方式结合在一起就是索引切片。我们回顾下多维数组的索引结果，以二维数组为例。

```
In [1]: import numpy as np

In [2]: arr2 = np.array([[0, 1, 2], [3, 4, 5], [6, 7, 8]])

In [3]: arr2
Out[3]:
array([[0, 1, 2],
```

```
       [3, 4, 5],
       [6, 7, 8]])

In [4]: arr2[1]
Out[4]: array([3, 4, 5])
```

当传递单个索引值给二维数组时，返回的是一维数组对象，如上面的示例中选择了数组的第二行。我们再看看下面的组合操作。

```
In [5]: row1 = arr2[1]

In [6]: row1[:2]
Out[6]: array([3, 4])
```

如你所见，先索引再切片，可以对二维数组的某一行进行切片。上面的组合操作可以用如下的语法表达式实现。

```
In [7]: arr2[1, :2]
Out[7]: array([3, 4])
```

类似地，先切片再索引就可以对二维数组的某一列进行切片，如访问第一列的后两行数据。

```
In [8]: arr2[-2:, 0]
Out[8]: array([3, 6])
```

这种访问形式就是索引切片，索引切片允许我们获取低维度的切片。我们再看一个三维数组的例子。

```
In [9]: arr3 = np.random.rand(3, 4, 4)

In [10]: arr3
Out[10]:
array([[[0.28368877, 0.2142475 , 0.08353301, 0.43089472],
        [0.09510627, 0.69501487, 0.68330709, 0.90269456],
        [0.05806061, 0.30991757, 0.52594811, 0.34494691],
        [0.3941051 , 0.39571239, 0.68965824, 0.42235781]],

       [[0.27782506, 0.17467661, 0.28849158, 0.05966687],
        [0.02303246, 0.13159085, 0.64779503, 0.02912402],
        [0.28888414, 0.74555382, 0.51942529, 0.88222053],
        [0.12593054, 0.93494317, 0.30477463, 0.79470357]],

       [[0.44076228, 0.96311014, 0.79031713, 0.78411836],
        [0.54516557, 0.76580793, 0.44067705, 0.06165336],
        [0.42127811, 0.25786573, 0.57433112, 0.61578155],
        [0.24526978, 0.16068466, 0.73304661, 0.67734282]]])
```

```
In [11]: arr3[0, :2]
Out[11]:
array([[0.28368877, 0.2142475 , 0.08353301, 0.43089472],
       [0.09510627, 0.69501487, 0.68330709, 0.90269456]])
```

索引切片表明在 NumPy 中数组访问的方式可以有很多种，有多维数组的索引、多维数组的切片，也可以将索引和切片混合使用。简单地说，访问一个数组，你在各个轴上可以选择索引、切片或是什么都不选择。

4.4 数组更新

4.4.1 更新数组元素

更新数组元素，首先需要访问数组元素，如通过基础索引获取二维数组的某个元素的数据。

```
In [1]: import numpy as np

In [2]: arr2 = np.array([[0, 1, 2], [3, 4, 5], [6, 7, 8]])

In [3]: arr2
Out[3]:
array([[0, 1, 2],
       [3, 4, 5],
       [6, 7, 8]])

In [4]: arr2[0, 1]
Out[4]: 1
```

我们不仅可以用数组索引读取元素的数据值，还可以写入新的数据，并可以直接对其进行赋值。

```
In [5]: arr2[0, 1] = 11
```

实际上，基础索引返回的是数组元素的引用，写入的新数值会被更新到原数组中。

```
In [6]: arr2
Out[6]:
array([[ 0, 11,  2],
       [ 3,  4,  5],
       [ 6,  7,  8]])
```

除了简单赋值的方法，还可以执行简单的运算后，再将运算结果更新到数组中。

```
In [7]: arr2[0, 1] += 10

In [8]: arr2
Out[8]:
array([[ 0, 21,  2],
       [ 3,  4,  5],
       [ 6,  7,  8]])
```

使用索引不仅可以访问单个元素，还可以访问降低维度的数组，因而使用数组索引还可以更新多个元素，如更新二维数组的一整行数据。

```
In [9]: arr2[1] = 12

In [10]: arr2
Out[10]:
array([[ 0, 21,  2],
       [12, 12, 12],
       [ 6,  7,  8]])
```

当传递单个数值时，指定行上的所有元素都会被更新，如上述结果所示。同样，我们可以对所有被索引的元素执行相同的运算。

```
In [11]: arr2[2] *= 2

In [12]: arr2
Out[12]:
array([[ 0, 21,  2],
       [12, 12, 12],
       [12, 14, 16]])
```

如果索引的对象是数组，我们还可以传递形状相同的数组，从而为每个元素赋予不同的数据值。

```
In [13]: arr2[0] = [30, 31, 32]

In [14]: arr2
Out[14]:
array([[30, 31, 32],
       [12, 12, 12],
       [12, 14, 16]])
```

与数组索引相似，数组切片也可以用来更新数组的数据。NumPy 中返回的数组切片并不是原始数据的副本，而是视图。视图是一种数据引用，对视图的更新会直接反映到原数组上。更改切片中的数组元素后，原数组也相应地发生了变化，如下面的例子所示。

```
In [15]: arr2[:2, :2] = 0

In [16]: arr2
Out[16]:
array([[ 0,  0, 32],
       [ 0,  0, 12],
       [12, 14, 16]])
```

使用数组切片更新数组的方式与数组索引相同，对切片赋值，会对切片中的所有元素进行更新，也可以对切片执行数组运算。

```
In [17]: arr2[:2, :2] += 3

In [18]: arr2
Out[18]:
array([[ 3,  3, 32],
       [ 3,  3, 12],
       [12, 14, 16]])
```

同样，不仅可以对切片传入单个数值，也可以传入与切片形状相同的数组进行更新。

```
In [19]: arr2[:2, :2] = [[0, 1], [2, 3]]

In [20]: arr2
Out[20]:
array([[ 0,  1, 32],
       [ 2,  3, 12],
       [12, 14, 16]])
```

当然，索引切片也是可以被用来更新数组元素的。例如，传递单个数值给索引切片，对第一行的最后两列进行更新。

```
In [21]: arr2[0, -2:] = 6

In [22]: arr2
Out[22]:
array([[ 0,  6,  6],
       [ 2,  3, 12],
       [12, 14, 16]])
```

使用索引切片获取最后一列的前两行数据，并将获取的元素都与 1 相加。

```
In [23]: arr2[:2, -1] += 1

In [24]: arr2
Out[24]:
array([[ 0,  6,  7],
       [ 2,  3, 13],
```

```
       [12, 14, 16]])
```

输入与索引切片形状相同的数组。

```
In [25]: arr2[-1, :3] = [-3, -3, -3]

In [26]: arr2
Out[26]:
array([[ 0,  6,  7],
       [ 2,  3, 13],
       [-3, -3, -3]])
```

此外，使用切片时可以借助步长更灵活地抽取数组元素并更新。

```
In [27]: arr2[-1, ::2] = 26

In [28]: arr2
Out[28]:
array([[ 0,  6,  7],
       [ 2,  3, 13],
       [26, -3, 26]])
```

4.4.2 插入数组元素

对于 NumPy 数组，可以使用 insert 函数插入数组元素，以一维数组为例。

```
In [1]: import numpy as np

In [2]: arr1 = np.arange(5)

In [3]: arr1
Out[3]: array([0, 1, 2, 3, 4])

In [4]: np.insert(arr1, 3, -7)
Out[4]: array([ 0,  1,  2, -7,  3,  4])
```

为了更深入地了解 insert 函数的用法，我们来看看函数的参数定义。

```
np.insert(arr, obj, values, axis=None)
```

其中，arr 参数是输入的数组对象；obj 参数是用来指定插入位置的，输入的是数组索引，支持整数索引、索引列表和切片对象，插入方式是在索引对象的前方插入；values 参数是用来指定插入的数据的，可以是单个元素值，也可以是列表或数组；axis 参数用来指定插入操作所沿的轴向。

了解了函数的参数定义后，我们再来看上面的一维数组的示例。示例中我们在索引值为 3 的位置（原数组的第四个元素）前面插入了数值为 -7 的元素，因为是一维数组，所以没有指定 axis 参数。要注意的是，insert 函数不会直接影响输入的数组对象，每次返回的是一个新的数组。

```
In [5]: arr1_insert = np.insert(arr1, 0, 9)

In [6]: arr1_insert
Out[6]: array([9, 0, 1, 2, 3, 4])

In [7]: arr1
Out[7]: array([0, 1, 2, 3, 4])
```

因为 obj 参数支持索引列表，所以我们可以进行多次插值。

```
In [8]: np.insert(arr1, [1, 2], 6)
Out[8]: array([0, 6, 1, 6, 2, 3, 4])
```

上述结果显示，我们分别在原数组的第二个元素和第三个元素前插入了 6 这个值，如果需要多次插入不同的数值，则以列表形式传入插入的数值。

```
In [9]: np.insert(arr1, [1, 2], [6, 7])
Out[9]: array([0, 6, 1, 7, 2, 3, 4])
```

如果输入二维数组到 insert 函数中，插入的对象则是一维数组，即一整行或一整列的数据。

```
In [9]: arr2 = np.array([[0, 1, 2], [3, 4, 5], [6, 7, 8]])

In [10]: arr2
Out[10]:
array([[0, 1, 2],
       [3, 4, 5],
       [6, 7, 8]])

In [11]: np.insert(arr2, 0, 9, axis=0)
Out[11]:
array([[9, 9, 9],
       [0, 1, 2],
       [3, 4, 5],
       [6, 7, 8]])
```

上面的例子中，你会发现虽然 values 参数为单个数值，但插入操作依然会被成功执行，插入行中的所有元素值都为 9。这里涉及 NumPy 的广播机制，我们在后续章节中会介绍更多广播机制的细节。如果需要插入不同的数据值，可以传入列表或数组。

```
In [12]: np.insert(arr2, 0, [9, 10 , 11], axis=0)
Out[12]:
array([[ 9, 10, 11],
```

```
       [ 0,  1,  2],
       [ 3,  4,  5],
       [ 6,  7,  8]])
```

类似地，可以插入一列数据。

```
In [13]: np.insert(arr2, 2, [9, 10 , 11], axis=1)
Out[13]:
array([[ 0,  1,  9,  2],
       [ 3,  4, 10,  5],
       [ 6,  7, 11,  8]])
```

insert 函数是在指定位置的前面插入数据，如果要在数组的末尾插入数据，则把索引值设置为指定轴的长度。例如，传入 obj 参数并设置为 3，在二维数组的最右端插入一列数据。

```
In [14]: arr2.shape
Out[14]: (3, 3)

In [15]: np.insert(arr2, 3, 10, axis=1)
Out[15]:
array([[ 0,  1,  2, 10],
       [ 3,  4,  5, 10],
       [ 6,  7,  8, 10]])
```

若要对二维数组插入多行，同样是将索引值以列表形式传入。我们看一个简单的例子，在数组的头和尾各插入一行数据，所有插入的元素值均为 12。

```
In [16]: np.insert(arr2, [0, 3], 12, axis=0)
Out[16]:
array([[12, 12, 12],
       [ 0,  1,  2],
       [ 3,  4,  5],
       [ 6,  7,  8],
       [12, 12, 12]])
```

使用 insert 函数时，因为会应用到广播机制，所以要求 values 参数与最终插入的数据对象在形状上是兼容的，这是广播规则的一部分。在了解广播机制前，我们推荐两种指定 values 参数的方式：单个数值和形状相同的数组。上面就是传入单个数值的示例，单个数值与任意形状的数组都兼容，其限制性在于无法插入不同的数据值。还有一种安全的选择是传入与插入对象形状相同的数组或列表，从而可以对各个插入的元素分别指定数据值。我们先定义一个单位矩阵，后续会把它的数据插入其他数组中。

```
In [17]: arr_add = np.eye(3)

In [18]: arr_add
```

```
Out[18]:
array([[1., 0., 0.],
       [0., 1., 0.],
       [0., 0., 1.]])
```

如果我们要向 arr2 对象插入两行新的数据，那么插入对象的形状是 2 行 3 列的数组，我们可以按如下操作，将 arr_add 的第一行和第二行添加到 arr2 对象中。

```
In [19]: np.insert(arr2, [1, 2], arr_add[:2], axis=0)
Out[19]:
array([[0, 1, 2],
       [1, 0, 0],
       [3, 4, 5],
       [0, 1, 0],
       [6, 7, 8]])
```

类似地，我们可以将 arr_add 的头两列添加到 arr2 对象中，插入对象的形状是 3 行 2 列的数组。

```
In [20]: np.insert(arr2, [0, 1], arr_add[:, :2], axis=1)
Out[20]:
array([[1, 0, 0, 1, 2],
       [0, 3, 1, 4, 5],
       [0, 6, 0, 7, 8]])
```

实际上，在多次插入的情况下，你还可以把 values 参数设置为与单次插入对象形状相同的数组或列表，这也是属于形状兼容的一种选择。

```
In [21]: np.insert(arr2, [0, 1], [31, 32, 33], axis=0)
Out[21]:
array([[31, 32, 33],
       [ 0,  1,  2],
       [31, 32, 33],
       [ 3,  4,  5],
       [ 6,  7,  8]])
```

多维数组的操作与二维数组类似，如往三维数组中插入一个二维数组。

```
In [22]: arr3 = np.random.rand(3, 4, 4)

In [23]: arr2_add = np.random.rand(4, 4)

In [24]: arr3
Out[24]:
array([[[0.54974084, 0.29323701, 0.34005446, 0.16157609],
        [0.45575947, 0.77920583, 0.12205943, 0.3648829 ],
        [0.31863153, 0.70647961, 0.66160688, 0.76699031],
```

```
        [0.90536939, 0.18177552, 0.57589629, 0.96068648]],

       [[0.80252604, 0.7363583 , 0.04851195, 0.54431114],
        [0.97069664, 0.69241343, 0.88493258, 0.12889523],
        [0.15011961, 0.19998722, 0.67082968, 0.99577293],
        [0.83127102, 0.37128816, 0.42377693, 0.75421176]],

       [[0.55390325, 0.07511049, 0.86432432, 0.03525963],
        [0.12907432, 0.78379825, 0.66044906, 0.95742652],
        [0.39599252, 0.10869861, 0.05589737, 0.46538684],
        [0.49691441, 0.48587733, 0.08304432, 0.09423922]]])

In [25]: arr2_add
Out[25]:
array([[0.26572654, 0.72491188, 0.27966844, 0.65962079],
       [0.96044044, 0.69920689, 0.33061163, 0.85211938],
       [0.27375006, 0.01053219, 0.35233194, 0.25543743],
       [0.37280242, 0.91441583, 0.6474356 , 0.5565417 ]])

In [26]: np.insert(arr3, 0, arr2_add, axis=0)
Out[26]:
array([[[0.26572654, 0.72491188, 0.27966844, 0.65962079],
        [0.96044044, 0.69920689, 0.33061163, 0.85211938],
        [0.27375006, 0.01053219, 0.35233194, 0.25543743],
        [0.37280242, 0.91441583, 0.6474356 , 0.5565417 ]],

       [[0.54974084, 0.29323701, 0.34005446, 0.16157609],
        [0.45575947, 0.77920583, 0.12205943, 0.3648829 ],
        [0.31863153, 0.70647961, 0.66160688, 0.76699031],
        [0.90536939, 0.18177552, 0.57589629, 0.96068648]],

       [[0.80252604, 0.7363583 , 0.04851195, 0.54431114],
        [0.97069664, 0.69241343, 0.88493258, 0.12889523],
        [0.15011961, 0.19998722, 0.67082968, 0.99577293],
        [0.83127102, 0.37128816, 0.42377693, 0.75421176]],

       [[0.55390325, 0.07511049, 0.86432432, 0.03525963],
        [0.12907432, 0.78379825, 0.66044906, 0.95742652],
        [0.39599252, 0.10869861, 0.05589737, 0.46538684],
        [0.49691441, 0.48587733, 0.08304432, 0.09423922]]])
```

要提醒的是，如果不指定 axis 参数，insert 参数会把多维数组进行扁平化处理，即转换成一维数组，然后对一维数组执行插入操作。下面我们通过一个二维数组的例子来了解 insert 参数是如何进行扁平化处理的。

```
In [28]: np.insert(arr2, 3, 99)
```

```
Out[28]: array([ 0,  1,  2, 99,  3,  4,  5,  6,  7,  8])
```

在介绍 insert 函数的参数时，我们提到过 obj 参数还支持传入切片对象，那么来看一个例子，在数组的每一行前面都插入指定的数据。

```
In [29]: np.insert(arr2, slice(0, 3), 99, axis=0)
Out[29]:
array([[99, 99, 99],
       [ 0,  1,  2],
       [99, 99, 99],
       [ 3,  4,  5],
       [99, 99, 99],
       [ 6,  7,  8]])
```

当然，上面的示例也可以通过传入索引列表来实现，如指定 obj 参数为 [0, 1, 2]，但是面对规模较大的数组时，切片对象在表达上会更加简洁，也更具有可操作性。

4.4.3 删除数组元素

与 insert 函数相对应，NumPy 提供了 delete 函数用于删除数组元素，下面是该函数的参数定义。

```
np.delete(arr, obj, axis=None)
```

其中，arr 参数是输入的数组对象；obj 参数用于指定删除对象的位置，支持整数索引、索引列表和切片对象；axis 参数用于指定删除操作所沿的轴向。

首先，我们来看一个一维数组的例子。

```
In [1]: import numpy as np

In [2]: arr1 = np.arange(10)

In [3]: arr1
Out[3]: array([0, 1, 2, 3, 4, 5, 6, 7, 8, 9])

In [4]: np.delete(arr1, 4)
Out[4]: array([0, 1, 2, 3, 5, 6, 7, 8, 9])

In [5]: arr1
Out[5]: array([0, 1, 2, 3, 4, 5, 6, 7, 8, 9])
```

数组的第五个元素被删除，返回的是一个新数组，delete 函数并不会直接影响原数组对象，如上述结果所示。如果要一次删除多个元素，可以传入索引列表作为 obj 参数。

```
In [6]: np.delete(arr1, [4, 8])
Out[6]: array([0, 1, 2, 3, 5, 6, 7, 9])
```

如果传入切片对象作为 obj 参数，我们可以实现更灵活的操作，如删除数组中的所有奇数。

```
In [7]: np.delete(arr1, slice(0, 9, 2))
Out[7]: array([1, 3, 5, 7, 9])
```

当输入 delete 函数中的是二维数组时，我们可以删除行数据或列数据。例如，指定 axis 参数值为 0，删除二维数组的第一行。

```
In [8]: arr2 = np.array([[0, 1, 2], [3, 4, 5],
   ...:                  [6, 7, 8], [9, 10, 11]])

In [9]: np.delete(arr2, 0, axis=0)
Out[9]:
array([[ 3,  4,  5],
       [ 6,  7,  8],
       [ 9, 10, 11]])
```

类似地，指定 axis 参数值为 1，删除二维数组的第一列。

```
In [10]: np.delete(arr2, 0, axis=1)
Out[10]:
array([[ 1,  2],
       [ 4,  5],
       [ 7,  8],
       [10, 11]])
```

如果通过索引列表指定多个行索引或列索引，可以同时删除若干行或若干列。

```
In [11]: np.delete(arr2, [1, 3], axis=0)
Out[11]:
array([[0, 1, 2],
       [6, 7, 8]])

In [12]: np.delete(arr2, [1, 2], axis=1)
Out[12]:
array([[0],
       [3],
       [6],
       [9]])
```

如果要每隔一行删除一行数据，可以通过切片对象实现。

```
In [13]: np.delete(arr2, slice(0, None, 2), axis=0)
Out[13]:
array([[ 3,  4,  5],
       [ 9, 10, 11]])
```

同样需要提醒的是，与 insert 函数类似，当 axis 参数值为 None 时，delete 函数会先将输入对象转换为一维数组，然后再执行删除操作。

```
In [14]: np.delete(arr2, [3, 4, 5])
Out[14]: array([ 0,  1,  2,  6,  7,  8,  9, 10, 11])
```

4.4.4 复制数组

学习了如何更新数组后，你应该已经发现，使用数组索引或数组切片返回的都是原数组的视图，对视图的所有更新操作都会应用到原数组上。NumPy 数组为了避免处理大数据时引发的内存问题，采用数据引用作为默认行为，而不是数据复制。

在某些情况下，或许你确实需要一份数据副本，可以调用 ndarray 对象的 copy 方法，从而显式地获取一份数组对象的副本。例如，直接复制整个数组。

```
In [1]: import numpy as np

In [2]: arr2 = np.array([[0, 1, 2], [3, 4, 5], [6, 7, 8]])

In [3]: arr2
Out[3]:
array([[0, 1, 2],
       [3, 4, 5],
       [6, 7, 8]])

In [4]: arr2_copy = arr2.copy()

In [5]: arr2_copy
Out[5]:
array([[0, 1, 2],
       [3, 4, 5],
       [6, 7, 8]])
```

对复制的数组进行任何的元素更新，都不会对原数组有任何影响。

```
In [6]: arr2_copy[0] = 19

In [7]: arr2_copy
Out[7]:
array([[19, 19, 19],
       [ 3,  4,  5],
       [ 6,  7,  8]])

In [8]: arr2
Out[8]:
array([[0, 1, 2],
```

```
       [3, 4, 5],
       [6, 7, 8]])
```

当然，也可以对数组索引返回的对象进行复制，如复制返回的行数据。

```
In [9]: row1_copy = arr2[1].copy()

In [10]: row1_copy
Out[10]: array([3, 4, 5])

In [11]: row1_copy[0] = -3

In [12]: row1_copy
Out[12]: array([-3,  4,  5])

In [13]: arr2
Out[13]:
array([[0, 1, 2],
       [3, 4, 5],
       [6, 7, 8]])
```

复制数组切片也用同样的方法，并且所有在数组副本上的更新操作都不会影响原数组。

```
In [14]: arr2_subcopy = arr2[0:2].copy()

In [15]: arr2_subcopy
Out[15]:
array([[0, 1, 2],
       [3, 4, 5]])

In [16]: arr2_subcopy[0] = 11

In [17]: arr2_subcopy
Out[17]:
array([[11, 11, 11],
       [ 3,  4,  5]])

In [18]: arr2
Out[18]:
array([[0, 1, 2],
       [3, 4, 5],
       [6, 7, 8]])
```

在实际业务中，一定要注意不能滥用数组复制，否则可能会引发很多内存问题。

4.5 数组变换

4.5.1 数组重塑

数据分析中，我们经常会用到数组重塑的操作，即改变数组的形状。经典的操作就是数组降维。下面我们通过示例了解一下如何调用 ravel 函数将高维数组转换为一维数组。

```
In [1]: import numpy as np

In [2]: arr2 = np.random.randint(0, 10, size=(4, 3))

In [3]: arr2
Out[3]:
array([[4, 9, 1],
       [7, 3, 6],
       [1, 8, 9],
       [1, 5, 8]])

In [4]: arr2.shape
Out[4]: (4, 3)

In [5]: arr2.ravel()
Out[5]: array([4, 9, 1, 7, 3, 6, 1, 8, 9, 1, 5, 8])
```

上面的例子通过 ndarray 对象直接调用 ravel 函数，也可以将数组对象传递给 ravel 函数进行转换。

```
In [6]: arr1 = np.ravel(arr2)

In [7]: arr1
Out[7]: array([4, 9, 1, 7, 3, 6, 1, 8, 9, 1, 5, 8])

In [8]: arr1.shape
Out[8]: (12,)
```

NumPy 还提供了更灵活多变的 reshape 函数，可以通过参数明确指定改变后的数组形状。例如，使用 reshape 函数实现 ravel 函数的功能，将二维数组转换成一维数组。

```
In [9]: arr_rs = np.reshape(arr2, 12)

In [10]: arr_rs
Out[10]: array([4, 9, 1, 7, 3, 6, 1, 8, 9, 1, 5, 8])
```

```
In [11]: arr2.shape
Out[11]: (4, 3)

In [12]: arr_rs.shape
Out[12]: (12,)
```

当输入单个整数到 reshape 函数时，返回的是一维数组。若要转换为多维数组，可以传递元组来表示数组形状，如将原数组重塑成 2 行 6 列的二维数组。

```
In [13]: arr_rs = np.reshape(arr2, (2, 6))

In [14]: arr_rs
Out[14]:
array([[4, 9, 1, 7, 3, 6],
       [1, 8, 9, 1, 5, 8]])

In [15]: arr2.shape
Out[15]: (4, 3)

In [16]: arr_rs.shape
Out[16]: (2, 6)
```

甚至，还可以将二维数组重塑成三维数组。

```
In [17]: arr_rs = np.reshape(arr2, newshape=(2, 2, 3))

In [18]: arr_rs
Out[18]:
array([[[4, 9, 1],
        [7, 3, 6]],

       [[1, 8, 9],
        [1, 5, 8]]])

In [19]: arr2.shape
Out[19]: (4, 3)

In [20]: arr_rs.shape
Out[20]: (2, 2, 3)
```

上面的例子通过显式地传递 newshape 参数来指定新数组的形状。newshape 参数本身没有任何限制，它可以被指定为任意的数组形状，但 reshape 函数要求转换前后数组的元素个数要匹配。

```
In [21]: arr2.size
Out[21]: 12
```

```
In [22]: arr_rs.size
Out[22]: 12
```

在这种限制条件下，如果 newshape 参数包含了所有维度的尺寸，那么需要考虑转换后数组的元素个数是否符合要求。例如，转换一维数组时，我们需要指定数组的长度为 12。其实，reshape 函数允许模糊地指定新数组的形状，当某个维度的长度指定为 -1 时，这个维度的长度会被自动计算出来。

```
In [23]: np.reshape(arr2, -1)
Out[23]: array([4, 9, 1, 7, 3, 6, 1, 8, 9, 1, 5, 8])
```

转换成二维数组的话，可以只指定其中一个维度的尺寸。

```
In [24]: np.reshape(arr2, newshape=(6, -1))
Out[24]:
array([[4, 9],
       [1, 7],
       [3, 6],
       [1, 8],
       [9, 1],
       [5, 8]])
```

通常，只能有一个维度的尺寸是默认的，如果存在两个或两个以上的维度其尺寸被指定为 -1，NumPy 是无法计算出它们的长度的。此外，我们也能够通过 ndarray 对象直接调用 reshape 函数。

```
In [25]: arr2.reshape((2, 6))
Out[25]:
array([[4, 9, 1, 7, 3, 6],
       [1, 8, 9, 1, 5, 8]])
```

不同于 numpy.reshape 函数，这种调用方式允许将各维度的尺寸作为独立参数分别传递进去。

```
In [26]: arr2.reshape(2, 6)
Out[26]:
array([[4, 9, 1, 7, 3, 6],
       [1, 8, 9, 1, 5, 8]])
```

这种调用方式也支持将维度的尺寸设置为 -1，从而让 NumPy 自动计算出该维度的长度。

```
In [27]: arr2.reshape(-1)
Out[27]: array([4, 9, 1, 7, 3, 6, 1, 8, 9, 1, 5, 8])

In [28]: arr2.reshape(3, -1)
```

```
Out[28]:
array([[4, 9, 1, 7],
       [3, 6, 1, 8],
       [9, 1, 5, 8]])

In [29]: arr2.reshape(3, 2, -1)
Out[29]:
array([[[4, 9],
        [1, 7]],

       [[3, 6],
        [1, 8]],

       [[9, 1],
        [5, 8]]])
```

NumPy 中，resize 函数提供了与 reshape 函数相似的功能，两者的区别是 reshape 函数返回的是数据副本，而 resize 函数会改变初始数组本身的形状。

```
In [30]: arr2.reshape(3, 4)
Out[30]:
array([[4, 9, 1, 7],
       [3, 6, 1, 8],
       [9, 1, 5, 8]])

In [31]: arr2.shape
Out[31]: (4, 3)

In [32]: arr2.resize(3, 4)

In [33]: arr2
Out[33]:
array([[4, 9, 1, 7],
       [3, 6, 1, 8],
       [9, 1, 5, 8]])

In [34]: arr2.shape
Out[34]: (3, 4)
```

4.5.2 轴变换

轴变换是一种对数组中轴的重组操作，最典型的轴变换就是矩阵转置，这是在矩阵运算中常会执行的变换操作。NumPy 数组拥有特殊的 T 属性，可以快速地执行转置操作。

```
In [1]: import numpy as np
```

```
In [2]: arr2 = np.random.randint(0, 10, size=(4, 3))

In [3]: arr2
Out[3]:
array([[4, 5, 5],
       [8, 0, 9],
       [8, 6, 6],
       [7, 7, 0]])

In [4]: arr2.T
Out[4]:
array([[4, 8, 8, 7],
       [5, 0, 6, 7],
       [5, 9, 6, 0]])

In [5]: arr2.shape
Out[5]: (4, 3)

In [6]: arr2.T.shape
Out[6]: (3, 4)
```

更高维度的数组也可以使用 T 属性，如三维数组调用 T 属性。

```
In [7]: arr3 = np.random.randint(1, 10, (3, 4, 5))

In [8]: arr3
Out[8]:
array([[[2, 5, 5, 1, 2],
        [9, 7, 9, 1, 5],
        [8, 2, 3, 3, 1],
        [4, 9, 9, 9, 7]],

       [[5, 7, 7, 1, 6],
        [3, 7, 3, 7, 4],
        [5, 9, 1, 2, 1],
        [2, 7, 2, 3, 3]],

       [[3, 4, 4, 8, 8],
        [3, 6, 9, 2, 3],
        [8, 4, 4, 2, 3],
        [5, 9, 8, 7, 5]]])

In [9]: arr3.T
Out[9]:
array([[[2, 5, 3],
```

```
        [9, 3, 3],
        [8, 5, 8],
        [4, 2, 5]],

       [[5, 7, 4],
        [7, 7, 6],
        [2, 9, 4],
        [9, 7, 9]],

       [[5, 7, 4],
        [9, 3, 9],
        [3, 1, 4],
        [9, 2, 8]],

       [[1, 1, 8],
        [1, 7, 2],
        [3, 2, 2],
        [9, 3, 7]],

       [[2, 6, 8],
        [5, 4, 3],
        [1, 1, 3],
        [7, 3, 5]]])

In [10]: arr3.shape
Out[10]: (3, 4, 5)

In [11]: arr3.T.shape
Out[11]: (5, 4, 3)
```

通过查看转置后数组的形状，我们可以清晰地发现，转置的效果是将轴的顺序反转，使得最后一个轴变为第一个，第一个轴变为最后一个。我们再看一个四维数组的例子，其结果会更加明显。

```
In [12]: arr4 = np.random.randint(1, 10, (3, 4, 5, 2))

In [13]: arr4
Out[13]:
array([[[[5, 4],
         [9, 5],
         [2, 6],
         [7, 1],
         [4, 3]],

        [[6, 1],
         [3, 9],
```

```
        [7, 2],
        [2, 6],
        [7, 8]],

       [[4, 8],
        [2, 5],
        [9, 2],
        [8, 2],
        [3, 9]],

       [[8, 8],
        [3, 3],
        [4, 9],
        [3, 2],
        [9, 9]]],


      [[[3, 2],
        [6, 7],
        [7, 8],
        [8, 6],
        [5, 8]],

       [[7, 7],
        [7, 2],
        [9, 8],
        [4, 7],
        [6, 4]],

       [[2, 9],
        [5, 2],
        [5, 7],
        [8, 4],
        [6, 4]],

       [[2, 2],
        [7, 4],
        [8, 9],
        [3, 6],
        [1, 9]]],


      [[[2, 9],
        [2, 7],
        [9, 6],
        [3, 7],
```

```
         [7, 7]],

        [[9, 4],
         [4, 2],
         [1, 5],
         [6, 3],
         [9, 5]],

        [[9, 8],
         [2, 2],
         [8, 8],
         [2, 5],
         [1, 3]],

        [[7, 2],
         [3, 9],
         [4, 1],
         [2, 2],
         [5, 6]]]])

In [14]: arr4.T
Out[14]:
array([[[[5, 3, 2],
         [6, 7, 9],
         [4, 2, 9],
         [8, 2, 7]],

        [[9, 6, 2],
         [3, 7, 4],
         [2, 5, 2],
         [3, 7, 3]],

        [[2, 7, 9],
         [7, 9, 1],
         [9, 5, 8],
         [4, 8, 4]],

        [[7, 8, 3],
         [2, 4, 6],
         [8, 8, 2],
         [3, 3, 2]],

        [[4, 5, 7],
         [7, 6, 9],
         [3, 6, 1],
         [9, 1, 5]]],
```

```
        [[[4, 2, 9],
          [1, 7, 4],
          [8, 9, 8],
          [8, 2, 2]],

         [[5, 7, 7],
          [9, 2, 2],
          [5, 2, 2],
          [3, 4, 9]],

         [[6, 8, 6],
          [2, 8, 5],
          [2, 7, 8],
          [9, 9, 1]],

         [[1, 6, 7],
          [6, 7, 3],
          [2, 4, 5],
          [2, 6, 2]],

         [[3, 8, 7],
          [8, 4, 5],
          [9, 4, 3],
          [9, 9, 6]]]])

In [15]: arr4.shape
Out[15]: (3, 4, 5, 2)

In [16]: arr4.T.shape
Out[16]: (2, 5, 4, 3)
```

使用 swapaxes 函数可以置换两个轴，swapaxes 函数接收两个参数用来表示需要置换的两个轴，参数顺序不会影响转换的结果。对于二维数组，行列置换的效果与转置相同。

```
In [17]: arr2
Out[17]:
array([[3, 5, 7],
       [1, 6, 6],
       [8, 6, 6],
       [1, 0, 9]])

In [18]: arr2.swapaxes(0, 1)
Out[18]:
array([[3, 1, 8, 1],
```

```
       [5, 6, 6, 0],
       [7, 6, 6, 9]])

In [19]: arr2.swapaxes(1, 0)
Out[19]:
array([[3, 1, 8, 1],
       [5, 6, 6, 0],
       [7, 6, 6, 9]])
```

如果操作对象是更高维度的数组，如三维数组，置换的选择会更多。

```
In [20]: arr3
Out[20]:
array([[[2, 5, 5, 1, 2],
        [9, 7, 9, 1, 5],
        [8, 2, 3, 3, 1],
        [4, 9, 9, 9, 7]],

       [[5, 7, 7, 1, 6],
        [3, 7, 3, 7, 4],
        [5, 9, 1, 2, 1],
        [2, 7, 2, 3, 3]],

       [[3, 4, 4, 8, 8],
        [3, 6, 9, 2, 3],
        [8, 4, 4, 2, 3],
        [5, 9, 8, 7, 5]]])

In [21]: arr3.shape
Out[21]: (3, 4, 5)

In [22]: arr3.swapaxes(0, 1)
Out[22]:
array([[[2, 5, 5, 1, 2],
        [5, 7, 7, 1, 6],
        [3, 4, 4, 8, 8]],

       [[9, 7, 9, 1, 5],
        [3, 7, 3, 7, 4],
        [3, 6, 9, 2, 3]],

       [[8, 2, 3, 3, 1],
        [5, 9, 1, 2, 1],
        [8, 4, 4, 2, 3]],

       [[4, 9, 9, 9, 7],
```

```
          [2, 7, 2, 3, 3],
          [5, 9, 8, 7, 5]]])

In [23]: arr3.swapaxes(0, 1).shape
Out[23]: (4, 3, 5)

In [24]: arr3.swapaxes(1, 2)
Out[24]:
array([[[2, 9, 8, 4],
        [5, 7, 2, 9],
        [5, 9, 3, 9],
        [1, 1, 3, 9],
        [2, 5, 1, 7]],

       [[5, 3, 5, 2],
        [7, 7, 9, 7],
        [7, 3, 1, 2],
        [1, 7, 2, 3],
        [6, 4, 1, 3]],

       [[3, 3, 8, 5],
        [4, 6, 4, 9],
        [4, 9, 4, 8],
        [8, 2, 2, 7],
        [8, 3, 3, 5]]])

In [25]: arr3.swapaxes(1, 2).shape
Out[25]: (3, 5, 4)

In [26]: arr3.swapaxes(0, 2)
Out[26]:
array([[[2, 5, 3],
        [9, 3, 3],
        [8, 5, 8],
        [4, 2, 5]],

       [[5, 7, 4],
        [7, 7, 6],
        [2, 9, 4],
        [9, 7, 9]],

       [[5, 7, 4],
        [9, 3, 9],
        [3, 1, 4],
        [9, 2, 8]],
```

```
       [[1, 1, 8],
        [1, 7, 2],
        [3, 2, 2],
        [9, 3, 7]],

       [[2, 6, 8],
        [5, 4, 3],
        [1, 1, 3],
        [7, 3, 5]]])

In [27]: arr3.swapaxes(0, 2).shape
Out[27]: (5, 4, 3)
```

对于高维数组，我们通过多次置换可以实现更复杂的轴变换操作，但这里推荐使用 transpose 方法。transpose 方法接收包含轴编号的元组，允许使用者自由地重新排列轴的顺序，如果没有传递任何参数，默认是对数组进行转置，与 T 属性的效果相同。

```
In [28]: arr2.T
Out[28]:
array([[4, 8, 8, 7],
       [5, 0, 6, 7],
       [5, 9, 6, 0]])

In [29]: arr2.transpose()
Out[29]:
array([[4, 8, 8, 7],
       [5, 0, 6, 7],
       [5, 9, 6, 0]])

In [30]: arr3.T
Out[30]:
array([[[2, 5, 3],
        [9, 3, 3],
        [8, 5, 8],
        [4, 2, 5]],

       [[5, 7, 4],
        [7, 7, 6],
        [2, 9, 4],
        [9, 7, 9]],

       [[5, 7, 4],
        [9, 3, 9],
        [3, 1, 4],
        [9, 2, 8]],
```

```
       [[1, 1, 8],
        [1, 7, 2],
        [3, 2, 2],
        [9, 3, 7]],

       [[2, 6, 8],
        [5, 4, 3],
        [1, 1, 3],
        [7, 3, 5]]]])

In [31]: arr3.transpose()
Out[31]:
array([[[2, 5, 3],
        [9, 3, 3],
        [8, 5, 8],
        [4, 2, 5]],

       [[5, 7, 4],
        [7, 7, 6],
        [2, 9, 4],
        [9, 7, 9]],

       [[5, 7, 4],
        [9, 3, 9],
        [3, 1, 4],
        [9, 2, 8]],

       [[1, 1, 8],
        [1, 7, 2],
        [3, 2, 2],
        [9, 3, 7]],

       [[2, 6, 8],
        [5, 4, 3],
        [1, 1, 3],
        [7, 3, 5]]]])
```

更灵活的用法是传递包含轴编号的元组，重新排列各个轴的顺序。

```
In [32]: arr4.transpose((1, 0, 3, 2))
Out[32]:
array([[[[5, 9, 2, 7, 4],
         [4, 5, 6, 1, 3]],

        [[3, 6, 7, 8, 5],
         [2, 7, 8, 6, 8]],
```

```
        [[2, 2, 9, 3, 7],
         [9, 7, 6, 7, 7]]],


       [[[6, 3, 7, 2, 7],
         [1, 9, 2, 6, 8]],

        [[7, 7, 9, 4, 6],
         [7, 2, 8, 7, 4]],

        [[9, 4, 1, 6, 9],
         [4, 2, 5, 3, 5]]],


       [[[4, 2, 9, 8, 3],
         [8, 5, 2, 2, 9]],

        [[2, 5, 5, 8, 6],
         [9, 2, 7, 4, 4]],

        [[9, 2, 8, 2, 1],
         [8, 2, 8, 5, 3]]],


       [[[8, 3, 4, 3, 9],
         [8, 3, 9, 2, 9]],

        [[2, 7, 8, 3, 1],
         [2, 4, 9, 6, 9]],

        [[7, 3, 4, 2, 5],
         [2, 9, 1, 2, 6]]]])

In [33]: arr4.transpose((1, 0, 3, 2)).shape
Out[33]: (4, 3, 2, 5)

In [34]: arr4.shape
Out[34]: (3, 4, 5, 2)
```

在四维数组中，第一个轴（轴 0）和第二个轴（轴 1）被置换了，第三个轴（轴 2）和第四个轴（轴 3）被置换了，如上述结果所示。

4.5.3 数组合并：拼接

数组拼接是 NumPy 中合并两个数组的一种方式，与拼接 Python 列表相似，是将一个数组追加到另一个数组的尾部。实现数组拼接的方法是使用 append 函数，输入两个数组对象便能完成拼接，如合并两个一维数组。

```
In [1]: import numpy as np

In [2]: arr1_1 = np.arange(6)

In [3]: arr1_2 = np.arange(4)

In [4]: arr1_1
Out[4]: array([0, 1, 2, 3, 4, 5])

In [5]: arr1_2
Out[5]: array([0, 1, 2, 3])

In [6]: np.append(arr1_1, arr1_2)
Out[6]: array([0, 1, 2, 3, 4, 5, 0, 1, 2, 3])
```

如果传递的数组对象包含多维数组，且没有指定合并的轴向，那么多维数组会先被转换为一维数组再进行合并。

```
In [7]: arr2_1 = np.random.randint(1, 10, (2, 2))

In [8]: arr2_1
Out[8]:
array([[9, 2],
       [7, 7]])

In [9]: np.append(arr1_1, arr2_1)
Out[9]: array([0, 1, 2, 3, 4, 5, 9, 2, 7, 7])
```

实际上，append 函数要求合并的两个数组具有相同的维度，如不允许合并二维数组和三维数组。因此，若指定了合并的轴向，在没有转换的前提下，是无法像上面的例子那样合并二维数组和一维数组的，必须合并同维度的数组。

```
In [10]: arr2_2 = np.random.randint(1, 10, (3, 2))

In [11]: arr2_1
Out[11]:
array([[9, 2],
       [7, 7]])

In [12]: arr2_2
Out[12]:
array([[9, 3],
       [1, 6],
```

```
       [2, 2]])

In [13]: np.append(arr2_1, arr2_2, axis=0)
Out[13]:
array([[9, 2],
       [7, 7],
       [9, 3],
       [1, 6],
       [2, 2]])
```

通过 axis 参数可以指明合并哪个轴上的数据，如上面的示例是逐行合并。append 函数不仅要求输入的两个数组是同维度的，还要求除了 axis 参数指定的轴外，其他维度的尺寸必须相同。为了进一步了解这项规则，我们来看一个三维数组的例子。

```
In [14]: arr3_1 = np.random.randint(1, 10, (2, 3, 4))

In [15]: arr3_2 = np.random.randint(1, 10, (3, 3, 4))

In [16]: arr3_1
Out[16]:
array([[[6, 8, 3, 6],
        [4, 1, 6, 9],
        [6, 3, 7, 6]],

       [[2, 2, 5, 3],
        [3, 2, 7, 6],
        [8, 8, 2, 4]]])

In [17]: arr3_2
Out[17]:
array([[[1, 2, 7, 6],
        [1, 6, 7, 8],
        [2, 4, 8, 4]],

       [[9, 4, 9, 2],
        [6, 4, 7, 3],
        [8, 1, 4, 7]],

       [[2, 9, 8, 8],
        [9, 9, 7, 6],
        [5, 6, 3, 2]]])

In [18]: arr3_1.shape
Out[18]: (2, 3, 4)

In [19]: arr3_2.shape
```

```
Out[19]: (3, 3, 4)

In [20]: arr3_merged = np.append(arr3_1, arr3_2, axis=0)

In [21]: arr3_merged
Out[21]:
array([[[6, 8, 3, 6],
        [4, 1, 6, 9],
        [6, 3, 7, 6]],

       [[2, 2, 5, 3],
        [3, 2, 7, 6],
        [8, 8, 2, 4]],

       [[1, 2, 7, 6],
        [1, 6, 7, 8],
        [2, 4, 8, 4]],

       [[9, 4, 9, 2],
        [6, 4, 7, 3],
        [8, 1, 4, 7]],

       [[2, 9, 8, 8],
        [9, 9, 7, 6],
        [5, 6, 3, 2]]])

In [22]: arr3_merged.shape
Out[22]: (5, 3, 4)
```

示例中，沿着第一个轴合并两个三维数组，两个数组在第一个轴上的尺寸是不同的，但是在第二个轴和第三个轴上的尺寸必须相同。这项规则要求数组在接合处拥有相同形状的截面，这是为了保证数组拼接能够正常工作。

使用 append 函数一次只能合并两个数组，若要合并两个以上的数组，效率更高的方法是调用 concatenate 函数。例如合并 3 个一维数组。

```
In [23]: arr1_3 = np.random.randint(1, 10, 3)

In [24]: arr1_1
Out[24]: array([0, 1, 2, 3, 4, 5])

In [25]: arr1_2
Out[25]: array([0, 1, 2, 3])

In [26]: arr1_3
Out[26]: array([3, 5, 9])
```

```
In [27]: np.concatenate((arr1_1, arr1_2, arr1_3))
Out[27]: array([0, 1, 2, 3, 4, 5, 0, 1, 2, 3, 3, 5, 9])
```

使用 append 函数时需要将两个数组分别作为参数传递进去，而 concatenate 函数接收的是包含多个数组的序列对象（如元组、列表等）作为输入参数。在其他方面，两者的用法则比较相似，如不指定合并轴向（axis 参数值为 None）时会将多维数组转换为一维数组。

```
In [28]: arr1_1
Out[28]: array([0, 1, 2, 3, 4, 5])

In [29]: arr2_1
Out[29]:
array([[9, 2],
       [7, 7]])

In [30]: arr3_1
Out[30]:
array([[[6, 8, 3, 6],
        [4, 1, 6, 9],
        [6, 3, 7, 6]],

       [[2, 2, 5, 3],
        [3, 2, 7, 6],
        [8, 8, 2, 4]]])

In [31]: np.concatenate([arr1_1, arr2_1, arr3_1], axis=None)
Out[31]:
array([0, 1, 2, 3, 4, 5, 9, 2, 7, 7, 6, 8, 3, 6, 4, 1, 6, 9, 6, 3, 7, 6,
       2, 2, 5, 3, 3, 2, 7, 6, 8, 8, 2, 4])
```

要注意的是，与 append 函数不同的是，concatenate 函数中 axis 参数的默认值为 0，因而要显式地指定 axis 参数值为 None 时才会在合并前执行转换操作。如果指定了合并的轴向，concatenate 函数也要求输入的数组在接合处的截面具有相同的形状，如下面的示例。

```
In [32]: arr2_3 = np.random.randint(1, 10, (2, 5))

In [33]: arr2_3
Out[33]:
array([[5, 5, 4, 9, 9],
       [6, 4, 2, 2, 1]])

In [34]: arr2_1.shape
Out[34]: (2, 2)

In [35]: arr2_2.shape
```

```
Out[35]: (3, 2)

In [36]: arr2_3.shape
Out[36]: (2, 5)

In [37]: np.concatenate([arr2_1, arr2_2])
Out[37]:
array([[9, 2],
       [7, 7],
       [9, 3],
       [1, 6],
       [2, 2]])

In [38]: np.concatenate([arr2_1, arr2_3], axis=1)
Out[38]:
array([[9, 2, 5, 5, 4, 9, 9],
       [7, 7, 6, 4, 2, 2, 1]])
```

在上面的例子中，第一个数组和第二个数组在横向截面（列轴）的形状是相同的，所以它们沿着行的方向进行纵向合并；第一个数组和第三个数组在纵向截面（行轴）的形状是相同的，所以它们沿着列的方向进行横向合并。

4.5.4 数组合并：堆叠

数组堆叠是另一种合并数组的方式，它与数组拼接的差别在于，数组堆叠在某些情况下会增加数组维度。stack 是实现数组堆叠功能的通用函数，它要求输入的数组拥有完全相同的形状，如将同一个数组对象进行多次堆叠。

```
In [1]: import numpy as np

In [2]: arr1_1 = np.arange(5)

In [3]: arr1_1
Out[3]: array([0, 1, 2, 3, 4])

In [4]: arr1_1.shape
Out[4]: (5,)

In [5]: arr_stack = np.stack([arr1_1, arr1_1, arr1_1])

In [6]: arr_stack
Out[6]:
array([[0, 1, 2, 3, 4],
       [0, 1, 2, 3, 4],
```

```
       [0, 1, 2, 3, 4]])

In [7]: arr_stack.shape
Out[7]: (3, 5)
```

或者堆叠多个形状相同的数组。

```
In [8]: arr1_2 = np.random.randint(1, 10, 5)

In [9]: arr1_3 = np.random.randint(1, 10, 5)

In [10]: arr1_2
Out[10]: array([9, 7, 2, 9, 4])

In [11]: arr1_3
Out[11]: array([5, 2, 5, 5, 2])

In [12]: arr_stack = np.stack([arr1_1, arr1_2, arr1_3], axis=1)

In [13]: arr_stack
Out[13]:
array([[0, 9, 5],
       [1, 7, 2],
       [2, 2, 5],
       [3, 9, 5],
       [4, 4, 2]])

In [14]: arr_stack.shape
Out[14]: (5, 3)
```

stack 函数会增加一个维度，如一维数组合并后的结果为二维数组，axis 参数用于指定新增维度所在轴的编号，默认值为 0。我们再通过一个二维数组的例子来了解 stack 函数是如何增加数组维度的。

```
In [15]: arr2_1 = np.random.randint(1, 10, (3, 4))

In [16]: arr2_2 = np.random.randint(1, 10, (3, 4))

In [17]: arr2_1
Out[17]:
array([[1, 4, 2, 1],
       [5, 3, 7, 1],
       [1, 8, 2, 9]])

In [18]: arr2_2
Out[18]:
```

```
array([[8, 3, 9, 3],
       [4, 8, 3, 3],
       [2, 6, 6, 9]])

In [19]: arr2_1.shape, arr2_2.shape
Out[19]: ((3, 4), (3, 4))

In [20]: arr_stack = np.stack([arr2_1, arr2_2])

In [21]: arr_stack
Out[21]:
array([[[1, 4, 2, 1],
        [5, 3, 7, 1],
        [1, 8, 2, 9]],

       [[8, 3, 9, 3],
        [4, 8, 3, 3],
        [2, 6, 6, 9]]])

In [22]: arr_stack.shape
Out[22]: (2, 3, 4)
```

合并后的结果为三维数组，因为默认的 axis 参数值为 0，新增的维度在第一个轴上，如上述结果所示。如果指定 axis 参数值为 1，则新增的维度在第二个轴上。

```
m In [23]: arr_stack = np.stack([arr2_1, arr2_2], axis=1)

In [24]: arr_stack
Out[24]:
array([[[1, 4, 2, 1],
        [8, 3, 9, 3]],

       [[5, 3, 7, 1],
        [4, 8, 3, 3]],

       [[1, 8, 2, 9],
        [2, 6, 6, 9]]])

In [25]: arr_merged.shape
Out[25]: (3, 2, 4)
```

NumPy 还提供了一系列方向固定的堆叠函数，它们不要求输入的数组拥有完全相同的形状，但在合并时依然需要形状相同的截面，如纵向合并的 vstack 函数。

```
In [25]: np.vstack([arr1_1, arr1_2])
Out[25]:
```

```
array([[0, 1, 2, 3, 4],
       [9, 7, 2, 9, 4]])
```

vstack 函数在合并一维数组时会增加数组维度，如上面的例子所示，形状为 (*N*,) 的一维数组先被重塑成形状为 (1, *N*) 的二维数组，然后再进行合并。如果分步操作，即先转换一维数组，再堆叠数组。

```
In [26]: arr1_1_rs = arr1_1.reshape(1, -1)

In [27]: arr1_2_rs = arr1_2.reshape(1, -1)

In [28]: arr1_1_rs
Out[28]: array([[0, 1, 2, 3, 4]])

In [29]: arr1_2_rs
Out[29]: array([[9, 7, 2, 9, 4]])

In [30]: np.vstack([arr1_1_rs, arr1_2_rs])
Out[30]:
array([[0, 1, 2, 3, 4],
       [9, 7, 2, 9, 4]])
```

如果把数组比作货物，vstack 函数的直观使用感受是不停往上堆叠货物。准确地说，vstack 函数总是沿着第一个轴合并数组。当合并多维数组时，vstack 函数不会像 stack 函数那样新增数组维度，效果与数组拼接函数 concatenate 是一样的。

```
In [31]: arr2_1
Out[31]:
array([[1, 4, 2, 1],
       [5, 3, 7, 1],
       [1, 8, 2, 9]])

In [32]: arr2_2
Out[32]:
array([[8, 3, 9, 3],
       [4, 8, 3, 3],
       [2, 6, 6, 9]])

In [33]: np.vstack([arr2_1, arr2_2])
Out[33]:
array([[1, 4, 2, 1],
       [5, 3, 7, 1],
       [1, 8, 2, 9],
       [8, 3, 9, 3],
       [4, 8, 3, 3],
       [2, 6, 6, 9]])
```

```
In [34]: np.concatenate([arr2_1, arr2_2], axis=0)
Out[34]:
array([[1, 4, 2, 1],
       [5, 3, 7, 1],
       [1, 8, 2, 9],
       [8, 3, 9, 3],
       [4, 8, 3, 3],
       [2, 6, 6, 9]])
```

hstack 是实现横向堆叠功能的函数，如合并一维数组。

```
In [35]: np.hstack([arr1_1, arr1_2])
Out[35]: array([0, 1, 2, 3, 4, 9, 7, 2, 9, 4])
```

除了一维数组，hstack 函数总是沿着第二个轴堆叠数组，效果与拼接数组相同，并不会增加数组维度，以二维数组为例。

```
In [36]: np.hstack([arr2_1, arr2_2])
Out[36]:
array([[1, 4, 2, 1, 8, 3, 9, 3],
       [5, 3, 7, 1, 4, 8, 3, 3],
       [1, 8, 2, 9, 2, 6, 6, 9]])

In [37]: np.concatenate([arr2_1, arr2_2], axis=1)
Out[37]:
array([[1, 4, 2, 1, 8, 3, 9, 3],
       [5, 3, 7, 1, 4, 8, 3, 3],
       [1, 8, 2, 9, 2, 6, 6, 9]])
```

最后要介绍的数组堆叠函数是 dstack，大体来说，dstack 函数是沿着第三个轴来堆叠数组的，对于一维数组和二维数组会先执行转换操作。我们先来看一维数组的例子。

```
In [38]: arr_stack = np.dstack([arr1_1, arr1_2])

In [39]: arr_stack
Out[39]:
array([[[0, 9],
        [1, 7],
        [2, 2],
        [3, 9],
        [4, 4]]])

In [40]: arr_stack.shape
Out[40]: (1, 5, 2)
```

对于一维数组，其形状会从 $(N,)$ 转换为 $(1, N, 1)$ 的三维数组，然后再沿着第三个轴合并数组。对于二维数组，先增加第三个维度，然后合并转换后的三维数组。

```
In [41]: arr2_1.shape
Out[41]: (3, 4)

In [42]: arr2_2.shape
Out[42]: (3, 4)

In [43]: arr_stack = np.dstack([arr2_1, arr2_2])

In [44]: arr_stack
Out[44]:
array([[[1, 8],
        [4, 3],
        [2, 9],
        [1, 3]],

       [[5, 4],
        [3, 8],
        [7, 3],
        [1, 3]],

       [[1, 2],
        [8, 6],
        [2, 6],
        [9, 9]]])

In [45]: arr_stack.shape
Out[45]: (3, 4, 2)
```

如果合并三维及维度更高的数组，则数组堆叠的结果与数组拼接的结果一样，不会新增数组维度。

```
In [46]: arr3_1 = np.random.randint(1, 10, (2, 3, 4))

In [47]: arr3_2 = np.random.randint(1, 10, (2, 3, 3))

In [48]: arr3_1
Out[48]:
array([[[7, 7, 4, 7],
        [6, 1, 4, 5],
        [9, 8, 8, 1]],

       [[8, 6, 2, 8],
        [2, 7, 5, 2],
        [8, 6, 8, 7]]])
```

```
In [49]: arr3_2
Out[49]:
array([[[4, 9, 1],
        [5, 8, 6],
        [8, 1, 9]],

       [[2, 4, 9],
        [6, 1, 4],
        [7, 3, 7]]])

In [50]: arr_stack = np.dstack([arr3_1, arr3_2])

In [51]: arr_stack
Out[51]:
array([[[7, 7, 4, 7, 4, 9, 1],
        [6, 1, 4, 5, 5, 8, 6],
        [9, 8, 8, 1, 8, 1, 9]],

       [[8, 6, 2, 8, 2, 4, 9],
        [2, 7, 5, 2, 6, 1, 4],
        [8, 6, 8, 7, 7, 3, 7]]])

In [52]: arr3_1.shape
Out[52]: (2, 3, 4)

In [53]: arr3_2.shape
Out[53]: (2, 3, 3)

In [54]: arr_stack.shape
Out[54]: (2, 3, 7)
```

上面的这些例子演示的是合并两个数组，要说明的是，vstack、hstack 和 dstack 函数支持合并两个及两个以上的数组。

4.5.5 数组拆分

数组合并的反向操作是数组拆分，NumPy 提供的对应函数有 split、hsplit、vsplit 和 dsplit 等。我们先来看一个利用 split 函数拆分一维数组的例子。

```
In [1]: import numpy as np

In [2]: arr = np.array([ 0,  1,  2,  3,  9, 10])

In [3]: arr1, arr2, arr3 = np.split(arr, 3)
```

```
In [4]: print(arr1, arr2, arr3)
[0 1] [2 3] [ 9 10]
```

这里我们指定将原数组拆分成 3 个，也可以通过指明拆分点进行数组拆分。

```
In [5]: arr1, arr2, arr3 = np.split(arr, [3, 5])

In [6]: print(arr1, arr2, arr3)
[0 1] [2 3] [ 9 10]
```

其中，参数 [3, 5] 是拆分点，表明在第三个元素之后和第五个元素之后进行拆分。如果提供了 N 个拆分点，就会返回 N+1 个数组。如果拆分多维数组，可以根据需求调用不同的方法，沿着不同的维度进行拆分，如使用 vsplit 函数进行纵向拆分。

```
In [7]: arr = np.arange(16).reshape((4, 4))

In [8]: arr
Out[8]:
array([[ 0,  1,  2,  3],
       [ 4,  5,  6,  7],
       [ 8,  9, 10, 11],
       [12, 13, 14, 15]])

In [9]: arr1, arr2 = np.vsplit(arr, [2])

In [10]: arr1
Out[10]:
array([[0, 1, 2, 3],
       [4, 5, 6, 7]])

In [11]: arr2
Out[11]:
array([[ 8,  9, 10, 11],
       [12, 13, 14, 15]])
```

如需进行横向拆分，可以使用 hsplit 函数。

```
In [12]: arr3, arr4 = np.hsplit(arr, [2])

In [13]: arr3
Out[13]:
array([[ 0,  1],
       [ 4,  5],
       [ 8,  9],
       [12, 13]])
```

```
In [14]: arr4
Out[14]:
array([[ 2,  3],
       [ 6,  7],
       [10, 11],
       [14, 15]])
```

如果拆分方向为第三个轴，可以使用 dsplit 函数，使用方法类似，便不在这里复述了。

4.6 矩阵运算

矩阵是线性代数的一个主要研究对象，也是重要的研究工具。矩阵运算，如矩阵乘法、矩阵分解、行列式求解等，在线性代数中起着重要的作用。NumPy 为了支持矩阵运算，不仅提供了矩阵对象，还提供了相关的线性代数函数。

4.6.1 矩阵对象

NumPy 提供了专门的矩阵对象（numpy.matrix），主要用于矩阵数据的处理和矩阵运算等操作。生成矩阵对象的方法是使用 matrix 函数。

```
In [1]: import numpy as np

In [2]: mat = np.matrix(6)

In [3]: mat
Out[3]: matrix([[6]])

In [4]: mat.shape
Out[4]: (1, 1)

In [5]: mat = np.matrix((0, 1, 3))

In [6]: mat
Out[6]: matrix([[0, 1, 3]])

In [7]: mat.shape
Out[7]: (1, 3)

In [8]: mat = np.matrix([[0, 1], [2, 3]])

In [9]: mat
```

```
Out[9]:
matrix([[0, 1],
        [2, 3]])

In [10]: mat.shape
Out[10]: (2, 2)
```

与生成数组对象的 array 函数类似，matrix 函数接收类数组的参数，不仅可以传递单个数值、元组和列表，还可以传递数组对象。

```
In [11]: arr = np.arange(6).reshape(2, 3)

In [12]: arr
Out[12]:
array([[0, 1, 2],
       [3, 4, 5]])

In [13]: mat = np.matrix(arr)

In [14]: mat
Out[14]:
matrix([[0, 1, 2],
        [3, 4, 5]])

In [15]: mat.shape
Out[15]: (2, 3)
```

上面的方法相当于将数组转换成矩阵对象，因此我们可以用创建数组对象的方法生成一些特殊矩阵，包括空矩阵、零矩阵、对角矩阵等。

```
In [16]: mat = np.matrix(np.zeros(3))

In [17]: mat
Out[17]: matrix([[0., 0., 0.]])

In [18]: mat.shape
Out[18]: (1, 3)

In [19]: mat = np.matrix(np.eye(5))

In [20]: mat
Out[20]:
matrix([[1., 0., 0., 0., 0.],
        [0., 1., 0., 0., 0.],
        [0., 0., 1., 0., 0.],
        [0., 0., 0., 1., 0.],
```

```
        [0., 0., 0., 0., 1.]])

In [21]: mat.shape
Out[21]: (5, 5)

In [22]: mat = np.matrix(np.empty((3, 2)))

In [23]: mat
Out[23]:
matrix([[6.90692527e-310, 4.68767537e-310],
        [0.00000000e+000, 0.00000000e+000],
        [0.00000000e+000, 0.00000000e+000]])

In [24]: mat.shape
Out[24]: (3, 2)

In [25]: mat = np.matrix(np.arange(6))

In [26]: mat
Out[26]: matrix([[0, 1, 2, 3, 4, 5]])

In [27]: mat.shape
Out[27]: (1, 6)

In [28]: mat = np.matrix(np.random.randn(3, 4))

In [29]: mat
Out[29]:
matrix([[ 0.00867314, -0.62462147,  1.15776348,  1.12607705],
        [-0.59363502, -1.04778862,  0.17084221, -0.21549493],
        [ 0.02667734,  0.41896448, -1.79337988,  0.12003223]])

In [30]: mat.shape
Out[30]: (3, 4)
```

从上面的这些示例中，你会发现 matrix 函数生成的对象总是二维的，而 ndarray 对象可以是任意维度。矩阵对象的一个特点在于可以用简单的运算符执行矩阵乘法，而数组对象则会执行逐元素相乘的操作。

```
In [31]: arr = np.random.randint(1, 10, (3, 3))

In [32]: mat = np.matrix(arr)

In [33]: arr
Out[33]:
array([[2, 6, 7],
```

```
       [6, 6, 8],
       [3, 9, 3]])

In [34]: mat
Out[34]:
matrix([[2, 6, 7],
        [6, 6, 8],
        [3, 9, 3]])

In [35]: mat * mat
Out[35]:
matrix([[ 61, 111,  83],
        [ 72, 144, 114],
        [ 69,  99, 102]])

In [36]: arr * arr
Out[36]:
array([[ 4, 36, 49],
       [36, 36, 64],
       [ 9, 81,  9]])
```

此外，矩阵对象还拥有数组对象所没有的特殊属性 I 和 H，这两个属性可以方便地计算逆矩阵和共轭矩阵。

```
In [37]: arr = np.arange(6).reshape(3, 2)

In [38]: mat = np.matrix(arr)

In [39]: mat
Out[39]:
matrix([[0, 1],
        [2, 3],
        [4, 5]])

In [40]: mat.I
Out[40]:
matrix([[-1.08333333, -0.33333333,  0.41666667],
        [ 0.83333333,  0.33333333, -0.16666667]])

In [41]: arr = np.array([[1, 2+3j], [4+5j, 6]])

In [42]: mat = np.matrix(arr)

In [43]: mat
Out[43]:
matrix([[1.+0.j, 2.+3.j],
```

```
        [4.+5.j, 6.+0.j]])

In [44]: mat.H
Out[44]:
matrix([[1.-0.j, 4.-5.j],
        [2.-3.j, 6.-0.j]])
```

大部分的矩阵运算，包括矩阵乘法、逆矩阵和共轭矩阵，NumPy 都提供了通用的实现函数，即函数的输入对象可以是矩阵或数组。因此，矩阵对象可以看作特殊的二维数组，在大部分情况下两者是通用的，并且可以互相转换。

```
In [45]: arr = np.arange(4).reshape(2, 2)

In [46]: mat = np.matrix(arr)

In [47]: mat
Out[47]:
matrix([[0, 1],
        [2, 3]])

In [48]: mat.A
Out[48]:
array([[0, 1],
       [2, 3]])

In [49]: mat.A.dtype
Out[49]: dtype('int64')
```

矩阵数组的属性 A 可以返回其对应的数组对象，或者使用 array 函数和 asarray 函数进行显式转换，转换时可以指定数据类型。

```
In [50]: np.array(mat, dtype=np.float64)
Out[50]:
array([[0., 1.],
       [2., 3.]])

In [51]: np.asarray(mat, dtype=np.float32)
Out[51]:
array([[0., 1.],
       [2., 3.]], dtype=float32)
```

在数组和矩阵可以通用的情况下，我们更推荐使用数组对象，因为数组对象更加灵活，并且执行效率更高。我们通过简单的转置操作，便能发现数组对象的执行速度更快。

```
In [55]: %timeit arr.T
295 ns ± 7.56 ns per loop (mean ± std. dev. of 7 runs, 1000000 loops each)
```

```
In [56]: %timeit mat.T
1.14 µs ± 21.3 ns per loop (mean ± std. dev. of 7 runs, 1000000 loops each)
```

因此，我们在后续的章节中会介绍通用的矩阵操作，并以数组对象为主要的操作对象。

4.6.2 矩阵乘法

我们已经了解到，使用乘法的运算操作符，数组对象的计算结果是逐元素的乘积，矩阵对象执行的则是矩阵乘法。如果要避免这样的差异性，并且计算数组的点积，则应该使用通用的 dot 函数。

```
In [1]: import numpy as np

In [2]: mat = np.random.randint(1, 10, (3, 4))

In [3]: mat_m = np.matrix(mat)

In [4]: mat
Out[4]:
array([[5, 8, 7, 3],
       [7, 8, 5, 6],
       [6, 2, 5, 2]])

In [5]: mat_m
Out[5]:
matrix([[5, 8, 7, 3],
        [7, 8, 5, 6],
        [6, 2, 5, 2]])

In [6]: np.dot(mat, mat.T)
Out[6]:
array([[147, 152,  87],
       [152, 174,  95],
       [ 87,  95,  69]])

In [7]: np.dot(mat_m, mat_m.T)
Out[7]:
matrix([[147, 152,  87],
        [152, 174,  95],
        [ 87,  95,  69]])

In [8]: mat_m * mat_m.T
Out[8]:
matrix([[147, 152,  87],
```

```
        [152, 174,  95],
        [ 87,  95,  69]])
```

dot 函数也是数组方法，所以可以通过数组对象调用。

```
In [9]: mat.dot(mat.T)
Out[9]:
array([[147, 152,  87],
       [152, 174,  95],
       [ 87,  95,  69]])
```

若同时计算两个及两个以上数组的点积，则需要借助 numpy.linalg.multi_dot 函数，传递包含多个数组的元组作为输入参数。

```
In [10]: np.linalg.multi_dot((mat, mat.T, mat))
Out[10]:
array([[2321, 2566, 2224, 1527],
       [2548, 2798, 2409, 1690],
       [1514, 1594, 1429,  969]])
```

若要计算方阵的乘幂，则需要使用 numpy.linalg.matrix_power 函数，传递参数指定数组对象和幂指数。

```
In [13]: np.linalg.matrix_power(mat, 3)
Out[13]:
array([[3255, 3510, 2496],
       [3252, 3501, 2508],
       [3255, 3501, 2505]])
```

实际上，方阵的幂运算与下面的操作是一样的，但语法更加简洁。

```
In [14]: np.linalg.multi_dot((mat, mat, mat))
Out[14]:
array([[3255, 3510, 2496],
       [3252, 3501, 2508],
       [3255, 3501, 2505]])
```

关于矩阵和向量的乘积，还存在其他的形式，如内积和外积，你可以在使用 NumPy 的过程中进行更深入的探索。

4.6.3 逆矩阵和共轭矩阵

在矩阵乘法中，我们已经接触到了 numpy.linalg 模块，它作为一个线性代数的函数库，提供的函数对于矩阵和数组都是通用的，包括求逆矩阵。因此，通过 matrix 对象的 I 属性计算的逆矩阵，可以用 linalg 模块中的 inv 函数获取，允许输入数组对象。

```
In [1]: import numpy as np

In [2]: mat = np.random.randint(1, 10, (3, 3))

In [3]: mat_m = np.matrix(mat)

In [4]: mat
Out[4]:
array([[3, 9, 7],
       [4, 2, 8],
       [9, 9, 2]])

In [5]: mat_m
Out[5]:
matrix([[3, 9, 7],
        [4, 2, 8],
        [9, 9, 2]])

In [6]: np.linalg.inv(mat)
Out[6]:
array([[-0.13654618,  0.09036145,  0.11646586],
       [ 0.12851406, -0.11445783,  0.00803213],
       [ 0.03614458,  0.10843373, -0.06024096]])

In [7]: np.linalg.inv(mat_m)
Out[7]:
matrix([[-0.13654618,  0.09036145,  0.11646586],
        [ 0.12851406, -0.11445783,  0.00803213],
        [ 0.03614458,  0.10843373, -0.06024096]])

In [8]: mat_m.I
Out[8]:
matrix([[-0.13654618,  0.09036145,  0.11646586],
        [ 0.12851406, -0.11445783,  0.00803213],
        [ 0.03614458,  0.10843373, -0.06024096]])
```

矩阵和其逆矩阵的点乘积是一个单位矩阵。

```
In [9]: mat_I = np.linalg.inv(mat)

In [10]: np.dot(mat, mat_I)
Out[10]:
array([[ 1.00000000e+00,  0.00000000e+00,  0.00000000e+00],
       [-1.11022302e-16,  1.00000000e+00, -5.55111512e-17],
       [-1.38777878e-17,  0.00000000e+00,  1.00000000e+00]])
```

因为科学记数法输出的结果不能明显地表示出单位矩阵，我们可以更改 NumPy 的输出选项。

```
In [11]: np.set_printoptions(suppress=True)

In [12]: np.dot(mat, mat_I)
Out[12]:
array([[ 1.,  0.,  0.],
       [-0.,  1., -0.],
       [-0.,  0.,  1.]])
```

伪逆矩阵是逆矩阵的广义形式，可以通过 linalg 模块的 pinv 函数来计算。

```
In [13]: mat_pinv = np.linalg.pinv(mat)

In [14]: mat_pinv
Out[14]:
array([[-0.13654618,  0.09036145,  0.11646586],
       [ 0.12851406, -0.11445783,  0.00803213],
       [ 0.03614458,  0.10843373, -0.06024096]])
```

我们可以通过矩阵乘法，验证伪逆矩阵的一些简单特性。

```
In [15]: np.linalg.multi_dot((mat, mat_pinv, mat))
Out[15]:
array([[3., 9., 7.],
       [4., 2., 8.],
       [9., 9., 2.]])

In [16]: mat
Out[16]:
array([[3, 9, 7],
       [4, 2, 8],
       [9, 9, 2]])

In [17]: np.linalg.multi_dot((mat_pinv, mat, mat_pinv))
Out[17]:
array([[-0.13654618,  0.09036145,  0.11646586],
       [ 0.12851406, -0.11445783,  0.00803213],
       [ 0.03614458,  0.10843373, -0.06024096]])

In [18]: mat_pinv
Out[18]:
array([[-0.13654618,  0.09036145,  0.11646586],
       [ 0.12851406, -0.11445783,  0.00803213],
       [ 0.03614458,  0.10843373, -0.06024096]])
```

NumPy 内置的 conjugate 函数用于计算共轭矩阵，接收数组或矩阵，调用时可以使用函数的简称 conj。

```
In [19]: mat = np.random.randint(1, 10, (3, 3))

In [20]: mat_m = np.matrix(mat)

In [21]: mat
Out[21]:
array([[6, 6, 8],
       [6, 6, 2],
       [3, 3, 8]])

In [22]: mat_m
Out[22]:
matrix([[6, 6, 8],
        [6, 6, 2],
        [3, 3, 8]])

In [23]: mat_m.H
Out[23]:
matrix([[6, 6, 3],
        [6, 6, 3],
        [8, 2, 8]])

In [24]: mat_m.T
Out[24]:
matrix([[6, 6, 3],
        [6, 6, 3],
        [8, 2, 8]])

In [25]: np.conj(mat)
Out[25]:
array([[6, 6, 8],
       [6, 6, 2],
       [3, 3, 8]])

In [26]: np.conj(mat_m)
Out[26]:
matrix([[6, 6, 8],
        [6, 6, 2],
        [3, 3, 8]])

In [27]: mat.T
Out[27]:
array([[6, 6, 3],
```

```
        [6, 6, 3],
        [8, 2, 8]])
```

实数矩阵的共轭矩阵就是其转置矩阵，所以大部分情况下共轭矩阵的计算是对复数矩阵而言的，如结果所示。

```
In [28]: mat = np.array([[1, 2+3j], [4, 5+6j]])

In [29]: mat_m = np.matrix(mat)

In [30]: mat
Out[30]:
array([[1.+0.j, 2.+3.j],
       [4.+0.j, 5.+6.j]])

In [31]: mat_m
Out[31]:
matrix([[1.+0.j, 2.+3.j],
        [4.+0.j, 5.+6.j]])

In [32]: np.conj(mat)
Out[32]:
array([[1.-0.j, 2.-3.j],
       [4.-0.j, 5.-6.j]])

In [33]: np.conj(mat_m)
Out[33]:
matrix([[1.-0.j, 2.-3.j],
        [4.-0.j, 5.-6.j]])

In [34]: mat_m.H
Out[34]:
matrix([[1.-0.j, 4.-0.j],
        [2.-3.j, 5.-6.j]])
```

4.6.4 数值特征和特征值

计算矩阵的一些数值特征时，我们需要依赖 linalg 库和其他内置函数。例如，计算矩阵的秩需要用到 linalg 库的 matrix_rank 函数。

```
In [1]: import numpy as np

In [2]: mat = np.random.randn(3, 3)

In [3]: mat
```

```
Out[3]:
array([[ 1.42985815, -1.18638489, -1.50381019],
       [-0.59966179,  0.14958635,  0.05277561],
       [ 1.21169995,  0.32333833,  0.83613426]])

In [4]: np.linalg.matrix_rank(mat)
Out[4]: 3

In [5]: mat[0] = 0

In [6]: mat
Out[6]:
array([[ 0.        ,  0.        ,  0.        ],
       [-0.59966179,  0.14958635,  0.05277561],
       [ 1.21169995,  0.32333833,  0.83613426]])

In [7]: np.linalg.matrix_rank(mat)
Out[7]: 2
```

linalg.norm 函数可以计算矩阵范数，通过 ord 参数可以指定范数类型。

```
In [8]: mat = np.random.randint(1, 10, (3, 3))

In [9]: mat
Out[9]:
array([[6, 1, 4],
       [7, 7, 3],
       [7, 5, 4]])

In [10]: np.linalg.norm(mat)
Out[10]: 15.811388300841896

In [11]: np.linalg.norm(mat, ord=1)
Out[11]: 20.0

In [12]: np.linalg.norm(mat, ord=2)
Out[12]: 15.382738026759077

In [13]: np.linalg.norm(mat, ord=np.inf)
Out[13]: 17.0
```

当 ord 参数值为 1、2 和 np.inf 时，分别代表第一范数、第二范数和无穷范数，默认是第二范数。norm 函数也支持其他类型的范数，你可以通过查看函数的参数说明进一步了解。与范数相关的条件数可以通过 numpy.linalg.cond 函数计算，范数类型通过参数 p 指定。

```
In [14]: np.linalg.cond(mat)
Out[14]: 57.530724488057636

In [15]: np.linalg.cond(mat, p=1)
Out[15]: 93.33333333333336

In [16]: np.linalg.cond(mat, p=2)
Out[16]: 57.530724488057636

In [17]: np.linalg.cond(mat, p=np.inf)
Out[17]: 81.60000000000001
```

其中，p 参数值的用法与 norm 函数的 ord 参数类似，默认的也是第二范数。矩阵的条件数是矩阵范数和逆矩阵范数的乘积，我们结合 norm 函数用第一范数进行简单的验证。

```
In [18]: mat_I = np.linalg.inv(mat)

In [19]: np.linalg.norm(mat, ord=1) * np.linalg.norm(mat_I, ord=1)
Out[19]: 93.33333333333336

In [20]: np.linalg.cond(mat, p=1)
Out[20]: 93.33333333333336
```

对于方阵，可以使用 linalg 模块的 det 函数计算行列式，矩阵和转置矩阵的行列式是相等的。

```
In [21]: mat = np.arange(4).reshape(2, 2)

In [22]: mat
Out[22]:
array([[0, 1],
       [2, 3]])

In [23]: np.linalg.det(mat)
Out[23]: -2.0

In [24]: np.linalg.det(mat.T)
Out[24]: -2.0
```

对于矩阵对角线上的元素的处理，可以使用 NumPy 内置的 diag 函数和 trace 函数，前者可以获取矩阵对角线上的元素，后者能够计算对角线上的元素之和，下面以方阵为例。

```
In [25]: mat = np.random.randint(1, 10, (3, 3))

In [26]: mat
```

```
Out[26]:
array([[5, 4, 4],
       [3, 4, 9],
       [7, 1, 7]])

In [27]: np.diag(mat)
Out[27]: array([5, 4, 7])

In [28]: np.diag(mat).sum()
Out[28]: 16

In [29]: np.trace(mat)
Out[29]: 16
```

计算通用矩阵的特征值，则需要借助 linalg 模块，该模块的 eigvals 函数会返回矩阵的特征值。

```
In [30]: mat = np.random.randint(1, 10, (5, 5))

In [31]: mat
Out[31]:
array([[8, 9, 2, 6, 2],
       [2, 8, 8, 3, 3],
       [8, 8, 4, 8, 9],
       [9, 1, 8, 9, 7],
       [7, 3, 8, 2, 3]])

In [32]: np.linalg.eigvals(mat)
Out[32]:
array([29.09277676+0.j        ,  5.11866181+0.j        ,
        2.17140153+4.18200972j,  2.17140153-4.18200972j,
       -6.55424162+0.j        ])
```

如果还需要计算特征向量，可以使用 eig 函数，它会同时返回矩阵的特征值和特征向量。

```
In [33]: np.linalg.eig(mat)
Out[33]:
(array([29.09277676+0.j        ,  5.11866181+0.j        ,
         2.17140153+4.18200972j,  2.17140153-4.18200972j,
        -6.55424162+0.j        ]),
 array([[-0.3952052 +0.j        , -0.08465055+0.j        ,
         -0.54781948-0.03202313j, -0.54781948+0.03202313j,
         -0.21671238+0.j        ],
        [-0.36983808+0.j        , -0.46931186+0.j        ,
         -0.06838969-0.33518842j, -0.06838969+0.33518842j,
```

```
  0.24242093+0.j        ],
 [-0.54216942+0.j        , -0.02814406+0.j        ,
  0.15471584+0.07263593j,  0.15471584-0.07263593j,
 -0.68895798+0.j        ],
 [-0.535249  +0.j        ,  0.83988379+0.j        ,
  0.6318725 +0.j        ,  0.6318725 -0.j        ,
  0.18474702+0.j        ],
 [-0.35579977+0.j        , -0.25765053+0.j        ,
 -0.07910933+0.38354373j, -0.07910933-0.38354373j,
  0.62086495+0.j        ]]))
```

可以将计算结果分别存储在两个变量中，方便后续查看和使用。

```
In [34]: a, b = np.linalg.eig(mat)

In [35]: a
Out[35]:
array([29.09277676+0.j        ,  5.11866181+0.j        ,
        2.17140153+4.18200972j,  2.17140153-4.18200972j,
       -6.55424162+0.j        ])

In [36]: b
Out[36]:
array([[-0.3952052 +0.j        , -0.08465055+0.j        ,
        -0.54781948-0.03202313j, -0.54781948+0.03202313j,
        -0.21671238+0.j        ],
       [-0.36983808+0.j        , -0.46931186+0.j        ,
        -0.06838969-0.33518842j, -0.06838969+0.33518842j,
         0.24242093+0.j        ],
       [-0.54216942+0.j        , -0.02814406+0.j        ,
         0.15471584+0.07263593j,  0.15471584-0.07263593j,
        -0.68895798+0.j        ],
       [-0.535249  +0.j        ,  0.83988379+0.j        ,
         0.6318725 +0.j        ,  0.6318725 -0.j        ,
         0.18474702+0.j        ],
       [-0.35579977+0.j        , -0.25765053+0.j        ,
        -0.07910933+0.38354373j, -0.07910933-0.38354373j,
         0.62086495+0.j        ]])
```

4.6.5 矩阵分解

numpy.linalg 模块拥有标准的矩阵分解的函数集，包括 QR 分解和奇异值分解（Singular Value Decomposition，SVD）。我们首先来看 QR 分解的示例。

```
In [1]: import numpy as np
```

```
In [2]: mat = np.random.randint(1, 10, (3, 3))

In [3]: mat
Out[3]:
array([[3, 4, 7],
       [2, 1, 9],
       [1, 6, 9]])

In [4]: q, r = np.linalg.qr(mat)

In [5]: q
Out[5]:
array([[-0.80178373, -0.05780733, -0.59481188],
       [-0.53452248, -0.37574765,  0.7570333 ],
       [-0.26726124,  0.9249173 ,  0.27036904]])

In [6]: r
Out[6]:
array([[ -3.74165739,  -5.34522484, -12.82853961],
       [  0.        ,   4.94252683,   4.53787551],
       [  0.        ,   0.        ,   5.08293786]])
```

QR 分解后会得到 ***Q*** 和 ***R*** 两个矩阵，***Q*** 矩阵为单位正交矩阵，***R*** 矩阵为上三角矩阵。这对应了 numpy.linalg.qr 函数的返回结果，查看函数结果可以发现返回的 ***R*** 矩阵是上三角矩阵，而对于返回的 ***Q*** 矩阵，我们可以通过下面的方式验证它是否为单位正交矩阵。

```
In [7]: np.set_printoptions(suppress=True)

In [8]: np.dot(q, q.T)
Out[8]:
array([[ 1.,  0.,  0.],
       [ 0.,  1., -0.],
       [ 0., -0.,  1.]])
```

我们还可以通过 ***Q*** 和 ***R*** 矩阵的点乘积来快速验证分解的结果是否正确。

```
In [10]: np.dot(q, r)
Out[10]:
array([[3., 4., 7.],
       [2., 1., 9.],
       [1., 6., 9.]])

In [11]: mat
Out[11]:
array([[3, 4, 7],
```

```
       [2, 1, 9],
       [1, 6, 9]])
```

用类似的方式，调用 linalg 模块的 svd 函数可以实现 SVD 分解。

```
In [12]: U,sigma,VT = np.linalg.svd(mat)

In [13]: U
Out[13]:
array([[-0.5220035 , -0.14075592,  0.84124914],
       [-0.54440272,  0.81424527, -0.20156963],
       [-0.65661102, -0.56319837, -0.50166679]])

In [14]: sigma
Out[14]: array([16.22776861,  3.43817934,  1.68476961])

In [15]: V = VT.T

In [16]: V
Out[16]:
array([[-0.20405929,  0.18702468,  0.96092745],
       [-0.40498993, -0.90977472,  0.09106658],
       [-0.8912592 ,  0.37058296, -0.2613911 ]])
```

函数返回的结果分别是左奇异值（U）、奇异值（sigma）和右奇异值的转置矩阵（VT），如上面的例子所示。因为奇异值是对角矩阵，除了对角线上的元素，其他元素均为 0，所以 svd 函数以一维数组形式返回，以节省内存空间。左右奇异值都是单位正交矩阵，可以用下面的方式验证其正交性。

```
In [17]: np.dot(U, U.T)
Out[17]:
array([[ 1.,  0.,  0.],
       [ 0.,  1., -0.],
       [ 0., -0.,  1.]])

In [18]: np.dot(V, VT)
Out[18]:
array([[ 1.,  0.,  0.],
       [ 0.,  1., -0.],
       [ 0., -0.,  1.]])
```

我们依然可以用点乘积来验证分解结果是否正确，但是在操作之前，我们需要将返回的奇异值转换成对角矩阵，这个时候我们要使用之前介绍的 numpy.diag 函数。

```
In [19]: sigma_m = np.diag(sigma)

In [20]: sigma_m
```

```
Out[20]:
array([[16.22776861,  0.        ,  0.        ],
       [ 0.        ,  3.43817934,  0.        ],
       [ 0.        ,  0.        ,  1.68476961]])
```

当输入的是二维数组时，diag 函数返回的是对角线上的元素；如果输入的是一维数组，diag 函数则会将其展开并转换成对角矩阵。转换成功之后，我们可以验证 3 个矩阵的点乘积是否为分解前的原矩阵。

```
In [21]: np.linalg.multi_dot((U, sigma_m, VT))
Out[21]:
array([[3., 4., 7.],
       [2., 1., 9.],
       [1., 6., 9.]])

In [22]: mat
Out[22]:
array([[3, 4, 7],
       [2, 1, 9],
       [1, 6, 9]])
```

4.7 数组运算

矩阵运算主要应用在线性代数的研究中，而在数据分析中更常见的是数组运算。与矩阵运算不同的是，数组运算都是元素级别的运算操作，如我们已经了解的数组乘法和矩阵乘法之间的区别，通常我们将这种逐元素的操作称为通用函数。对于实现数组运算功能的通用函数，NumPy 提供了标准的函数形式，也支持部分运算操作使用 Python 原生的算术运算符。

4.7.1 算术运算

NumPy 数组可以使用 Python 原生的算术运算符，语法接近于数学表达式，如四则运算（加减乘除）。

```
In [1]: import numpy as np

In [2]: x = np.array([1, 4, 9])

In [3]: y = np.array([1, 2, 3])

In [4]: print("x      = ", x)
```

```
   ...: print("y     = ", y)
   ...: print("x + y = ", x + y)
   ...: print("x - y = ", x - y)
   ...: print("x * y = ", x * y)
   ...: print("x / y = ", x / y)
x     =  [1 4 9]
y     =  [1 2 3]
x + y =  [ 2  6 12]
x - y =  [0 2 6]
x * y =  [ 1  8 27]
x / y =  [1. 2. 3.]
```

NumPy 还允许数组和标量之间的运算，如下面的例子所示。

```
In [5]: print("x     = ", x)
   ...: print("x + 2 = ", x + 2)
   ...: print("x - 2 = ", x - 2)
   ...: print("x * 2 = ", x * 2)
   ...: print("x / 2 = ", x / 2)
x     =  [1 4 9]
x + 2 =  [ 3  6 11]
x - 2 =  [-1  2  7]
x * 2 =  [ 2  8 18]
x / 2 =  [0.5 2.  4.5]
```

若把标量视为零维数组，上面的例子依然是数组间的运算，只是两个数组的形状不同。二维数组和一维数组也能够相加。

```
In [6]: x2 = np.random.randint(1, 10, (2, 3))

In [7]: x2
Out[7]:
array([[5, 8, 3],
       [8, 4, 3]])

In [8]: x
Out[8]: array([1, 4, 9])

In [9]: x2 + x
Out[9]:
array([[ 6, 12, 12],
       [ 9,  8, 12]])
```

如果要对数组元素执行幂运算，如求平方数和平方根，可以用下面的方法。

```
In [10]: print("x        = ", x)
    ...: print("x ** 2   = ", x ** 2)
```

```
   ...: print("x ** 0.5 = ", x ** 0.5)
x        =  [1 4 9]
x ** 2   =  [ 1 16 81]
x ** 0.5 =  [1. 2. 3.]
```

NumPy 数组的取模操作与 Python 内置的取模操作相似，如下。

```
In [11]: print("x     = ", x)
    ...: print("x % 3 = ", x % 3)
x     =  [1 4 9]
x % 2 =  [1 1 0]
```

对于上面介绍的运算，NumPy 都提供了其函数形式，如四则运算。

```
In [12]: print("x     = ", x)
    ...: print("x + 2 = ", np.add(x, 2))
    ...: print("x - 2 = ", np.subtract(x, 2))
    ...: print("x * 2 = ", np.multiply(x, 2))
    ...: print("x / 2 = ", np.divide(x, 2))
x     =  [1 4 9]
x + 2 =  [ 3  6 11]
x - 2 =  [-1  2  7]
x * 2 =  [ 2  8 18]
x / 2 =  [0.5 2.  4.5]
```

求平方数和平方根的方法分别使用 square 和 sqrt 函数，输入数组对象后即可获得计算结果，如下。

```
In [13]: print("x        = ", x)
    ...: print("x ** 2   = ", np.square(x))
    ...: print("x ** 0.5 = ", np.sqrt(x))
x        =  [1 4 9]
x ** 2   =  [ 1 16 81]
x ** 0.5 =  [1. 2. 3.]
```

我们也可以使用更通用的 power 函数执行幂运算，如求数组元素的平方数和立方数。

```
In [14]: print("x      = ", x)
    ...: print("x ** 2 = ", np.power(x, 2))
    ...: print("x ** 3 = ", np.power(x, 3))
x      =  [1 4 9]
x ** 2 =  [ 1 16 81]
x ** 3 =  [  1  64 729]
```

NumPy 中 mod 函数对应的操作是取模，函数的用法如下。

```
In [15]: print("x     = ", x)
    ...: print("x % 3 = ", np.mod(x, 3))
```

```
x      =  [1 4 9]
x % 3 =  [1 1 0]
```

可见，函数的扩展性更好，通过参数设置可以提供更丰富的功能。算术运算符的优势在于简洁直观的表达式，尤其是当需要组合多种运算构建复杂的数学表达式时。

```
In [16]: ((-x + 3) * 0.5) ** 2
Out[16]: array([1.  , 0.25, 9.  ])
```

4.7.2 绝对值

NumPy 支持 Python 内置的绝对值函数，或是调用对应的通用函数 numpy.absolute（函数简写为 numpy.abs）计算绝对值。

```
In [1]: import numpy as np

In [2]: x = np.array([5, 3, -1, -8])

In [3]: abs(x)
Out[3]: array([5, 3, 1, 8])

In [4]: np.abs(x)
Out[4]: array([5, 3, 1, 8])
```

如果传递的数组中包含复数，Python 和 NumPy 中的绝对值函数都会计算复数的模。

```
In [5]: y = np.array([1+0j, 0+2j, 3+4j, 4+3j])

In [6]: abs(y)
Out[6]: array([1., 2., 5., 5.])

In [7]: np.abs(y)
Out[7]: array([1., 2., 5., 5.])
```

NumPy 还提供了另一个绝对值函数，即 fabs 函数。该函数会将数组元素先转换成浮点型，然后再计算绝对值。

```
In [8]: x
Out[8]: array([ 5,  3, -1, -8])

In [9]: x.dtype
Out[9]: dtype('int64')

In [10]: np.abs(x)
Out[10]: array([5, 3, 1, 8])

In [11]: np.abs(x).dtype
```

```
Out[11]: dtype('int64')

In [12]: np.fabs(x)
Out[12]: array([5., 3., 1., 8.])

In [13]: np.fabs(x).dtype
Out[13]: dtype('float64')
```

通过对比，你会发现尽管输入数组的数据类型是整型，但 fabs 函数输出的结果依然是浮点型。因为复数无法被转换为浮点型，所以 fabs 函数不支持复数类型。值得注意的是，通常 fabs 函数的执行效率不如 abs 函数。

```
In [14]: x = np.random.randint(1, 10, 50)

In [15]: %timeit np.abs(x)
619 ns ± 4.64 ns per loop (mean ± std. dev. of 7 runs, 1000000 loops each)

In [16]: %timeit np.fabs(x)
1.4 µs ± 20.3 ns per loop (mean ± std. dev. of 7 runs, 1000000 loops each)
```

abs 函数的执行速度要快于 fabs 函数的执行速度，如上述结果所示，这是因为当输入数组的类型为非浮点型时，fabs 函数需要进行额外的数据类型转换。

4.7.3 指数和对数

我们已经了解了以数组元素为底数并以常量为指数的幂运算，下面来看看以常量为底数、数组元素为指数的幂运算。

```
In [1]: import numpy as np

In [2]: x = np.array([1, 2, 3])

In [3]: print("x      = ", x)
   ...: print("2 ** x = ", 2 ** x)
   ...: print("3 ** x = ", 3 ** x)
   ...: print("e ** x = ", np.e ** x)
x      =  [1 2 3]
2 ** x =  [2 4 8]
3 ** x =  [ 3  9 27]
e ** x =  [ 2.71828183  7.3890561  20.08553692]
```

在上面的例子中，我们用的是算术运算符，也可以用幂运算对应的 power 函数，第一个参数为底数，第二个参数为指数。

```
In [4]: print("x      = ", x)
```

```
   ...: print("2 ** x = ", np.power(2, x))
   ...: print("3 ** x = ", np.power(3, x))
   ...: print("e ** x = ", np.power(np.e, x))
x     =  [1 2 3]
2 ** x =  [2 4 8]
3 ** x =  [ 3  9 27]
e ** x =  [ 2.71828183  7.3890561  20.08553692]
```

以自然常数和 2 为底数的指数运算较为常见，所以 NumPy 提供了单独的通用函数，分别是 exp 函数和 exp2 函数，用法如下。

```
In [5]: print("x      = ", x)
   ...: print("e ** x = ", np.exp(x))
   ...: print("2 ** x = ", np.exp2(x))
x      =  [1 2 3]
e ** x =  [ 2.71828183  7.3890561  20.08553692]
2 ** x =  [2. 4. 8.]
```

求幂的逆运算是对数运算，NumPy 提供了 3 个主要的对数函数，用法如下。

```
In [6]: x
Out[6]: array([1, 2, 3])

In [7]: np.log(x)
Out[7]: array([0.        , 0.69314718, 1.09861229])

In [8]: np.log2(x)
Out[8]: array([0.       , 1.       , 1.5849625])

In [9]: np.log10(x)
Out[9]: array([0.        , 0.30103   , 0.47712125])
```

示例中，log 函数计算以自然常数为底数的自然对数，log2 函数计算以 2 为底数的对数，log10 函数计算以 10 为底数的对数。虽然 NumPy 没有提供通用的函数计算任意底数的对数，但是我们可以通过对数的特性实现这一功能，如下面的例子所示，用 log 函数计算以 10 为底数的对数。

```
In [10]: np.log(x) / np.log(10)
Out[10]: array([0.        , 0.30103   , 0.47712125])

In [11]: np.log10(x)
Out[11]: array([0.        , 0.30103   , 0.47712125])
```

4.7.4 三角和反三角函数

除了基础的算术运算、复数处理等函数，NumPy 丰富的函数集中还包括了标准的三角函数，支持计算正弦、余弦和正切，如下。

```
In [1]: import numpy as np

In [2]: np.set_printoptions(suppress=True)

In [3]: x = np.linspace(0, np.pi, 3)

In [4]: print("x      = ", x)
   ...: print("sin(x) = ", np.sin(x))
   ...: print("cos(x) = ", np.cos(x))
   ...: print("tan(x) = ", np.tan(x))
x      =  [0.         1.57079633 3.14159265]
sin(x) =  [0. 1. 0.]
cos(x) =  [ 1.  0. -1.]
tan(x) =  [ 0.00000000e+00  1.63312394e+16 -1.22464680e-16]
```

NumPy 的三角函数要求输入的元素值以弧度为单位，如果数组元素是以角度为单位表示的，可以用 numpy.radians 函数进行转换。

```
In [5]: x = np.array([30, 45, 60, 90, 180])

In [6]: print("x      = ", x)
   ...: print("sin(x) = ", np.sin(np.radians(x)))
   ...: print("cos(x) = ", np.cos(np.radians(x)))
   ...: print("tan(x) = ", np.tan(np.radians(x)))
x      =  [ 30  45  60  90 180]
sin(x) =  [0.5        0.70710678 0.8660254  1.         0.        ]
cos(x) =  [ 0.8660254   0.70710678  0.5         0.         -1.        ]
tan(x) =  [ 5.77350269e-01  1.00000000e+00  1.73205081e+00  1.63312394e+16
 -1.22464680e-16]
```

NumPy 中的 arcsin 函数、arccos 函数和 arctan 函数为反三角函数，通过输入的三角函数值计算对应的弧度值。在探索反三角函数之前，我们先将三角函数的计算结果保存到各个变量中。

```
In [7]: x = np.array([30, 45, 60, 90])

In [8]: x_r = np.radians(x)

In [9]: sin_x = np.sin(x_r)

In [10]: cos_x = np.cos(x_r)

In [11]: tan_x = np.tan(x_r)

In [12]: sin_x, cos_x, tan_x
```

```
Out[12]:
(array([0.5       , 0.70710678, 0.8660254 , 1.        ]),
 array([0.8660254 , 0.70710678, 0.5       , 0.        ]),
 array([5.77350269e-01, 1.00000000e+00, 1.73205081e+00, 1.63312394e+16]))
```

接着，我们将三角函数的输出结果作为反三角函数的输入参数，然后进行计算。

```
In [13]: x1 = np.arcsin(sin_x)

In [14]: x2 = np.arccos(cos_x)

In [15]: x3 = np.arctan(tan_x)

In [16]: x1, x2, x3
Out[16]:
(array([0.52359878, 0.78539816, 1.04719755, 1.57079633]),
 array([0.52359878, 0.78539816, 1.04719755, 1.57079633]),
 array([0.52359878, 0.78539816, 1.04719755, 1.57079633]))
```

反三角函数的返回值以弧度为单位，可以通过 numpy.degrees 函数将弧度转换成角度。

```
In [17]: np.degrees([x1, x2, x3])
Out[17]:
array([[30., 45., 60., 90.],
       [30., 45., 60., 90.],
       [30., 45., 60., 90.]])
```

4.8 聚合统计

面对大规模数据时，往往第一步是计算能够描述数据特征的统计量。例如，计算平均值和标准差评估采样数据的质量。当然，其他的聚合统计同样重要，包括最大和最小值、总和、中位数、分位数等。本节将介绍如何通过 NumPy 的聚合统计功能计算这些常用的统计特征。

4.8.1 求和与乘积

即使你从来没有接触过数理统计，在实际生活中也会遇到计算数据总和的场景。NumPy 中统计数据总和的函数为 numpy.sum，下面是一个简单的例子。

```
In [1]: import numpy as np

In [2]: data = np.arange(1, 10)
```

```
In [3]: data
Out[3]: array([1, 2, 3, 4, 5, 6, 7, 8, 9])

In [4]: np.sum(data)
Out[4]: 45
```

NumPy 的数组方法也有一个 sum 函数，可以通过数组对象直接调用。

```
In [5]: data.sum()
Out[5]: 45
```

类似地，NumPy 数组对象和 numpy 命名空间中都有一个 prod 函数，用于计算数组元素的乘积。

```
In [6]: np.prod(data)
Out[6]: 362880

In [7]: data.prod()
Out[7]: 362880
```

如果求数组元素的总和或乘积的过程中，需要返回中间每一步的计算结果，可以使用 cumsum 和 cumprod 函数。例如，下面的示例将求和过程的中间计算结果以数组形式返回。

```
In [8]: data
Out[8]: array([1, 2, 3, 4, 5, 6, 7, 8, 9])

In [9]: np.cumsum(data)
Out[9]: array([ 1,  3,  6, 10, 15, 21, 28, 36, 45])

In [10]: data.cumsum()
Out[10]: array([ 1,  3,  6, 10, 15, 21, 28, 36, 45])
```

类似地，cumprod 函数返回的是累乘过程的中间计算结果，如返回 1 到 9 之间所有整数的阶乘。

```
In [11]: data
Out[11]: array([1, 2, 3, 4, 5, 6, 7, 8, 9])

In [12]: np.cumprod(data)
Out[12]:
array([     1,      2,      6,     24,    120,    720,   5040,  40320,
       362880])

In [13]: data.cumprod()
Out[13]:
array([     1,      2,      6,     24,    120,    720,   5040,  40320,
       362880])
```

4.8.2 均值和标准差

均值和方差是基础的描述性统计指标，它们能够大致反映一个样本的分布情况。NumPy 中计算均值和方差的方法分别为使用 numpy.mean 函数和 numpy.var 函数，输入数组便可返回所有数组元素的均值和方差。

```
In [1]: import numpy as np

In [2]: data = np.random.randint(1, 10, 10)

In [3]: data
Out[3]: array([7, 3, 4, 3, 1, 9, 7, 8, 7, 8])

In [4]: np.mean(data)
Out[4]: 5.7

In [5]: np.var(data)
Out[5]: 6.609999999999999
```

大部分的聚合统计函数都可以通过 NumPy 的数组方法来调用，因此 ndarray 对象本身可以直接调用对应的数组方法求均值和方差。

```
In [6]: data.mean(), data.var()
Out[6]: (5.7, 6.609999999999999)
```

标准差与方差一样都可以反映样本个体间的离散程度，使用 numpy.std 函数可以计算数组的标准差。

```
In [7]: np.mean(data), np.std(data)
Out[7]: (5.7, 2.570992026436488)
```

标准差与均值的量纲是一致的，二者在正态分布中被用作描述模型的参数。下面生成多个服从标准正态分布的随机样本数据集，然后计算数据的均值和标准差。

```
In [8]: samples = np.random.randn(10)

In [9]: samples.mean(), samples.std()
Out[9]: (-0.39199164578232726, 0.8999660415629329)

In [10]: samples = np.random.randn(100)

In [11]: samples.mean(), samples.std()
Out[11]: (-0.09992161493586878, 1.0546719279012682)

In [12]: samples = np.random.randn(1000)
```

```
In [13]: samples.mean(), samples.std()
Out[13]: (0.032156314133833144, 1.0065771731912647)
```

当样本量增大时，通过均值和标准差描述的样本分布就更接近标准正态分布模型。

4.8.3 最大值和最小值

最大值和最小值可以简单地定义数据的分布范围，在 NumPy 中是通过 max 和 min 函数实现求最大值和最小值的功能的。

```
In [1]: import numpy as np

In [2]: data = np.random.randint(3, 8, 10)

In [3]: np.min(data), np.max(data)
Out[3]: (3, 7)
```

同样，我们可以通过数组方法获取数组的最大值和最小值。

```
In [4]: data.min(), data.max()
Out[4]: (3, 7)
```

因为生成的随机数组的取值范围在 3 到 7 之间，所以计算的最小值和最大值分别为 3 和 7。有时候，最大值和最小值对应的元素本身有其意义，如获取一年中营业额最高的月份。NumPy 提供了 argmax 和 argmin 函数，它们会返回最大值和最小值对应的索引值。

```
In [5]: data
Out[5]: array([3, 6, 7, 4, 7, 6, 6, 3, 7, 5])

In [6]: np.argmin(data)
Out[6]: 0

In [7]: np.argmax(data)
Out[7]: 2
```

要注意的是，当数组中存在多个最大值或最小值时，argmax 函数和 argmin 函数只返回第一个符合要求的索引值。基于返回的索引值，我们可以访问数组中数值最大和最小的元素。

```
In [8]: data[np.argmin(data)]
Out[8]: 3

In [9]: data[np.argmax(data)]
Out[9]: 7
```

在实际场景中，可以更灵活地使用最大值和最小值的索引值。假设有一个二维数组，第一列记录学生的学号，第二列记录学生的身高。

```
In [10]: data = np.array([[1001, 172], [1002, 176], [1003, 168], [1004, 170],
[1005, 165]])

In [11]: data
Out[11]:
array([[1001,  172],
       [1002,  176],
       [1003,  168],
       [1004,  170],
       [1005,  165]])
```

我们将数组的第二列作为输入参数，获取身高最大值和最小值对应的索引值，再基于索引值查询最高和最矮的学生的基础信息，包括学号。

```
In [12]: data[np.argmin(data[:, -1])]
Out[12]: array([1005,  165])

In [13]: data[np.argmax(data[:, -1])]
Out[13]: array([1002,  176])
```

4.8.4 中位数和百分位数

中位数又称中点数或中值，是指将数据从小到大排列，取中间位置的数据。NumPy 中求中位数的函数为 numpy.median，函数用法如下。

```
In [1]: import numpy as np

In [2]: data = np.arange(9)

In [3]: data
Out[3]: array([0, 1, 2, 3, 4, 5, 6, 7, 8])

In [4]: np.median(data)
Out[4]: 4.0
```

当数据样本的个数为奇数时，中位数就是按照数据大小排列后处于中间的元素值，如上面的例子所示。如果样本个数为偶数，中位数就是中间两个元素值的平均值，如 0 到 9 的中位数为 4 和 5 的平均值。

```
In [5]: data = np.arange(10)

In [6]: data
Out[6]: array([0, 1, 2, 3, 4, 5, 6, 7, 8, 9])
```

```
In [7]: np.median(data)
Out[7]: 4.5
```

如果输入的数据是整型或浮点型，并且数据类型小于 float64，median 函数就会将输出结果转换为 NumPy 的 float64 类型。

```
In [8]: data = np.arange(9)

In [9]: data
Out[9]: array([0, 1, 2, 3, 4, 5, 6, 7, 8])

In [10]: data.dtype
Out[10]: dtype('int64')

In [11]: np.median(data)
Out[11]: 4.0

In [12]: np.median(data).dtype
Out[12]: dtype('float64')
```

中位数的优点是受极端值的影响较小，当存在偏小或偏大的数据样本时，中位数比平均值更适合代表整体数据的一般水平。当我们往数组中添加一个极大值时，中位数几乎不会受到影响，如下面的例子所示。

```
In [13]: data = np.random.randint(1, 10, 100)

In [14]: data
Out[14]:
array([8, 8, 4, 9, 8, 5, 6, 1, 9, 1, 6, 4, 5, 5, 1, 1, 1, 3, 6, 2, 7, 2,
       3, 4, 3, 1, 2, 4, 8, 8, 8, 5, 5, 5, 7, 5, 8, 8, 8, 2, 6, 1, 3, 9,
       1, 8, 8, 5, 8, 7, 7, 9, 9, 6, 3, 9, 6, 6, 9, 2, 8, 7, 1, 3, 3, 4,
       4, 2, 6, 2, 4, 4, 2, 2, 1, 3, 9, 2, 8, 1, 3, 2, 4, 6, 4, 1, 4, 3,
       3, 5, 4, 3, 6, 6, 8, 2, 6, 9, 8, 7])

In [15]: np.mean(data)
Out[15]: 4.88

In [16]: np.median(data)
Out[16]: 5.0

In [17]: data = np.insert(data, -1, 10000)

In [18]: np.mean(data)
Out[18]: 103.84158415841584

In [19]: np.median(data)
Out[19]: 5.0
```

中位数是中心位置的数据，统计学中百分位数可以衡量任意位置的数据。NumPy 中使用 numpy.percentile 函数计算数组的百分位数，如求二分位数，即 50 百分位数就是中位数。

```
In [20]: data = np.arange(1, 101)

In [21]: np.median(data)
Out[21]: 50.5

In [22]: np.percentile(data, 50)
Out[22]: 50.5
```

percentile 函数的用法很简单，第一个参数为输入的数组对象，第二个参数为用来指定位置的百分数。在数据统计中，常用的还有四分位数，如第一个四分位数为 25 百分位数，第三个四分位数为 75 百分位数。

```
In [23]: np.percentile(data, 25)
Out[23]: 25.75

In [24]: np.percentile(data, 75)
Out[24]: 75.25
```

要注意的是，NumPy 的数组方法不包含 median 和 percentile 函数，所以无法通过调用数组方法的方式求中位数和百分位数。

4.8.5 逻辑统计函数

numpy.all 和 numpy.any 函数是 NumPy 中两个主要的逻辑统计函数，统计对象是布尔数组，我们先看一个例子。

```
In [1]: import numpy as np

In [2]: data = np.array([True, True, True])

In [3]: np.all(data)
Out[3]: True

In [4]: np.any(data)
Out[4]: True

In [5]: data = np.array([True, True, False])

In [6]: np.all(data)
Out[6]: False

In [7]: np.any(data)
```

```
Out[7]: True

In [8]: data = np.array([False, False, False])

In [9]: np.all(data)
Out[9]: False

In [10]: np.any(data)
Out[10]: False
```

对于 all 函数，若所有数组元素都为真值，返回结果为 True，否则为 False。对于 any 函数，若存在任意一个元素为真值，返回结果为 True；若所有元素为假值，则结果为 False。如果输入的数组对象是非布尔型，all 函数和 any 函数会将元素值转换为布尔类型，再返回统计结果。

```
In [11]: data = np.array([-3, -1, 0, 1, 2])

In [12]: np.all(data)
Out[12]: False

In [13]: np.any(data)
Out[13]: True
```

数据类型转换时，数值 0 会被转换为 False，非零的数值则被转换为 True。

```
In [14]: np.array(data, dtype=np.bool)
Out[14]: array([ True,  True, False,  True,  True])
```

逻辑统计函数可以通过数组方法调用。

```
In [15]: data.all()
Out[15]: False

In [16]: data.any()
Out[16]: True
```

实际应用场景中，一般逻辑统计函数会配合比较运算符执行更灵活的统计操作。下面的例子中，假设数组中包含的是学生的考试成绩，我们可以统计是否有学生考试成绩不合格。

```
In [17]: data = np.array([75, 58, 80, 91])

In [18]: (data < 60).any()
Out[18]: True

In [19]: (data >= 60).all()
Out[19]: False
```

4.8.6 多维数组的聚合

在前面介绍聚合统计的例子中，操作对象都是一维数组，聚合操作是基于所有数组元素的，统计结果会以标量形式返回。我们以求和操作作为例子，回顾一下一维数组的聚合统计。

```
In [1]: import numpy as np

In [2]: x = np.random.randn(12)

In [3]: x
Out[3]:
array([-0.65135786,  1.86567589, -0.59009516, -0.1661086 , -1.70417347,
       -0.98421076,  0.00355819,  0.58723636,  1.34839221,  0.2414306 ,
        1.29595195, -0.44932636])

In [4]: x.shape
Out[4]: (12,)

In [5]: np.sum(x)
Out[5]: 0.7969729951685578
```

当输入对象是多维数组时，聚合函数的默认行为是一样的，也是在所有的数组元素上执行聚合操作。

```
In [6]: x.resize(3, 4)

In [7]: x
Out[7]:
array([[-0.65135786,  1.86567589, -0.59009516, -0.1661086 ],
       [-1.70417347, -0.98421076,  0.00355819,  0.58723636],
       [ 1.34839221,  0.2414306 ,  1.29595195, -0.44932636]])

In [8]: x.shape
Out[8]: (3, 4)

In [9]: np.sum(x)
Out[9]: 0.7969729951685578
```

聚合函数都有一个 axis 参数，用以指定聚合操作所沿的轴向，其默认值为 None。当 axis 参数为 None 时，输入的多维数组会先被展开成一维数组，然后在所有数组元素的基础上计算统计量。因此，默认情况下，多维数组的聚合统计与一维数组无异。但是，如果传递了有效的 axis 参数，聚合操作会沿着指定的轴向进行。

```
In [10]: np.sum(x, axis=0)
```

```
Out[10]: array([-1.00713913,  1.12289573,  0.70941499, -0.0281986 ])
```

聚合会将数组的维度缩减，所以当聚合操作在 axis 参数指定的轴上执行时，该轴会被缩减。如上面的例子所示，axis 参数指定的是二维数组的轴 0，即行轴被聚合，列轴表示的维度被保留，计算的是每列的元素值总和。同理，如果通过 axis 参数指定聚合轴为轴 1，则计算的是每行的元素值总和。

```
In [11]: np.sum(x, axis=1)
Out[11]: array([ 0.45811427, -2.09758967,  2.4364484 ])
```

类似地，其他的聚合统计函数也可以通过 axis 参数指定聚合操作所沿的轴向，包括求均值、标准差和中位数。

```
In [12]: np.mean(x, axis=0)
Out[12]: array([-0.33571304,  0.37429858,  0.23647166, -0.00939953])

In [13]: np.std(x, axis=0)
Out[13]: array([1.26603398, 1.16724859, 0.7873923 , 0.43744247])

In [14]: np.median(x, axis=1)
Out[14]: array([-0.37810188, -0.49032628,  0.76869128])
```

如果使用的是 argmin 或 argmax 函数，返回的是聚合轴的索引值，如指定轴 0 为聚合轴时，返回的是每列的最小值和最大值的行索引值。

```
In [15]: np.argmin(x, axis=0)
Out[15]: array([1, 1, 0, 2])

In [16]: np.argmax(x, axis=0)
Out[16]: array([2, 0, 2, 1])
```

函数返回的结果是由行索引值构成的数组，我们可以用返回的索引数组访问数组中最小或最大的元素，但需要一点技巧。

```
In [17]: np.diag(x[np.argmin(x, axis=0)])
Out[17]: array([-1.70417347, -0.98421076, -0.59009516, -0.44932636])

In [18]: np.min(x, axis=0)
Out[18]: array([-1.70417347, -0.98421076, -0.59009516, -0.44932636])

In [19]: np.diag(x[np.argmax(x, axis=0)])
Out[19]: array([1.34839221, 1.86567589, 1.29595195, 0.58723636])

In [20]: np.max(x, axis=0)
Out[20]: array([1.34839221, 1.86567589, 1.29595195, 0.58723636])
```

数组操作的技巧就是使用 numpy.diag 函数取对角线上的元素，访问结果与直接获取每列的最小元素值和最大元素值是一样的。

聚合函数的 axis 参数可以是整数形式的轴编号，也可以是包含多个轴编号的元组。例如，对于一个三维数组，我们可以只指定一个聚合轴，求数组的四分位数。

```
In [21]: x = np.random.randn(3, 4, 5)

In [22]: np.percentile(x, 25, axis=2)
Out[22]:
array([[-0.46509686, -0.80095333, -0.58740208, -0.10117093],
       [-0.72772824, -0.83672788,  0.24037632, -0.02353812],
       [-0.93388808, -0.00833876, -1.11640637, -0.35349927]])
```

我们也可以同时聚合数组的多个轴，计算聚合后的四分位数，如指定轴 1 和轴 0。

```
In [23]: np.percentile(x, 25, axis=(1, 2))
Out[23]: array([-0.64078989, -0.10305185, -0.97046716])
```

如果将所有轴都列入 axis 参数内，那么效果与指定 axis 参数值为 None 的效果是一样的。

```
In [24]: np.percentile(x, 25, axis=(0, 1, 2))
Out[24]: -0.6224836202960384

In [25]: np.percentile(x, 25)
Out[25]: -0.6224836202960384
```

第5章 NumPy 数组：进阶篇

5.1 NumPy 的高效运算

NumPy 的矢量化计算和广播机制是 NumPy 高效运算的基础。前者引入了快速的数组运算能力，并避免了繁杂的循环语句，让代码语法更加简洁；后者隐藏了复杂的数组变换，并在不占用额外存储空间的条件下，允许使用者执行更灵活的数组操作。

5.1.1 快速的矢量化计算

当我们需要对数组元素逐个执行相同的操作时，比较直接的方式是调用 Python 循环，可能用 for 循环编写的代码看起来很像下面这个倒数运算的示例。

```
In [1]: import numpy as np

In [2]: def get_loop_reciprocal(x):
   ...:     out = []
   ...:     for value in x:
   ...:         if value != 0:
   ...:             out.append(1.0 / value)
   ...:         else:
   ...:             out.append(value)
   ...:     return np.array(out)
```

当数组长度达到百万级别时，通过 Python 循环实现的数组运算平均需要花费约 660 毫秒。

```
In [3]: big_arr = np.random.randn(1000000)

In [4]: get_loop_reciprocal(big_arr)
Out[4]:
array([ 1.55654303,  0.93184592, -2.09192376, ...,  0.40204069,
        1.47754394, -0.87618172])

In [5]: %timeit get_loop_reciprocal(big_arr)
661 ms ± 6.43 ms per loop (mean ± std. dev. of 7 runs, 1 loop each)
```

如果我们选择使用 NumPy 的通用函数，操作时间在 2 毫秒左右，速度的提升超过了 300 倍。

```
In [6]: np.reciprocal(big_arr)
Out[6]:
array([ 1.55654303,  0.93184592, -2.09192376, ...,  0.40204069,
        1.47754394, -0.87618172])

In [7]: %timeit np.reciprocal(big_arr)
1.96 ms ± 44 µs per loop (mean ± std. dev. of 7 runs, 100 loops each)
```

其中，NumPy 所“施展的魔法”便是矢量化计算。矢量化计算用数组表达式替换了循环语句，化繁为简。同时，NumPy 中的数组运算或矩阵运算是通过科学计算领域的行业标准库来实现的，包括 BLAS、LAPACK 和英特尔的 MKL，这些标准库包含了高度优化、线程安全的函数接口，允许并行计算，大大提升了运行效率。

NumPy 对逐元素操作的函数进行了矢量化封装，封装后的函数将数组作为整体的操作对象，并隐藏了基于元素的循环操作。这种封装可以应用到自定义的函数中，numpy.vectorize 函数提供了相应的封装功能。我们继续以倒数运算为例，将计算倒数的部分提取出来并定义为一个单独的函数。

```
In [8]: def get_reciprocal(x):
   ...:     if x != 0:
   ...:         return 1.0 / x
   ...:     else:
   ...:         return x
   ...:

In [9]: get_reciprocal(big_arr[0])
Out[9]: 1.5565430329262242
```

该函数的输入是标量，可以求单个元素的倒数，我们可以使用 vectorize 函数对此函数进行矢量化封装。

```
In [10]: get_vec_reciprocal = np.vectorize(get_reciprocal)

In [11]: get_vec_reciprocal(big_arr)
Out[11]:
array([ 1.55654303,  0.93184592, -2.09192376, ...,  0.40204069,
        1.47754394, -0.87618172])
```

封装后的矢量化函数接收数组或类数组对象作为输入参数，并计算各个数组元素的倒数。我们还可以用 Python 的函数修饰器来实现矢量化封装，示例如下。

```
In [12]: @np.vectorize
    ...: def get_vec_reciprocal(x):
```

```
   ...:     if x != 0:
   ...:         return 1.0 / x
   ...:     else:
   ...:         return x
   ...:

In [13]: get_vec_reciprocal(big_arr)
Out[13]:
array([ 1.55654303,  0.93184592, -2.09192376, ...,  0.40204069,
        1.47754394, -0.87618172])
```

矢量化封装在数据结构和操作上的优化提升了自身的运行效率，通过对比可以发现矢量化封装的运行速度要高于直接使用 for 循环。

```
In [14]: %%timeit
    ...: for value in big_arr:
    ...:     get_reciprocal(value)
    ...:
548 ms ± 8.42 ms per loop (mean ± std. dev. of 7 runs, 1 loop each)

In [15]: %timeit get_vec_reciprocal(big_arr)
205 ms ± 4.27 ms per loop (mean ± std. dev. of 7 runs, 1 loop each)
```

但是 vectorize 的矢量化封装主要是为了提供函数使用的便利性，性能提升的空间有限，它的本质依然是循环操作，无法达到 NumPy 通用函数的执行效率。

```
In [18]: %timeit get_vec_reciprocal(big_arr)
205 ms ± 3.89 ms per loop (mean ± std. dev. of 7 runs, 1 loop each)

In [19]: %timeit np.reciprocal(big_arr)
2 ms ± 15.7 µs per loop (mean ± std. dev. of 7 runs, 1000 loops each)
```

5.1.2 灵活的广播机制

广播是 NumPy 中一个强大的功能，它提供了在不同形状的数组之间执行数组操作的可能性。在介绍数组运算时，我们已经接触到了灵活的广播机制，最简单的例子就是数组与标量之间的运算。

```
In [1]: import numpy as np

In [2]: x = np.arange(6)

In [3]: x
Out[3]: array([0, 1, 2, 3, 4, 5])
```

```
In [4]: x + 1
Out[4]: array([1, 2, 3, 4, 5, 6])
```

如果把标量看作零维数组，我们可以简单地认为一个标量在广播机制的作用下被复制并“拉伸”成一维数组，然后再执行逐元素的操作。为了能够更具象性地理解这种“拉伸”，我们可以将标量想象成点，数组想象为线，而广播机制会将点拉伸成一条线，最终两条线的长度达到一致。神奇的是，NumPy 在“拉伸”时不占用额外的存储空间，内存使用效率高。类似地，这种“拉伸”也会体现在一维数组和二维数组之间的操作中。

```
In [5]: x1 = np.arange(3)

In [6]: x2 = np.ones((3, 3))

In [7]: x1
Out[7]: array([0, 1, 2])

In [8]: x2
Out[8]:
array([[1., 1., 1.],
       [1., 1., 1.],
       [1., 1., 1.]])

In [9]: x1 + x2
Out[9]:
array([[1., 2., 3.],
       [1., 2., 3.],
       [1., 2., 3.]])
```

广播机制在这种情况下的运用，就像是线和面相加，线要先被拉伸成平面。广播机制并不仅限于数组运算，在执行数组的赋值操作时也能体现出来。

```
In [11]: x2[:, :] = 6

In [12]: x2
Out[12]:
array([[6., 6., 6.],
       [6., 6., 6.],
       [6., 6., 6.]])
```

上面的例子中，在广播机制的作用下，二维数组的所有元素值被更新为等号右边的标量。当然，也可以通过一维数组给二维数组的元素进行赋值，配合切片可以执行更加灵活的操作。

```
In [13]: x2
Out[13]:
```

```
array([[6., 6., 6.],
       [6., 6., 6.],
       [6., 6., 6.]])

In [14]: x1
Out[14]: array([0, 1, 2])

In [15]: x2[0:2] = x1

In [16]: x2
Out[16]:
array([[0., 1., 2.],
       [0., 1., 2.],
       [6., 6., 6.]])
```

广播操作可以在不同维度的数组间进行，也可以存在于维度相同但形状不同的数组之间。

```
In [17]: y2 = np.ones((1, 3))

In [18]: y2
Out[18]: array([[1., 1., 1.]])

In [19]: y2.shape
Out[19]: (1, 3)

In [20]: x2
Out[20]:
array([[0., 1., 2.],
       [0., 1., 2.],
       [6., 6., 6.]])

In [21]: x2.shape
Out[21]: (3, 3)

In [22]: x2 - y2
Out[22]:
array([[-1.,  0.,  1.],
       [-1.,  0.,  1.],
       [ 5.,  5.,  5.]])
```

5.1.3 广播的规则

广播机制可以理解为一种变换操作，形状“小”的数组通过复制扩展向形状“大”的数组对齐。这种变换操作随着数组维度的增加，会演化得愈发复杂，且难以通过空间想象去理解，但这种复杂的表象后面藏着简明的规则。了解了广播的规则后，广播功能将成为数组操作中一个强大的工具，而不是在使用 NumPy 的过程中给人们带来困惑。广播的规则可以归纳为以下 3 条。

（1）如果两个数组的维度不同，在维度较小的数组的左沿添加长度为 1 的新轴，并重复这一操作，直至两个数组的维度相同。

（2）执行规则 1 后，如果数组形状不同，则遍历所有的轴，如果轴的长度不同且其中有一个数组的轴长度为 1，那么扩展该数组的轴直至与另一个数组对齐。

（3）执行规则 1 和规则 2 后，如果数组形状依然不同，则抛出异常。

我们可以称规则 1 为维度对齐，规则 2 为轴长度对齐，而规则 3 则定义了什么是广播兼容。为了能够更清晰地了解广播机制的规则，我们来分析几个不同的示例。

1. 一维数组和二维数组

我们创建一个一维数组和一个二维数组，并将它们相加。

```
In [1]: import numpy as np

In [2]: x1 = np.arange(3)

In [3]: x2 = np.ones([3, 3])

In [4]: x1
Out[4]: array([0, 1, 2])

In [5]: x1.shape
Out[5]: (3,)

In [6]: x2
Out[6]:
array([[1., 1., 1.],
       [1., 1., 1.],
       [1., 1., 1.]])

In [7]: x2.shape
Out[7]: (3, 3)

In [8]: x1 + x2
Out[8]:
array([[1., 2., 3.],
       [1., 2., 3.],
       [1., 2., 3.]])
```

示例中，广播操作的效果如图 5-1 所示。

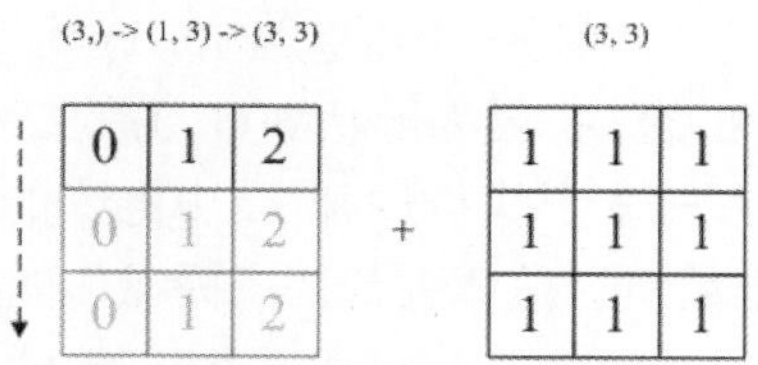

图 5-1 一维数组在轴 0 上广播

规则 1 先被执行，一维数组被扩展成形状为 (1, 3) 的二维数组；然后执行规则 2，扩展长度为 1 的轴，扩展之后两个数组的形状相同。

2. 行向量和列向量

我们分别生成一个行向量和一个列向量，然后将行列向量相加。

```
In [9]: x = np.arange(3)

In [10]: y = x.reshape((3, 1))

In [11]: x
Out[11]: array([0, 1, 2])

In [12]: x.shape
Out[12]: (3,)

In [13]: y
Out[13]:
array([[0],
       [1],
       [2]])

In [14]: y.shape
Out[14]: (3, 1)

In [15]: z = x + y

In [16]: z
Out[16]:
array([[0, 1, 2],
       [1, 2, 3],
       [2, 3, 4]])

In [17]: z.shape
Out[17]: (3, 3)
```

要注意的是，NumPy 中的列向量是一个形状为 (3, 1) 的二维数组。那么，同样地先执行规则 1，将行向量的维度进行扩展，扩展为形状为 (1, 3) 的二维数组；在轴 0 上执行规则 2，先扩展行向量的轴长度；然后在轴 1 上执行规则 2，扩展列向量的轴长度。最终行列向量都被广播为形状是 (3, 3) 的二维数组。总体来看，广播操作如图 5-2 所示。

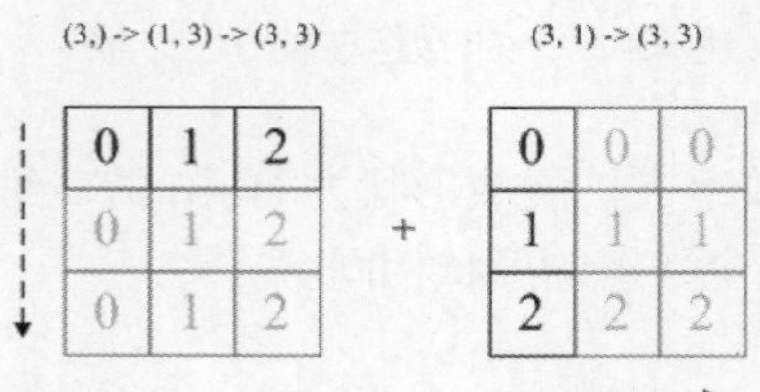

图 5-2　行向量和列向量分别在轴 0 和轴 1 上的广播

3. 广播不兼容

如果两个数组对象经过规则 1 和规则 2 的变换后形状依然不同，那么就是广播不兼容。以下就是一个广播不兼容的例子。

```
In [18]: x = np.arange(3)

In [19]: y = np.ones((3, 2))

In [20]: try:
    ...:     x + y
    ...: except ValueError as e:
    ...:     print(repr(e))
    ...:
ValueError('operands could not be broadcast together with shapes (3,) (3,2) ')
```

广播存在一个限定条件，即只对长度为 1 的轴进行扩展和对齐操作。上面的示例中，数组 x 被扩展为形状为 (3, 3) 的二维数组，数组 y 在轴 1 的长度为 2，不会进行扩展，保持原形状。根据规则 3，两个数组在广播后的形状并不相同，抛出异常。第三条广播规则保证了数组间的广播兼容性，这是不同形状数组之间操作的前提条件。

5.2 通用函数

5.2.1 初识通用函数

我们在矩阵运算和数组运算中已经接触到了通用函数，让我们通过一个简单的例子回顾一下。

```
In [1]: import numpy as np

In [2]: arr = np.random.randint(-5, 5, (3, 4))

In [3]: arr
Out[3]:
array([[ 4, -1,  3,  1],
       [-4, -4,  1,  0],
       [-4,  1,  1,  0]])

In [4]: np.abs(arr)
Out[4]:
array([[4, 1, 3, 1],
       [4, 4, 1, 0],
       [4, 1, 1, 0]])

In [5]: arr + 1
Out[5]:
array([[ 5,  0,  4,  2],
       [-3, -3,  2,  1],
       [-3,  2,  2,  1]])
```

通用函数是基于 NumPy 数组实现逐元素操作的函数，具有快速的运算能力。通用函数是 NumPy 中一个特殊的对象，可以用 Python 内置的 type 函数判断一个函数是否为通用函数。

```
In [6]: type(np.abs)
Out[6]: numpy.ufunc

In [7]: type(np.add)
Out[7]: numpy.ufunc
```

从显示的结果来看，返回的对象类型为numpy.ufunc，其中ufunc是通用函数（universal function）的英文缩写。通用函数接收一个或多个数组作为输入对象，返回一个或多个数组作为输出结果。根据输入数组的数量，NumPy 自带的通用函数可以分为一元通用函数和二元通用函数。

1. 一元通用函数

一元通用函数是基于单个数组执行元素级别操作的函数，如绝对值函数、三角函数和求平方根等。我们可以通过通用函数的 nin 属性查看它所接收的数组的个数，进而判别它是否为一元通用函数。

```
In [8]: np.abs.nin
Out[8]: 1

In [9]: np.sin.nin
Out[9]: 1

In [10]: np.sqrt.nin
Out[10]: 1
```

除了在数组运算中应用到的一元通用函数，这里我们再介绍一些其他常用的一元通用函数。sign 函数用来判断数组元素的符号，用法如下。

```
In [11]: arr = np.array([-5, -3, 0, 9, 7])

In [12]: np.sign(arr)
Out[12]: array([-1, -1,  0,  1,  1])
```

sign 函数的返回结果是一个数组，用以表示输入数组的各元素的符号，1 表示正数，-1 表示负数，0 表示元素值为 0。sign 函数也接收复数数组，如果复数包含实部，返回结果为实部的符号加上 0j；如果复数只包含虚部，返回结果为虚部的符号加上 0j。复数数组的例子如下。

```
In [13]: arr = np.array([5+2j, -4-3j, 2j, 0j])

In [14]: np.sign(arr)
Out[14]: array([ 1.+0.j, -1.+0.j,  1.+0.j,  0.+0.j])
```

数据分析中，舍入和取整是很常见的数据处理方法，如四舍五入。

```
In [15]: arr = np.array([-1.2, 3.3, 5.5, 2.7, -6.9])

In [16]: np.rint(arr)
Out[16]: array([-1.,  3.,  6.,  3., -7.])
```

NumPy 中 rint 函数按照四舍五入的规则取整，但是会保留原数据类型。如果是需要向上和向下取整，可以使用 ceil 和 floor 函数。

```
In [17]: np.ceil(arr)
Out[17]: array([-1.,  4.,  6.,  3., -6.])

In [18]: np.floor(arr)
Out[18]: array([-2.,  3.,  5.,  2., -7.])
```

此外， NumPy 提供了 modf 函数，该函数会提取数值的整数部分和小数部分并分别存储在两个数组里。

```
In [19]: y1, y2 = np.modf(arr)
```

```
In [20]: y1
Out[20]: array([-0.2,  0.3,  0.5,  0.7, -0.9])

In [21]: y2
Out[21]: array([-1.,  3.,  5.,  2., -6.])
```

还有一类一元通用函数，主要用于判别特殊的元素值。例如，isnan 函数可以判断数组元素是否为 np.nan 值（非数值），返回结果为布尔数组的形式。

```
In [22]: arr = np.array([1.1, 2.3, np.nan, 4.0])

In [23]: np.isnan(arr)
Out[23]: array([False, False,  True, False])
```

NumPy 包含两个特殊的浮点类型数值：一个是 numpy.nan，表示非数值类型，用于标识缺失数据或空值；另一个是 numpy.inf，表示无穷大，或叫无限值。其中，numpy.nan 值可以用上面示例的 isnan 函数判断，而 numpy.inf 值可以用 isinf 函数判断，判断结果也是以布尔数组形式返回。

```
In [24]: arr = np.array([1.1, 2.3, np.nan, 4.0, np.inf])

In [25]: np.isinf(arr)
Out[25]: array([False, False, False, False,  True])
```

NumPy 还提供了 isfinite 函数，可以同时判别 nan 值和 inf 值。该函数的作用是判断数组元素是否为有限值，其中 nan 值和 inf 值均为非有限值，判断结果为 False。

```
In [26]: arr
Out[26]: array([1.1, 2.3, nan, 4. , inf])

In [27]: np.isfinite(arr)
Out[27]: array([ True,  True, False,  True, False])
```

NumPy 的函数库中还包含了一组提供布尔运算（逻辑运算）功能的函数，其中 logical_not 函数实现了逻辑非运算。

```
In [28]: arr = np.array([True, False, False, True])

In [29]: np.logical_not(arr)
Out[29]: array([False,  True,  True, False])
```

NumPy 数组也支持逻辑运算符，logical_not 函数提供的功能相当于使用逻辑非运算符。

```
In [30]: (~arr)
Out[30]: array([False,  True,  True, False])
```

关于逻辑与、非和异或操作，NumPy 提供了对应的二元通用函数，后续会进一步介绍。

2. 二元通用函数

二元通用函数接收两个数组对象作为输入参数，并在元素对之间执行操作，如加减乘除四则运算。同样，通过通用函数的 nin 属性可以判别某个函数是否为二元通用函数。

```
In [31]: np.add.nin
Out[31]: 2

In [32]: np.power.nin
Out[32]: 2
```

NumPy 的二元通用函数不仅支持基础的数组运算，也提供其他常用的功能，包括比较运算和逻辑运算。这里要介绍的第一个二元通用函数依然是与元素值符号相关的函数，即 copysign 函数，用法如下。

```
In [33]: x1 = np.array([1.0, 2.0, 3.0, 4.0])

In [34]: x2 = np.array([-3.1, 2.8, 0, 6.0])

In [35]: np.copysign(x1, x2)
Out[35]: array([-1.,  2.,  3.,  4.])
```

该函数接收两个数组，其功能是复制第二个数组中各元素的符号值并应用到第一个数组中。要注意的是，0 的符号值在应用时会将负数转换为正数。

```
In [36]: x1 = np.array([1.0, 2.0, -3.0, 4.0])

In [37]: np.copysign(x1, x2)
Out[37]: array([-1.,  2.,  3.,  4.])
```

二元通用函数中有一类重要的函数，它们提供比较运算的功能，同时支持比较运算符和函数调用两种形式。这些函数提供的比较运算包括大于、大于等于、小于、小于等于，以及相等和不等，返回结果为布尔数组。下面的例子展示了所有比较运算对应的二元通用函数。

```
In [38]: x1 = np.arange(5)

In [39]: x2 = np.array([-1, 1, 3, 2, 9])

In [40]: x1
Out[40]: array([0, 1, 2, 3, 4])
```

```
In [41]: x2
Out[41]: array([-1,  1,  3,  2,  9])

In [42]: x1 > x2
Out[42]: array([ True, False, False,  True, False])

In [43]: np.greater(x1, x2)
Out[43]: array([ True, False, False,  True, False])

In [44]: x1 >= x2
Out[44]: array([ True,  True, False,  True, False])

In [45]: np.greater_equal(x1, x2)
Out[45]: array([ True,  True, False,  True, False])

In [46]: x1 < x2
Out[46]: array([False, False,  True, False,  True])

In [47]: np.less(x1, x2)
Out[47]: array([False, False,  True, False,  True])

In [48]: x1 <= x2
Out[48]: array([False,  True,  True, False,  True])

In [49]: np.less_equal(x1, x2)
Out[49]: array([False,  True,  True, False,  True])

In [50]: x1 == x2
Out[50]: array([False,  True, False, False, False])

In [51]: np.equal(x1, x2)
Out[51]: array([False,  True, False, False, False])

In [52]: x1 != x2
Out[52]: array([ True, False,  True,  True,  True])

In [53]: np.not_equal(x1, x2)
Out[53]: array([ True, False,  True,  True,  True])
```

maximum 函数和 minimum 函数是隐含比较操作的二元通用函数，它们计算元素对中的最大值和最小值，然后构成新的数组并返回。

```
In [54]: x1
Out[54]: array([0, 1, 2, 3, 4])

In [55]: x2
```

```
Out[55]: array([-1,  1,  3,  2,  9])

In [56]: np.maximum(x1, x2)
Out[56]: array([0, 1, 3, 3, 9])

In [57]: np.minimum(x1, x2)
Out[57]: array([-1,  1,  2,  2,  4])
```

除了比较运算，二元通用函数还提供逻辑运算功能，同样支持运算符和函数调用两种形式。其中，提供逻辑非操作的 logical_not 函数已经在一元通用函数中介绍了。接下来，我们介绍其他逻辑运算对应的函数和 Python 运算符，分别是逻辑与、或和异或 3 种操作。

```
In [58]: x1 = np.array([True, False, False, True, True])

In [59]: x2 = np.array([True, True, False, False, True])

In [60]: x1 & x2
Out[60]: array([ True, False, False, False,  True])

In [61]: np.logical_and(x1, x2)
Out[61]: array([ True, False, False, False,  True])

In [62]: x1 | x2
Out[62]: array([ True,  True, False,  True,  True])

In [63]: np.logical_or(x1, x2)
Out[63]: array([ True,  True, False,  True,  True])

In [64]: x1 ^ x2
Out[64]: array([False,  True, False,  True, False])

In [65]: np.logical_xor(x1, x2)
Out[65]: array([False,  True, False,  True, False])
```

通用函数支持广播机制，所以二元操作允许在形状不同但广播兼容的数组之间执行，如最简单的数组和标量的例子。

```
In [66]: x = np.arange(6)

In [67]: x
Out[67]: array([0, 1, 2, 3, 4, 5])

In [68]: np.maximum(x, 3)
Out[68]: array([3, 3, 3, 3, 4, 5])

In [69]: np.minimum(x, 3)
Out[69]: array([0, 1, 2, 3, 3, 3])
```

5.2.2 通用函数的实例方法

虽然各种通用函数提供不同的函数功能，但作为 NumPy 中通用函数对象的实例，它们拥有共通的实例方法。这里我们介绍几种常用的二元通用函数的实例方法。

1. reduce 方法

通用函数的 reduce 方法接收单个数组，只支持二元通用函数调用。reduce 方法是一种聚合操作的实现，它将第一个元素与第二个元素进行计算，然后将计算结果与下一个元素迭代进行下一轮的计算直到数组末尾。以加法运算为例，使用 reduce 方法后的 add 函数功能和 sum 函数是相同的，都是求数组元素的总和。

```
In [1]: import numpy as np

In [2]: x = np.arange(9)

In [3]: x
Out[3]: array([0, 1, 2, 3, 4, 5, 6, 7, 8])

In [4]: np.add.reduce(x)
Out[4]: 36

In [5]: np.sum(x)
Out[5]: 36
```

同样，乘法运算配合 reduce 方法实现的功能与聚合统计函数 prod 相同。

```
In [6]: x = np.arange(1, 5)

In [7]: x
Out[7]: array([1, 2, 3, 4])

In [8]: np.multiply.reduce(x)
Out[8]: 24

In [9]: np.prod(x)
Out[9]: 24
```

正是 reduce 方法的聚合特性，让部分通用函数在使用 reduce 方法后具备了聚合统计功能。我们再看一个最大值和最小值的例子。

```
In [10]: x = np.random.randint(1, 10, 6)

In [11]: x
Out[11]: array([1, 3, 3, 6, 8, 2])
```

```
In [12]: np.maximum.reduce(x)
Out[12]: 8

In [13]: np.max(x)
Out[13]: 8

In [14]: np.minimum.reduce(x)
Out[14]: 1

In [15]: np.min(x)
Out[15]: 1
```

对多维数组进行聚合统计时，我们可以指定操作所沿的轴向。类似地，reduce 方法也支持 axis 参数。以二维数组为例的代码如下。

```
In [16]: x = np.random.randint(1, 10, (3, 3))

In [17]: x
Out[17]:
array([[5, 4, 1],
       [5, 8, 9],
       [4, 8, 1]])

In [18]: np.add.reduce(x)
Out[18]: array([14, 20, 11])

In [19]: np.add.reduce(x, axis=1)
Out[19]: array([10, 22, 13])

In [20]: np.maximum.reduce(x, axis=0)
Out[20]: array([5, 8, 9])

In [21]: np.minimum.reduce(x, axis=1)
Out[21]: array([1, 5, 1])
```

reduce 方法的 axis 参数默认值为 0，若要将所有数组元素都聚合，则要显式地传递 None 作为 axis 的参数值。

```
In [22]: np.add.reduce(x, axis=None)
Out[22]: 45
```

2. accumulate 方法

accumulate 方法是在聚合的基础上保留中间过程的计算结果。以加法和乘法运算为例，accumulate 方法的效果与 cumsum 和 cumprod 函数一样。

```
In [23]: x = np.random.randint(1, 10, 9)

In [24]: x
Out[24]: array([4, 3, 8, 2, 2, 6, 8, 8, 4])

In [25]: np.add.accumulate(x)
Out[25]: array([ 4,  7, 15, 17, 19, 25, 33, 41, 45])

In [26]: np.cumsum(x)
Out[26]: array([ 4,  7, 15, 17, 19, 25, 33, 41, 45])

In [27]: np.multiply.accumulate(x)
Out[27]:
array([     4,     12,     96,    192,    384,   2304,  18432, 147456,
       589824])

In [28]: np.cumprod(x)
Out[28]:
array([     4,     12,     96,    192,    384,   2304,  18432, 147456,
       589824])
```

我们再看一个幂运算的例子。

```
In [29]: x = np.ones(3) * 2

In [30]: x
Out[30]: array([2., 2., 2.])

In [31]: np.power.accumulate(x)
Out[31]: array([ 2.,  4., 16.])
```

3. outer 方法

outer 方法是将二元操作扩展到所有的元素对中。为了进一步了解 outer 方法，我们先以一维数组为例。

```
In [32]: x = np.arange(1, 10)

In [33]: x
Out[33]: array([1, 2, 3, 4, 5, 6, 7, 8, 9])
```

如果是简单地执行数组乘法，乘法运算只会在由相同位置的元素组成的元素对上逐一进行。

```
In [34]: np.multiply(x, x)
Out[34]: array([ 1,  4,  9, 16, 25, 36, 49, 64, 81])
```

如果使用 outer 方法，NumPy 会遍历所有的元素组合并执行乘法运算。因此，基于示例中的一维数组，通过 outer 方法我们可以快速地计算向量外积，计算结果类似一张乘法表。

```
In [35]: np.multiply.outer(x, x)
Out[35]:
array([[ 1,  2,  3,  4,  5,  6,  7,  8,  9],
       [ 2,  4,  6,  8, 10, 12, 14, 16, 18],
       [ 3,  6,  9, 12, 15, 18, 21, 24, 27],
       [ 4,  8, 12, 16, 20, 24, 28, 32, 36],
       [ 5, 10, 15, 20, 25, 30, 35, 40, 45],
       [ 6, 12, 18, 24, 30, 36, 42, 48, 54],
       [ 7, 14, 21, 28, 35, 42, 49, 56, 63],
       [ 8, 16, 24, 32, 40, 48, 56, 64, 72],
       [ 9, 18, 27, 36, 45, 54, 63, 72, 81]])
```

对于其他二元通用函数也是一样，如计算两个数组中较大的元素值。

```
In [36]: x = np.random.randint(1, 10, 5)

In [37]: y = np.random.randint(1, 10, 5)

In [38]: x
Out[38]: array([1, 7, 8, 1, 2])

In [39]: y
Out[39]: array([2, 2, 4, 2, 5])

In [40]: np.maximum.outer(x, y)
Out[40]:
array([[2, 2, 4, 2, 5],
       [7, 7, 7, 7, 7],
       [8, 8, 8, 8, 8],
       [2, 2, 4, 2, 5],
       [2, 2, 4, 2, 5]])
```

输出结果中的每一行是第一个数组的每个元素与第二个数组的所有元素的比较结果。要注意的是，outer 方法输出的数据会呈指数级增长，大数据集要谨慎使用。

5.2.3 定义新的通用函数

如果 NumPy 函数库中的通用函数满足不了你的需求，你可以自定义新的通用函数。自定义通用函数的第一步是定义一个元素级别的函数，即操作对象是标量的函数。假设我们需要计算一个数组元素的平方数再加 1，那么可以定义如下的函数。

```
In [1]: def my_func(x):
   ...:     return (x ** 2 + 1)
```

通过 numpy.frompyfunc（或 np. frompyfunc）函数，我们可以将上面自定义的元素级别的函数转换为通用函数。

```
In [2]: import numpy as np

In [3]: my_ufunc = np.frompyfunc(my_func, 1, 1)

In [4]: type(my_ufunc)
Out[4]: numpy.ufunc
```

使用 numpy.frompyfunc 函数定义通用函数时，第一个参数为函数对象，第二个与第三个参数分别定义通用函数的输入参数个数和输出结果的个数，分别对应通用函数的 nin 和 nout 属性。

```
In [5]: my_ufunc.nin
Out[5]: 1

In [6]: my_ufunc.nout
Out[6]: 1
```

我们可以传递数组给自定义的通用函数进行逐元素的计算。

```
In [7]: x = np.arange(9)

In [8]: x
Out[8]: array([0, 1, 2, 3, 4, 5, 6, 7, 8])

In [9]: my_ufunc(x)
Out[9]: array([1, 2, 5, 10, 17, 26, 37, 50, 65], dtype=object)
```

与矢量化封装相似，自定义的通用函数的效率比显式地使用 for 循环更高。

```
In [10]: x = np.random.randn(1000)

In [11]: %timeit my_ufunc(x)
198 µs ± 1.97 µs per loop (mean ± std. dev. of 7 runs, 10000 loops each)

In [12]: %%timeit
    ...: for value in x:
    ...:     my_func(x)
    ...:
4.54 ms ± 91 µs per loop (mean ± std. dev. of 7 runs, 100 loops each)
```

此外，自定义的通用函数也支持数组广播。我们定义一个二元通用函数。

```
In [13]: def my_binary_func(x, y):
   ...:      return (x + y) / 2.0
   ...:

In [14]: my_binary_ufunc = np.frompyfunc(my_binary_func, 2, 1)

In [15]: type(my_binary_ufunc)
Out[15]: numpy.ufunc

In [16]: my_binary_ufunc.nin
Out[16]: 2
```

使用自定义的二元通用函数时，我们可以对数组和标量进行计算。

```
In [17]: x = np.arange(9)

In [18]: x
Out[18]: array([0, 1, 2, 3, 4, 5, 6, 7, 8])

In [19]: my_binary_ufunc(x, 2)
Out[19]: array([1.0, 1.5, 2.0, 2.5, 3.0, 3.5, 4.0, 4.5, 5.0], dtype=object)
```

NumPy 内置的通用函数大部分底层是通过高效的 C 语言和 Fortran 语言实现的，通常它们的运行速度要高于自定义的通用函数。因此，在非必要的情况下，不建议使用自定义的通用函数，而是通过多种内置通用函数来实现更复杂的操作。

5.3 数组形式的条件判断

5.3.1 布尔表达式

在 Python 中，布尔表达式的返回结果为布尔型，即表达式的结果只能是 True 或 False。最简单的例子就是判断两个值是否相等。

```
In [1]: 3 == 5
Out[1]: False
```

在数组编程中，基于 NumPy 数组的布尔表达式，其返回结果为布尔数组。布尔数组是指数组元素都为布尔值的数组，其数据类型为布尔型。NumPy 数组中，最常见的布尔表达式也是基于比较运算的。

```
In [2]: import numpy as np
```

```
In [3]: x = np.random.randint(1, 10, 10)

In [4]: x
Out[4]: array([7, 5, 4, 7, 5, 8, 8, 8, 6, 5])

In [5]: x < 5
Out[5]:
array([False, False,  True, False, False, False, False, False, False,
       False])

In [6]: x > 3
Out[6]:
array([ True,  True,  True,  True,  True,  True,  True,  True,  True,
        True])

In [7]: x >= 4
Out[7]:
array([ True,  True,  True,  True,  True,  True,  True,  True,  True,
        True])

In [8]: x == 8
Out[8]:
array([False, False, False, False, False,  True,  True,  True, False,
       False])
```

NumPy 数组也支持字符串比较。

```
In [9]: x = np.array(['red', 'blue', 'yellow'])

In [10]: x == 'red'
Out[10]: array([ True, False, False])
```

如果计算的对象是布尔数组，通过逻辑运算也可以构造布尔表达式。

```
In [11]: x = np.array([True, False, True])

In [12]: y = np.array([True, False, False])

In [13]: ~x
Out[13]: array([False,  True, False])

In [14]: x & y
Out[14]: array([ True, False, False])

In [15]: x | y
Out[15]: array([ True, False,  True])
```

```
In [16]: x ^ y
Out[16]: array([False, False,  True])
```

如果将比较运算和逻辑运算进一步组合，我们可以构造更复杂的布尔表达式。假设有一份考试成绩数据，存储数据的数组如下。

```
In [17]: x = np.random.randint(40, 100, (3, 5))

In [18]: x
Out[18]:
array([[51, 77, 57, 50, 79],
       [70, 99, 79, 99, 74],
       [58, 58, 79, 68, 84]])
```

通过同时使用比较操作符和逻辑操作符，我们可以过滤出不同分数段的成绩。

```
In [19]: (x >= 60) & (x < 80)
Out[19]:
array([[False,  True, False, False,  True],
       [ True, False,  True, False,  True],
       [False, False,  True,  True, False]])

In [20]: (x < 60) | (x > 90)
Out[20]:
array([[ True, False,  True,  True, False],
       [False,  True, False,  True, False],
       [ True,  True, False, False, False]])
```

布尔表达式一般用来判断某个条件是否成立，因此，布尔数组或布尔表达式在数组编程中常常被用来表示判断条件。

5.3.2 where 函数

Python 的三元表达式可以实现基于不同条件对变量进行赋值，例如，返回两个数值中较大的值。

```
In [1]: x = 2; y = 3

In [2]: z = x if x > y else y

In [3]: z
Out[3]: 3
```

回到 NumPy 中，假设我们有两个数值数组，要选取它们中元素值较大的元素。

```
In [4]: import numpy as np

In [5]: x = np.random.randint(1, 10, 10)

In [6]: y = np.random.randint(1, 10, 10)

In [7]: x
Out[7]: array([4, 9, 3, 4, 3, 4, 2, 8, 2, 6])

In [8]: y
Out[8]: array([2, 3, 9, 5, 5, 3, 5, 4, 8, 4])
```

如果借助列表推导式，可以将三元表达式演变为元素级别的操作，并应用到 NumPy 数组中。

```
In [9]: [(a if a > b else b) for a, b in zip(x, y)]
Out[9]: [4, 9, 9, 5, 5, 4, 5, 8, 8, 6]
```

但是，当数据量增大时这种方法的运行速度会很慢，甚至可能在数组维数增多时无法生效。为此，你可能会想到使用矢量化封装的方法来定义以数组为输入对象的通用函数。

```
In [10]: def get_max_element(x, y):
    ...:     return x if x > y else y
    ...:

In [11]: get_vec_max_element = np.frompyfunc(get_max_element, 2, 1)

In [12]: get_vec_max_element(x, y)
Out[12]: array([4, 9, 9, 5, 5, 4, 5, 8, 8, 6], dtype=object)
```

更优雅的方式是使用 numpy.where（或 np.where）函数。

```
In [13]: cond = x > y

In [14]: cond
Out[14]:
array([ True,  True, False, False, False,  True, False,  True, False,
        True])

In [15]: np.where(cond, x, y)
Out[15]: array([4, 9, 9, 5, 5, 4, 5, 8, 8, 6])
```

where 函数拥有 3 个参数，第一个是条件参数，第二个和第三个是用来选取元素的两个数组。当条件成立时，选取前者（第二个参数）包含的元素，否则选取后者（第三个参数）包含的元素。其中，条件参数可以是布尔数组或布尔表达式。下面的调用方式会更加直观。

```
In [16]: np.where(x > y, x, y)
Out[16]: array([4, 9, 9, 5, 5, 4, 5, 8, 8, 6])
```

实际上，NumPy 提供的 where 函数是三元表达式的矢量版本，函数的 3 个参数都可以传递表达式。利用这一特点，我们可以通过 where 函数实现类似通用函数的数组运算。

```
In [17]: x = np.random.randint(1, 10, (3, 3))

In [18]: y = np.random.randint(-5, 5, (3, 3))

In [19]: x
Out[19]:
array([[4, 6, 7],
       [6, 8, 7],
       [5, 9, 9]])

In [20]: y
Out[20]:
array([[ 1, -1, -3],
       [ 3,  0, -5],
       [ 1,  4,  0]])

In [21]: np.where(y > 0, (x + y) / 2, (x - y) / 2)
Out[21]:
array([[2.5, 3.5, 5. ],
       [4.5, 4. , 6. ],
       [3. , 6.5, 4.5]])
```

where 函数的第二个和第三个参数不一定是数组，也可以是标量，如将数组中非 0 的元素值乘 2，若元素值为 0 则替换为 1。

```
In [22]: x = np.arange(9).reshape(3, 3)

In [23]: np.where(x == 0, 1, x * 2)
Out[23]:
array([[ 1,  2,  4],
       [ 6,  8, 10],
       [12, 14, 16]])
```

甚至可以将两个参数都设置为标量，如下面的例子，将负数替换为 0，非负数替换为 1。

```
In [24]: x = np.random.randint(-5, 5, (3, 3))

In [25]: x
Out[25]:
array([[-5, -5,  0],
```

```
       [ 1,  3, -5],
       [ 4,  4, -4]])

In [26]: np.where(x < 0, 0, 1)
Out[26]:
array([[0, 0, 1],
       [1, 1, 0],
       [1, 1, 0]])
```

where 函数支持广播机制，所以不仅允许传递标量，只要传递给函数的 3 个数组是广播兼容的，where 函数都可以正常运行。

5.3.3 where 参数

NumPy 中，部分聚合函数包含 where 参数，这个参数接收的是布尔数组。where 参数相当于数组掩码，用于表明聚合操作的元素范围，只有条件成立的元素才会进行聚合操作。最常见的例子是累乘时排除数值为 0 的元素。

```
In [1]: import numpy as np

In [2]: x = np.linspace(0, 5, 6)

In [3]: cond = np.array([False, True, True, True, True, True])

In [4]: x, cond
Out[4]:
(array([0., 1., 2., 3., 4., 5.]),
 array([False,  True,  True,  True,  True,  True]))

In [5]: np.prod(x, where=cond)
Out[5]: 120.0
```

与 where 函数的条件参数相似，where 参数也可以用布尔表达式表示。因而，在计算乘积的例子中，更常用的表达方式如下。

```
In [6]: np.prod(x, where=(x != 0))
Out[6]: 120.0
```

在数据分析中，where 参数还常常被用来剔除异常值，如运算时避免空值的影响。

```
In [7]: x[2] = np.nan

In [8]: x
Out[8]: array([ 0.,  1., nan,  3.,  4.,  5.])
```

```
In [9]: np.sum(x, where=~ np.isnan(x))
Out[9]: 13.0
```

where 参数也可以用来消除极端值对统计结果的影响，如求最大值时将一个极大值排除在外。

```
In [10]: x = np.random.randint(1, 10, 5).astype(np.float64)

In [11]: x[-1] = 1000

In [12]: x
Out[12]: array([   4.,    6.,    4.,    1., 1000.])

In [13]: cond = np.array([True, True, True, True, False])

In [14]: np.max(x, where=cond, initial=-np.inf)
Out[14]: 6.0
```

NumPy 中的 max 和 min 函数都属于没有标识的聚合函数，在使用 where 参数时需要添加初始值。上面的例子中，为了保证 where 参数可以正常工作，通过 initial 参数将初始值设置为负无穷大。此外，为了避免引入浮点型的 np.inf 后导致不可预期的异常，示例中将整型数组转换为浮点型。若求最小值时需要使用 where 参数，可以将初始值指定为无穷大。

```
In [15]: x[-1] = 0.01

In [16]: x
Out[16]: array([4.  , 6.  , 4.  , 1.  , 0.01])

In [17]: x, cond
Out[17]:
(array([4.  , 6.  , 4.  , 1.  , 0.01]),
 array([ True,  True,  True,  True, False]))

In [18]: np.min(x, where=cond, initial=np.inf)
Out[18]: 1.0
```

除了聚合统计函数之外，通用函数的 reduce 方法也同样支持 where 参数。例如，计算二维数组中每列元素的累乘结果时，只计算非零数值的乘积。

```
In [21]: np.multiply.reduce(x, axis=0, where=(x!=0))
Out[21]: array([-16128,  -1260,    -84,    810,     36])
```

where 参数让我们可以更灵活地应对真实数据，一方面可以在数据分析时排除异常值或极端值，另一方面可以根据不同的条件筛选需要分析的数据。

5.4 数组的高级索引

前面的章节介绍了通过数组下标和切片的方式访问数组的方法，本节重点介绍布尔索引和 Fancy 索引，它们都是通过将数组作为索引值来进行数组访问的。

5.4.1 布尔索引

布尔索引是指传递布尔数组作为数据的索引，布尔索引通过真假值对数据进行筛选，因而也被称为布尔掩码。我们通过一个统计学生成绩的例子来了解布尔索引的用法。我们用两个数组分别记录学生的名字和学生的考试成绩。

```
In [1]: import numpy as np

In [2]: students = np.array([r"小明", r"小虹", r"刘梅", r"陈露"])

In [3]: scores = np.random.randint(40, 100, (4, 3))

In [4]: scores
Out[4]:
array([[93, 88, 67],
       [94, 67, 53],
       [58, 43, 85],
       [43, 64, 97]])
```

通过字符串比较，筛选出名字为小明的数组元素，比较结果以布尔数组形式呈现。

```
In [5]: students == r"小明"
Out[5]: array([ True, False, False, False])
```

假设 scores 数组的每一行对应的是一位学生的考试成绩，我们将上面的布尔数组作为 scores 数组的列索引，便可以访问小明的所有考试成绩。

```
In [6]: scores[students == r"小明"]
Out[6]: array([[93, 88, 67]])
```

类似地，我们也可以用比较运算对考试成绩进行数据筛选。例如，过滤所有不及格的考试成绩。

```
In [7]: scores[scores < 60]
Out[7]: array([53, 58, 43, 43])
```

配合逻辑运算构造更复杂的筛选条件。

```
In [8]: scores[(scores >= 60) & (scores < 90)]
Out[8]: array([88, 67, 67, 85, 64])
```

布尔索引就像一张制作好的面具，面具下的数据被隐藏，而暴露在外面的数据是可以被访问的部分。

5.4.2 Fancy 索引

Fancy 索引也被译为神奇索引或花式索引，描述的是使用索引数组进行数据访问。因为 ndarray 的索引均为整数，所以索引数组中的索引值也是整数，即索引数组是一个整数数组。我们先从一维数组开始了解 Fancy 索引的用法。

```
In [1]: import numpy as np

In [2]: x1 = np.arange(16)

In [3]: x1
Out[3]: array([ 0,  1,  2,  3,  4,  5,  6,  7,  8,  9, 10, 11, 12, 13, 14, 15])
```

假如我们需要用 4 个不同的元素组成新的子集，一种最直接的方式如下。

```
In [4]: [x1[2], x1[5], x1[8], x1[9]]
Out[4]: [2, 5, 8, 9]
```

如果传入由索引值组成的 Fancy 索引，表达方式会更加简洁。

```
In [5]: f_index = [2, 5, 8, 9]

In [6]: x1[f_index]
Out[6]: array([2, 5, 8, 9])
```

Fancy 索引也可以由负数组成，进行反向索引。

```
In [7]: x1[[0, 3, -1, -3]]
Out[7]: array([ 0,  3, 15, 13])
```

对于二维数组，如果同时传入行和列的 Fancy 索引，会通过配对的索引元组访问原数组，访问结果以一维数组返回。

```
In [8]: x2 = x1.reshape(4, 4)

In [9]: x2
Out[9]:
array([[ 0,  1,  2,  3],
       [ 4,  5,  6,  7],
       [ 8,  9, 10, 11],
       [12, 13, 14, 15]])

In [10]: row_ind = np.array([0, 1, 3])
```

```
In [11]: col_ind = np.array([3, 0, 2])

In [12]: x2[row_ind, col_ind]
Out[12]: array([ 3,  4, 14])
```

上面的示例中，配对的索引元组为（0, 3）、（1, 0）、（3, 2），它们指明了所访问的元素的行列标号。如果你期望的结果是先选取指定的行数据，再从子集中选取指定的列数据，可以用如下方法。

```
In [13]: x2[row_ind][:, col_ind]
Out[13]:
array([[ 3,  0,  2],
       [ 7,  4,  6],
       [15, 12, 14]])
```

Fancy 索引计算配对索引元组时支持广播机制，所以也可以利用广播机制达到同样的效果。

```
In [21]: new_row_ind = row_ind.reshape(3, 1)

In [22]: x2[new_row_ind, col_ind]
Out[22]:
array([[ 3,  0,  2],
       [ 7,  4,  6],
       [15, 12, 14]])
```

Fancy 索引是一种非常灵活的索引方式，它不仅支持使用者筛选数据，同时可还以对数组元素进行重新排列。

5.4.3 索引组合

我们已经学习了多种索引访问的方法，现在来看看如何将不同的索引方法互相组合，从而更灵活地筛选数据。

首先，构建一个二维数组。

```
In [1]: import numpy as np

In [2]: x = np.arange(12).reshape(3, 4)

In [3]: x
Out[3]:
array([[ 0,  1,  2,  3],
       [ 4,  5,  6,  7],
       [ 8,  9, 10, 11]])
```

将数组下标与 Fancy 索引进行组合。

```
In [4]: x[1, [3, -2, 0]]
Out[4]: array([7, 6, 4])
```

Fancy 索引与切片的组合如下。

```
In [5]: x[1:, [0, 1, 3]]
Out[5]:
array([[ 4,  5,  7],
       [ 8,  9, 11]])
```

布尔索引与切片的组合如下。

```
In [6]: mask = np.array([True, False, True, False])

In [7]: x[:2, mask]
Out[7]:
array([[0, 2],
       [4, 6]])
```

最后，我们来看看布尔索引与 Fancy 索引的组合效果。

```
In [8]: row = np.array([0, 2]).reshape(2, 1)

In [9]: x[row, mask]
Out[9]:
array([[ 0,  2],
       [ 8, 10]])
```

在实际应用场景中，我们可以根据具体的需求，使用合适的索引或索引组合进行数据访问。

5.5 数组排序

5.5.1 直接排序

对数组最直接的排序方法就是调用 ndarray 的 sort 函数，把数组中的元素按照数值大小进行排列。

```
In [1]: import numpy as np

In [2]: x1 = np.random.random(12)
```

```
In [3]: x1
Out[3]:
array([0.45103913, 0.45844132, 0.1257285 , 0.2933974 , 0.20066195,
       0.76447671, 0.21114472, 0.74722101, 0.30436396, 0.62001877,
       0.32346501, 0.99127316])

In [4]: x1.sort()

In [5]: x1
Out[5]:
array([0.1257285 , 0.20066195, 0.21114472, 0.2933974 , 0.30436396,
       0.32346501, 0.45103913, 0.45844132, 0.62001877, 0.74722101,
       0.76447671, 0.99127316])
```

与 Python 列表相似，ndarray 的 sort 函数是原位排序，即会改变原数组的排列方式。如需返回排列后的数组副本，则可以选择 numpy.sort 函数。

```
In [6]: x1 = np.random.random(12)

In [7]: np.sort(x1)
Out[7]:
array([0.02365285, 0.19308121, 0.24536726, 0.27347932, 0.36161356,
       0.5270281 , 0.53126768, 0.58008358, 0.64232722, 0.67792993,
       0.81949657, 0.83463489])

In [8]: x1
Out[8]:
array([0.64232722, 0.02365285, 0.19308121, 0.58008358, 0.5270281 ,
       0.53126768, 0.27347932, 0.67792993, 0.83463489, 0.36161356,
       0.81949657, 0.24536726])
```

对于多维数组，我们可以传递 axis 参数，指定排序所沿着的轴方向。

```
In [9]: x2 = x1.reshape(3, 4)

In [10]: x2
Out[10]:
array([[0.64232722, 0.02365285, 0.19308121, 0.58008358],
       [0.5270281 , 0.53126768, 0.27347932, 0.67792993],
       [0.83463489, 0.36161356, 0.81949657, 0.24536726]])

In [11]: np.sort(x2, axis=0)
Out[11]:
array([[0.5270281 , 0.02365285, 0.19308121, 0.24536726],
       [0.64232722, 0.36161356, 0.27347932, 0.58008358],
       [0.83463489, 0.53126768, 0.81949657, 0.67792993]])
```

```
In [12]: np.sort(x2, axis=1)
Out[12]:
array([[0.02365285, 0.19308121, 0.58008358, 0.64232722],
       [0.27347932, 0.5270281 , 0.53126768, 0.67792993],
       [0.24536726, 0.36161356, 0.81949657, 0.83463489]])
```

如果需要实现降序排列，可以先升序排列再通过切片获得反序的数组视图。

```
In [13]: x2.sort(axis=1)

In [14]: x2[:, ::-1]
Out[14]:
array([[0.64232722, 0.58008358, 0.19308121, 0.02365285],
       [0.67792993, 0.53126768, 0.5270281 , 0.27347932],
       [0.83463489, 0.81949657, 0.36161356, 0.24536726]])
```

5.5.2 间接排序

下面的例子中，每行表示一个学生的数据，第一列是学号，第二列是身高，第三列是考试成绩。

```
In [1]: import numpy as np

In [2]: student_data = np.array([
   ...:     [202001, 172, 89],
   ...:     [202002, 165, 93],
   ...:     [202003, 180, 75]])
```

我们需要对考试成绩按从低到高的顺序进行排序，如果使用直接排序的方法，结果如下。

```
In [3]: np.sort(student_data, axis=0)
Out[3]:
array([[202001,    165,     75],
       [202002,    172,     89],
       [202003,    180,     93]])
```

从最终的结果来看，对成绩进行排序的同时，学号和身高也一并被重新排列。排序后的数据完全被打乱后，每行数据再也不能表示每一个学生的信息。

这意味着，直接排序方法只能沿着指定轴无差别地对所有数据进行排序，并且不考虑数据之间的关联性。这个时候我们需要使用间接排序以指定键值的方式进行排序，类似于对 Python 字典按键值排序。NumPy 提供了 argsort 函数，可以指定一个键值排序。我们将学生成绩抽取成一个序列，来看看 argsort 函数的使用方法。

```
In [4]: scores = np.array(student_data[:, 2])
```

```
In [5]: sorted_index = scores.argsort()

In [6]: sorted_index
Out[6]: array([2, 0, 1])
```

从上述例子来看，argsort 函数返回的是索引数组，并不会对原数组进行排列，这就是为什么它能保证数据的关联性不被破坏。回到原来的问题，我们只需要把 argsort 函数的返回结果作为 Fancy 索引带回原数组访问即可。

```
In [7]: student_data[sorted_index, :]
Out[7]:
array([[202003,    180,     75],
       [202001,    172,     89],
       [202002,    165,     93]])
```

如需指定多个键值进行排序，可以选择 lexsort 函数。

```
In [8]: scores = student_data[:, 1]

In [9]: height = student_data[:, 2]

In [10]: sorted_index = np.lexsort((height, scores))

In [11]: student_data[sorted_index, :]
Out[11]:
array([[202002,    165,     93],
       [202001,    172,     89],
       [202003,    180,     75]])
```

要注意的是，lexsort 函数在排序时键值的优先级是从右到左，即最后一个传递的键值是优先级最高的。对于上述示例，即先对成绩进行排序，如果成绩相同，再以身高进行排序。

5.5.3 分区排序

分区排序更像是解决分类问题的排序方法。它不是对整个数组进行排序，而是找到数组中最小的 k 个元素划为一个分区，剩下的划为另一个分区，每个分区里的元素没有按照明确的大小顺序进行排列。NumPy 中的 partition 和 argpartition 函数实现了分区排序，我们来看一个使用 partition 函数排序的简单例子。

```
In [1]: import numpy as np

In [2]: x = np.array([7, 2, 3, 1, 6, 5, 4, 9, 10, 8])
```

```
In [3]: np.partition(x, 3)
Out[3]: array([ 1,  3,  2,  4,  6,  5,  7,  9, 10,  8])
```

示例中最小的 3 个元素划分在左边，剩下的划分在右边。如需寻找最大的 k 个元素，可以指定 k 值为负数，最大的 k 个元素将被划分在右边的分区。

```
In [4]: np.partition(x, -3)
Out[4]: array([ 4,  6,  3,  1,  2,  5,  7,  8,  9, 10])
```

对多维数组进行分区排序时，可以通过 axis 参数指定排序的轴方向。

```
In [5]: x2 = x.reshape(2, 5)

In [6]: x2
Out[6]:
array([[ 7,  2,  3,  1,  6],
       [ 5,  4,  9, 10,  8]])

In [7]: np.partition(x2, 2, axis=1)
Out[7]:
array([[ 1,  2,  3,  7,  6],
       [ 4,  5,  8, 10,  9]])
```

在函数用法上，argpartition 函数与 partition 函数相同，差别在于 argpartition 函数返回的是排序后的各个元素的索引值。

```
In [8]: np.argpartition(x, 3)
Out[8]: array([3, 2, 1, 6, 4, 5, 0, 7, 8, 9])

In [9]: x[np.argpartition(x, 3)]
Out[9]: array([ 1,  3,  2,  4,  6,  5,  7,  9, 10,  8])
```

5.6 结构化数组

当收集的数据能够以同一种数据类型表示时，我们可以方便地使用数值数组、字符串数组或者布尔数组进行存储。但有时我们需要整合不同类型的数据，如将字符串和数值型数据一起存放。这种情况下，我们可以使用 NumPy 的结构化数组，用以存储复合型数据。

5.6.1 结构化数组的创建

让我们回想一个例子，如下。

```
In [1]: import numpy as np
```

```
In [2]: students = np.array([r"小明", r"小虹", r"刘梅", r"陈露"])

In [3]: scores = np.array([[93, 88, 67],
   ...:                    [94, 67, 53],
   ...:                    [58, 43, 85],
   ...:                    [43, 64, 97]])
```

在还没有学习结构化数组时，我们只能将学生名字和考试成绩分别存储在不同的数组中，即使它们是互相关联的。下面我们来看看如何快速创建结构化数组，并同时存储学生名字和考试成绩。

```
In [4]: st_dtype = np.dtype([('Name', 'U10'), ('Math', 'i4'), ('English', 'i4'),
('Chemistry', 'i4')])

In [5]: st_scores = np.empty(4, dtype = st_dtype)

In [6]: st_scores['Name'] = students

In [7]: st_scores['Math'] = scores[:, 0]

In [8]: st_scores['English'] = scores[:, 1]

In [9]: st_scores['Chemistry'] = scores[:, 2]

In [10]: print(st_scores)
[('小明', 93, 88, 67) ('小虹', 94, 67, 53) ('刘梅', 58, 43, 85)
 ('陈露', 43, 64, 97)]
```

从数据结构的角度来看，结构化数组中的每个元素可以看作一个元组，元组形式为(fieldname, datatype, shape)，其中：

- fieldname 是字段名称，用来指定列名；
- datatype 指定数据类型，同时支持 Python 原生数据类型和 NumPy 的数据类型；
- shape 定义数据的形状，为可选项，如果不是构建复杂的嵌套结构化数组（如结构化数组中嵌套数组的情况），则不需要特别指定。

创建结构化数组最重要的是定义它的数据类型，定义方式有多种，上面的示例用的是元组列表。

```
In [11]: np.dtype([('Name', 'U10'), ('Math', 'i4'), ('English', 'i4'),
('Chemistry', 'i4')])
Out[11]: dtype([('Name', '<U10'), ('Math', '<i4'), ('English', '<i4'),
('Chemistry', '<i4')])
```

我们还可以用字典灵活地定义结构化数组的数据类型。

```
In [12]: np.dtype({"names": ["Name", "Math", "English", "Chemistry"],
```

```
   ...:             "formats": ['U10', 'i4', 'i4', 'i4']})
   Out[12]: dtype([('Name', '<U10'), ('Math', '<i4'), ('English', '<i4'),
('Chemistry', '<i4')])
```

字典形式的定义中，names 和 formats 为必填参数，分别定义字段名称（列名）和数据类型。如果不关心字段名称，可以用逗号作为分隔符分别定义各项的数据类型，字段名称会被赋予默认值，如 f0、f1 等。

```
In [13]: np.dtype("U10, i4, i4, i4")
Out[13]: dtype([('f0', '<U10'), ('f1', '<i4'), ('f2', '<i4'), ('f3', '<i4')])
```

5.6.2 结构化数组的索引访问

我们还是以学生成绩的数据为例编写代码。

```
In [14]: st_scores
Out[14]:
array([('小明', 93, 88, 67), ('小虹', 94, 67, 53), ('刘梅', 58, 43, 85),
       ('陈露', 43, 64, 97)],
      dtype=[('Name', '<U10'), ('Math', '<i4'), ('English', '<i4'), ('Chemistry',
'<i4')])
```

当需要某个学生的所有信息时，可以用我们熟悉的数组的整数索引进行访问，返回结果是一个元组。

```
In [15]: st_scores[0]
Out[15]: ('小明', 93, 88, 67)
```

如果想要查看所有学生的姓名，可以通过字段名称进行索引，返回结果是一个数组。

```
In [16]: st_scores["Name"]
Out[16]: array(['小明', '小虹', '刘梅', '陈露'], dtype='<U10')
```

实际上，结构化数组就像一张存储在数据库或 Excel 中的数据表，数组的整数索引相当于行号，字段名称则是表中的列标签，通过行号和列标签可以访问单元格里的数据。

```
In [17]: st_scores[-1]["Math"]
Out[17]: 43
```

此外，我们还可以将布尔索引应用在结构化数组中，类似于数据库操作。

```
In [18]: st_scores[st_scores["Math"] > 60]["Name"]
Out[18]: array(['小明', '小虹'], dtype='<U10')
```

从结构化数组中，我们可以窥探到 Pandas 提供的结构化数据对象。

5.6.3 记录数组

记录数组也是一种结构化存储数据的对象，它与结构化数组几乎完全一样，只是提供了一种额外的数据访问的方式。首先，回顾一下结构化数组的访问方式。

```
In [19]: st_scores["English"]
Out[19]: array([88, 67, 43, 64], dtype=int32)
```

转换为记录数组后，则可以用数组属性的方式进行数据访问，语法上更加简洁。

```
In [20]: st_scores_rec = st_scores.view(np.recarray)

In [21]: st_scores_rec.English
Out[21]: array([88, 67, 43, 64], dtype=int32)
```

值得注意的是，这种便利的背后有其副作用，那就是相比于索引访问，属性访问的效率更低一些。

```
In [22]: %timeit st_scores["English"]
185 ns ± 4.14 ns per loop (mean ± std. dev. of 7 runs, 10000000 loops each)

In [23]: %timeit st_scores_rec["English"]
3.08 µs ± 90.1 ns per loop (mean ± std. dev. of 7 runs, 100000 loops each)

In [24]: %timeit st_scores_rec.English
4.03 µs ± 114 ns per loop (mean ± std. dev. of 7 runs, 100000 loops each)
```

所以在数据类型和访问方式的选择上，要考虑实际业务场景中的性能问题。

第6章 Pandas：数据处理

Pandas 是科学计算领域中非常重要的 Python 工具之一，它提供的数据结构和数据操作方法使得在 Python 中能够方便快捷地进行数据预处理和数据分析。Pandas 在 NumPy 的基础上设计了更灵活的数据结构，并提供了强大且成熟的数据操作方法。因此 Pandas 在继承了 NumPy 快速计算能力的同时，也提供了访问和处理结构化与异质型数据的可能性。数据整理原本是一项需要耗费大量时间和精力的工程，学会使用 Pandas 则会大大提升效率，也让我们在做数据分析时更加得心应手。

我们已经了解了 NumPy 库以及重要的 ndarray 对象，学习了如何高效地存储并处理密集型数组。接下来，我们要基于这些知识学习如何使用 Pandas 库，同时更深入地了解数据结构和数据处理的方法。在下面的内容中，我们将默认你已经安装了 Pandas 库（可参见 3.1.4 小节了解如何安装 Python 第三方库）。

6.1 Pandas 数据结构

NumPy 提供的 ndarray 对象能够很好地服务于整洁、有序的数据集，这是 NumPy 的优势，也是它的局限性。当我们将数据分析应用到实际场景中时，往往遇到的是不规则的数据，如带有不同索引标签的数据表、残缺不全的历史数据等。Pandas 针对这些复杂场景，提供了 Series 和 DataFrame 两种存储数据的对象，尤其是 DataFrame 能够更好地应对表格型数据。本节我们将重点介绍 Series 和 DataFrame 的用法，以及如何有效地构建数据索引。

6.1.1 Series 对象

Series 是带有索引的一维数组，可以存储整数、浮点数、字符串。数组中的每个数据值都带有数据标签，称为索引。可以通过下面的构造函数对 Series 对象进行实例化。

```
pandas.Series(data, index=index)
```

其中，index 是可选参数，用来指定索引序列；data 是数值序列，支持以下数据类型。

- Python 列表。

- NumPy 数组。
- Python 字典。
- 标量值。

1. 通过 Python 列表生成 Series 实例

```
In [1]: import pandas as pd

In [2]: ser = pd.Series([0, 1, 2, 3])

In [3]: ser
Out[3]:
0    0
1    1
2    2
3    3
dtype: int64
```

从输出结果可以看到，Series 同时包含了值序列和索引序列，左边是索引，右边是数据值。没有指定 index 参数时，默认生成的是从 0 到 N-1 的索引序列，N 是数组的长度。

2. 通过 NumPy 数组生成 Series 实例

```
In [3]: import numpy as np

In [4]: pd.Series(np.random.randn(3))
Out[4]:
0   -0.937770
1    1.103723
2    0.542149
dtype: float64
```

与用列表实例化的方式基本相同，默认生成了类似数组下标的数值型索引。我们来尝试指定 index 参数。

```
In [5]: pd.Series(np.random.randn(3), index=['x1', 'x2', 'x3'])
Out[5]:
x1    0.447812
x2   -0.802044
x3   -1.146688
dtype: float64
```

可以看到左边的索引不再是默认生成的数值型索引，而是被指定的字符串类型。这里值得注意的是，当输入参数 data 是列表或 NumPy 数组时，index 的长度必须要和 data 的长度保持一致。

3. 通过 Python 字典生成 Series 实例

```
In [6]: pd.Series({'x1': 1, 'x2': 2, 'x3': 3})
Out[6]:
x1    1
x2    2
x3    3
dtype: int64
```

通过字典生成 Series 实例时，默认选择字典的键值作为索引。同样，我们也可以用指定 index 参数的方式进行实例化。

```
In [7]: pd.Series({'x1': 1, 'x2': 2, 'x3': 3},
   ...:           index=['x0', 'x2', 'x3', 'x4'])
Out[7]:
x0    NaN
x2    2.0
x3    3.0
x4    NaN
dtype: float64
```

设置了 index 参数后，则根据索引选取字典中对应的数据值。如果索引值在字典中找不到对应值，则用空值表示缺失数据。

4. 对象属性和数据访问

我们已经知道 Series 包含值序列和索引序列，如果需要分别访问它们，可以通过 values 和 index 属性进行操作。

```
In [8]: s1 = pd.Series([0, 1, 2, 3])

In [9]: s1.values, s1.index
Out[9]: (array([0, 1, 2, 3]), RangeIndex(start=0, stop=4, step=1))

In [10]: s2 = pd.Series({'x1': 1, 'x2': 2, 'x3': 3})

In [11]: s2.values, s2.index
Out[11]: (array([1, 2, 3]), Index(['x1', 'x2', 'x3'], dtype='object'))
```

类似于 NumPy 的数组对象，我们也可以使用数组下标进行数据访问和数据选取。

```
In [12]: s1[0]
Out[12]: 0

In [13]: s2[:-1]
Out[13]:
```

```
x1    1
x2    2
dtype: int64
```

5. Series 对象与 NumPy 数组

从很多方面看起来，Series 对象和一维 NumPy 数组基本上是对等的。但两者存在一个最重要的差异，就是定义索引的方式。NumPy 提供隐式定义的索引，用于数据访问；Pandas 中的 Series 对象则提供显式定义的索引，用来关联对应的数据。显式定义则表示用户可以根据需要自行定义索引，定义数据标签。

在上面几个 Series 实例化的例子中，我们已经学习了如何通过指定 index 参数来自定义索引序列，并且了解到索引不需要一定是整型的，它可以由任何期望的 Python 数据类型组成。这是一个非常实用的功能，设置合理的数据标签会让数据本身更易于理解。下面这个简单的例子中，用省份名称来标注土地面积数据，要比用整数索引（0, 1, 2）更直观。

```
In [1]: import pandas as pd

In [2]: ser = pd.Series([18.88, 15.67, 39.41],
   ...:                 index=['Hebei', 'Shanxi', 'Yunnan'])

In [3]: ser['Yunnan']
Out[3]: 39.41

In [4]: ser['Hebei']
Out[4]: 18.88
```

6. Series 对象与 Python 字典

从另外一个角度思考，可以把 Series 认为是固定长度且有序的字典，它把指定类型的键值与数据集合按照位置进行配对。相较于 Python 原生的字典对象，Series 包含的数据使得它在特定的操作中表现得更加高效。

简单来说，Series 兼具了字典和数组的优点，让我们通过示例来更具象化地说明这一特性。首先，通过字典生成一个 Series 对象。

```
In [1]: import pandas as pd

In [2]: area_dict = {'Zhejiang': 10.55,
   ...:              'Hebei': 18.88,
   ...:              'Fujian': 12.40,
   ...:              'Shanxi': 15.67,
   ...:              'Yunnan': 39.41}

In [3]: area_ser = pd.Series(area_dict)
```

```
In [4]: area_ser
Out[4]:
Zhejiang     10.55
Hebei        18.88
Fujian       12.40
Shanxi      15.67
Yunnan       39.41
dtype: float64
```

我们可以通过经典的字典元素访问方式来访问数据。

```
In [5]: area_ser['Zhejiang']
Out[5]: 10.55
```

同时 Series 对象也支持数组类型的操作，如数组切片。

```
In [6]: area_ser['Hebei': 'Shanxi']
Out[6]:
Hebei       18.88
Fujian      12.40
Shanxi     15.67
dtype: float64
```

基于 NumPy 数组，Series 对象不仅支持数组类型的操作，在矢量运算上的效率也更高。

6.1.2 DataFrame 对象

DataFrame 是带有索引的二维数组，每列可以是不同的数据类型，同一列的数据类型是相同的。因为是二维对象，不同于 Series 对象，DataFrame 的索引由行索引和列索引构成，可以简单地想象为 Excel 或 SQL 表。DataFrame 通过下面的构造函数进行实例化。

```
pd.DataFrame(data)
```

同样，DataFrame 支持多种数据类型，输入参数 data 可以为以下几种类型。

- NumPy 结构数组。
- Python 字典。
- Python 列表。

生成 DataFrame 实例时，我们可以选择性地传递 index 和 columns 参数，分别用来指定行索引和列索引。

1. 通过 NumPy 结构数组生成 DataFrame 实例

当 data 为 NumPy 结构数组（同样支持记录数组）时，默认情况下，行索引是 0 到 N-1

（*N*是数组长度），列索引是结构数组的命名字段（结构数组的 names 属性）。

```
In [1]: import numpy as np

In [2]: import pandas as pd

In [3]: arr = np.zeros((3, ), dtype=[('A', 'i4'), ('B', 'f4'), ('C', 'a10')])

In [4]: arr[:] = [(1, 2, 'x1'), (3, 4, 'x2'), (5, 6, 'x3')]

In [5]: pd.DataFrame(arr)
Out[5]:
   A    B      C
0  1  2.0  b'x1'
1  3  4.0  b'x2'
2  5  6.0  b'x3'
```

可以传入 index 参数替换默认的行索引，传入 columns 参数更改列索引的顺序。

```
In [6]: pd.DataFrame(arr,
   ...:              index=['row1', 'row2', 'row3'],
   ...:              columns=['C', 'A', 'B'])
Out[6]:
          C  A    B
row1  b'x1'  1  2.0
row2  b'x2'  3  4.0
row3  b'x3'  5  6.0
```

2. 通过 Series 字典生成 DataFrame 实例

当 data 为 Series 字典时，默认生成的行索引是每个 Series 索引的并集，列索引则默认是字典键值的有序列表。当存在长度不一致的多个 Series 对象时，会自动进行数据对齐操作，缺失数据用空值表示。

```
In [7]: data = {'s1': pd.Series([1, 2, 3], index=['r1', 'r2', 'r3']),
   ...:         's2': pd.Series([4, 5, 6, 7], index=['r1', 'r2', 'r3', 'r4'])}

In [8]: df = pd.DataFrame(data)

In [9]: df
Out[9]:
     s1  s2
r1  1.0   4
r2  2.0   5
r3  3.0   6
r4  NaN   7
```

3. 通过列表字典生成 DataFrame 实例

列表字典中每个键值对应的值是一个列表，每个列表的长度必须相同。

```
In [44]: d = {'one': [1., 2., 3., 4.],
   ....:      'two': [4., 3., 2., 1.]}
   ....:

In [45]: pd.DataFrame(d)
Out[45]:
   one  two
0  1.0  4.0
1  2.0  3.0
2  3.0  2.0
3  4.0  1.0
```

如果传入 index 参数指定行索引，其长度必须与数组一致。

```
In [10]: data = {'A': [0, 1, 2, 3],
    ...:         'B': [9, 8, 7, 6]}

In [11]: pd.DataFrame(data,index=["r1","r2","r3","r4"])
Out[11]:
    A  B
r1  0  9
r2  1  8
r3  2  7
r4  3  6
```

如果指定 columns 参数，传递的列索引会覆盖字典的键值。

```
In [12]: pd.DataFrame(data, index=['r1', 'r2', 'r3', 'r4'], columns=['A', 'C'])
Out[12]:
    A    C
r1  0  NaN
r2  1  NaN
r3  2  NaN
r4  3  NaN
```

可以看到，如果列索引中存在字典中找不到的键值，整列会被自动补全为缺失数据。

4. 通过字典列表生成 DataFrame 实例

字典列表是由字典组成的列表，每个列表元素都是一个字典。如果不指定 columns 参数，默认生成的列索引是所有字典的键值并集。

```
In [13]: data = [{'x': 1, 'y': 2}, {'x': -3, 'y': -4, 'z': -5}]
```

```
In [14]: pd.DataFrame(data)
Out[14]:
   x  y    z
0  1  2  NaN
1 -3 -4 -5.0
```

与 Series 字典的实例化方法相同，DataFrame 对象也隐含了数据对齐操作，因此某些情况下会存在缺失数据。

5. 对象属性和数据访问

与 Series 对象类似，DataFrame 对象也可以通过 index 参数访问索引标签，具体对应的是行索引。

```
In [15]: data = [{'x': 1, 'y': 2}, {'x': 3, 'y': 4}]

In [16]: df = pd.DataFrame(data, index = ['row1', 'row2'])

In [17]: df.index
Out[17]: Index(['row1', 'row2'], dtype='object')
```

此外，DataFrame 还拥有 columns 属性，用来访问列索引。

```
In [18]: df.columns
Out[18]: Index(['x', 'y'], dtype='object')
```

6. DataFrame 作为泛化的 NumPy 数组

如果把 Series 对象类比为带有索引标签的一维数组，那么 DataFrame 则可以看作带有行标签和列标签的二维数组。就像我们把二维数组看作一维数组的序列，我们同样可以把 DataFrame 看作对齐的 Series 对象的序列。这里的“对齐”表示每一列的 Series 对象长度一致且共享相同的索引。

为了进一步说明，我们来看一个例子。我们先创建两个 Series 对象，分别列举 5 个省份的土地面积和人口数据。

```
In [19]: area_data = {'Zhejiang': 10.55,
    ...:              'Hebei': 18.88,
    ...:              'Fujian': 12.40,
    ...:              'Shanxi': 15.67,
    ...:              'Yunnan': 39.41}

In [20]: area_ser = pd.Series(area_data)

In [21]: pop_data = {'Zhejiang': 6456.76,
```

```
   ...:                'Hebei': 7461.02,
   ...:                'Fujian': 4154,
   ...:                'Shanxi': 3491.56,
   ...:                'Yunnan': 4720.9}

In [22]: pop_ser = pd.Series(pop_data)

In [23]: area_ser, pop_ser
Out[23]:
(Zhejiang    10.55
 Hebei       18.88
 Fujian      12.40
 Shanxi     15.67
 Yunnan      39.41
 dtype: float64,
 Zhejiang    6456.76
 Hebei       7461.02
 Fujian      4154
 Shanxi     3491.56
 Yunnan      4720.90
 dtype: float64)
```

接着，我们通过 Series 字典来创建一个 DataFrame 对象，将两个 Series 对象关联在一起并组成一个序列。

```
In [24]: df = pd.DataFrame({'area': area_ser, 'population': pop_ser})

In [25]: df
Out[25]:
             area  population
Zhejiang  10.55     6456.76
Hebei     18.88     7461.02
Fujian    12.40     4154.00
Shangxi   15.67     3491.56
Yunnan    39.41     4720.90
```

示例中，我们完全可以把生成的 DataFrame 对象看作一个二维数组，同时带有行标签和列标签。行标签是省份名称，列标签解释每列数据的含义。

7. DataFrame 作为特殊的 Python 字典

DataFrame 对象与 Python 原生的字典对象有很多共通之处。字典将键和值进行配对，DataFrame 将列标签和每列的 Series 对象进行配对。例如，我们通过列标签“area”访问每个省份的土地面积数据，返回的就是一个 Series 对象。

```
In [26]: df['area']
```

```
Out[26]:
Zhejiang    10.55
Hebei       18.88
Fujian      12.40
Shanxi      15.67
Yunnan      39.41
Name: area, dtype: float64
```

6.1.3 索引对象

Series 和 DataFrame 都包含了显式的索引对象，显式的索引更便于我们访问和修改数据，尤其是未经过过多处理的真实数据。索引对象本身就是一种很有趣的数据结构，它可以被认为是一个不可变数组，不过索引的数据类型不仅限于数值类型，所以更准确地说是一个不可变序列。同时，索引对象也可以被看作一个有序的集合，从技术角度上来看，应该是多重集合，因为索引值允许重复。这些视角让我们在索引对象的操作上延展出了一些有趣的可能性。

1. 索引对象作为不可变数组

我们先来看一个简单的例子，通过列表生成一个索引对象。

```
In [1]: import pandas as pd

In [2]: ind = pd.Index([7, 9, 11, 3, 5])

In [3]: ind
Out[3]: Int64Index([7, 9, 11, 3, 5], dtype='int64')
```

索引对象在很多方面操作起来和数组是一样的，如我们可以用标准的 Python 索引标识法去获取索引值或索引切片。

```
In [4]: ind[0]
Out[4]: 7

In [5]: ind[::2]
Out[5]: Int64Index([7, 11, 5], dtype='int64')
```

索引对象也包含很多我们在学习 NumPy 的过程中已经很熟悉的属性。

```
In [6]: ind.size, ind.shape, ind.ndim, ind.dtype
Out[6]: (5, (5,), 1, dtype('int64'))
```

索引对象不同于 NumPy 数组的地方在于其索引值是不可变的。这里“不可变”的意思是不可以通过常见的修改数组的方式修改索引值，否则会抛出下面的异常。

```
In [7]: ind[0] = 0
---------------------------------------------------------------
TypeError                                 Traceback (most recent call last)
<ipython-input-7-c23fb4bf8574> in <module>
----> 1 ind[0] = 0

~/anaconda3/lib/python3.7/site-packages/pandas/core/indexes/base.py in __
setitem__(self, key, value)
   3908
   3909     def __setitem__(self, key, value):
-> 3910         raise TypeError("Index does not support mutable operations")
   3911
   3912     def __getitem__(self, key):

TypeError: Index does not support mutable operations
```

这种不可变性使得在多个 DataFrame 对象和数组对象之间共享索引标签更加安全，避免了在数据处理过程中意外地修改数据索引标签。

2. 索引对象作为有序的集合

Pandas 引入索引对象在很大程度上旨在提供便利的数据集操作（如跨数据集的联结），这样的操作往往依赖于集合运算。索引对象会遵循很多 Python 原生的 set 数据结构所用的惯例，因此索引对象支持集合运算。

为了了解如何对索引对象执行集合运算，我们先创建两个索引对象。

```
In [8]: ind_a = pd.Index([3, 5, 7, 9, 11])

In [9]: ind_b = pd.Index([17, 15, 10, 5, 9])
```

我们可以使用集合运算的操作符分别计算两个索引对象的交集、并集和异或集。

```
In [10]: ind_a & ind_b
Out[10]: Int64Index([5, 9], dtype='int64')

In [11]: ind_a | ind_b
Out[11]: Int64Index([3, 5, 7, 9, 10, 11, 15, 17], dtype='int64')

In [12]: ind_a ^ ind_b
Out[12]: Int64Index([3, 7, 10, 11, 15, 17], dtype='int64')
```

也可以调用索引对象的内置函数执行集合运算。

```
In [16]: ind_a.intersection(ind_b)
Out[16]: Int64Index([5, 9], dtype='int64')
```

```
In [17]: ind_a.union(ind_b)
Out[17]: Int64Index([3, 5, 7, 9, 10, 11, 15, 17], dtype='int64')

In [18]: ind_a.symmetric_difference(ind_b)
Out[18]: Int64Index([3, 7, 10, 11, 15, 17], dtype='int64')
```

6.2 数据索引和选取

我们已经了解了 Series 和 DataFrame 对象的数据结构以及常用的实例化方法，接着我们来进一步学习如何基于 Series 与 DataFrame 进行数据访问和数据更新。Pandas 支持大多数 NumPy 函数，如果你已经灵活掌握了 NumPy 数组的操作，那么对于 Pandas 中相应的操作也不会陌生。

6.2.1 Series 中的数据选取

在 6.1 节中，我们了解到 Series 对象在许多方面与 Python 原生的字典对象极为相似，同时又在许多方面表现得如同一维数组。通过这样的类比，我们能更好地发现并理解 Series 对象在数据选取方面的规律和模式。

1. 如字典般操作 Series 对象

与字典一样，Series 对象提供了键（索引标签）和数据值的映射关系。

```
In [1]: import pandas as pd

In [2]: ser = pd.Series([0, 1, 2], index=['x', 'y', 'z'])

In [3]: ser
Out[3]:
x    0
y    1
z    2
dtype: int64

In [4]: ser['x']
Out[4]: 0
```

我们同样可以用类字典的表达式和方法去访问索引标签和数据值。

```
In [5]: 'y' in ser
Out[5]: True
```

```
In [6]: ser.keys()
Out[6]: Index(['x', 'y', 'z'], dtype='object')

In [7]: list(ser.items())
Out[7]: [('x', 0), ('y', 1), ('z', 2)]
```

甚至可以通过类字典的 Python 语法对 Series 对象进行更新。像扩增字典一样，我们通过添加新的键值来扩增 Series 对象。

```
In [8]: ser['v'] = 10

In [9]: ser
Out[9]:
x     0
y     1
z     2
v    10
dtype: int64
```

这样简单的更新操作是非常便利的功能，基本上用户不需要担心内存分配和数据复制的问题，Pandas 会负责处理这些问题。

2. 如数组般操作 Series 对象

Series 对象在类字典接口的基础上还提供了 NumPy 风格的数据选取方法，包括切片、掩码以及 Fancy 索引。

我们先来简单回顾下 NumPy 中对应的操作方法。

- 索引：arr[2, 1]。
- 切片：arr[:, 1:5]。
- 掩码：arr[arr > 0]。
- Fancy 索引：arr[0, [1, 5]]。
- 组合操作：arr[:, [1, 5]]。

我们再来看看 Series 中的示例。通过显式索引进行切片的操作如下。

```
In [1]: import pandas as pd

In [2]: ser = pd.Series([0.1, 0.2, 0.3, 0.4, 0.5],
   ...:                  index = ['a', 'b', 'c', 'd', 'e'])

In [3]: ser['b':'d']
Out[3]:
b    0.2
c    0.3
```

```
d    0.4
dtype: float64
```

通过隐式索引进行切片的操作如下。

```
In [4]: ser[1:3]
Out[4]:
b    0.2
c    0.3
dtype: float64
```

掩码操作如下。

```
In [5]: ser[(ser > 0.1) & (ser < 0.5)]
Out[5]:
b    0.2
c    0.3
d    0.4
dtype: float64
```

Fancy 索引操作如下。

```
In [6]: ser[['b', 'e']]
Out[6]:
b    0.2
e    0.5
dtype: float64
```

上面的例子中，我们注意到显式索引的切片包含了最后索引范围内的最后一个索引（如 ser['b':'d'] 包含 ser['d']），隐式索引的切片则不包含最后一个索引（如 ser[1:3] 不包含 ser[3]）。

3. 索引器：loc 和 iloc

让我们思考一个问题：当显式索引被定义为整型时，是否会与隐式索引相混淆？我们先生成一个 Series 对象，并指定整型索引。

```
In [1]: import pandas as pd

In [2]: ser = pd.Series(['a', 'b', 'c', 'd'], index=[1, 3, 5, 7])

In [3]: ser
Out[3]:
1    a
3    b
5    c
7    d
```

```
dtype: object
```

执行索引操作。

```
In [4]: ser[1]
Out[4]: 'a'
```

执行切片操作。

```
In [5]: ser[1:3]
Out[5]:
3    b
5    c
dtype: object
```

我们把显式索引、隐式索引以及数据值列举在表 6-1 中，通过对比便能发现：索引操作用的是显式索引，切片操作用的是隐式索引。

表 6-1　显式索引、隐式索引、数据值列举

显式索引	隐式索引	数据值
1	0	a
3	1	b
5	2	c
7	3	d

在显式索引为整型的情况下，不同的操作所用的索引机制不同，这对于使用者来说是很不友好的接口用法。为了避免这种潜在的混乱，Pandas 提供了特殊的索引器。索引器以对象属性的方式存在，用来明确地表明所选择的索引机制。例如，用属性访问的方式调用 loc 索引器，则总是选择显式索引。

```
In [6]: ser.loc[1]
Out[6]: 'a'

In [7]: ser.loc[1:3]
Out[7]:
1    a
3    b
dtype: object
```

如需使用隐式索引，则调用对应的 iloc 索引器。

```
In [8]: ser.iloc[1]
Out[8]: 'b'

In [9]: ser.iloc[1:3]
Out[9]:
```

```
3    b
5    c
dtype: object
```

6.2.2 DataFrame 中的数据选取

DataFrame 在很多方面与二维数组（或结构数组）极为相似，也可以把 DataFrame 看作 Series 字典（每个 Series 共享相同的索引）。我们借助这两种数据结构，探索 DataFrame 中的数据选取。

1. 如字典般操作 DataFrame 对象

我们先从 Series 字典的角度开始探讨，还是用我们熟悉的土地面积和人口数据的例子。

```
In [1]: import pandas as pd

In [2]: area_data = {'Zhejiang': 10.55,
   ...:              'Hebei': 18.88,
   ...:              'Fujian': 12.40,
   ...:              'Shanxi': 15.67,
   ...:              'Yunnan': 39.41}

In [3]: pop_data = {'Zhejiang': 6456.76,
   ...:             'Hebei': 7461.02,
   ...:             'Fujian': 4154,
   ...:             'Shanxi': 3491.56,
   ...:             'Yunnan': 4720.9}

In [4]: area_ser = pd.Series(area_data)

In [5]: pop_ser = pd.Series(pop_data)

In [6]: df = pd.DataFrame({'area': area_ser, 'population': pop_ser})

In [7]: df
Out[7]:
           area  population
Zhejiang  10.55     6456.76
Hebei     18.88     7461.02
Fujian    12.40     4154.00
Shanxi    15.67     3491.56
Yunnan    39.41     4720.90
```

组成 DataFrame 实例的每个单独的 Series 对象可以通过列标签以字典访问的方式读取。

```
In [7]: df['area'], df['population']
Out[7]:
(Zhejiang    10.55
 Hebei       18.88
 Fujian      12.40
 Shanxi      15.67
 Yunnan      39.41
 Name: area, dtype: float64,
 Zhejiang    6456.76
 Hebei       7461.02
 Fujian      4154.00
 Shanxi      3491.56
 Yunnan      4720.90
 Name: population, dtype: float64)
```

还可以通过列标签以属性的形式访问数据。

```
In [8]: df.area, df.population
Out[8]:
(Zhejiang    10.55
 Hebei       18.88
 Fujian      12.40
 Shanxi      15.67
 Yunnan      39.41
 Name: area, dtype: float64,
 Zhejiang    6456.76
 Hebei       7461.02
 Fujian      4154.00
 Shanxi      3491.56
 Yunnan      4720.90
 Name: population, dtype: float64)
```

无论是以字典访问的方式，还是以属性访问的方式，选取的数据实际上是完全一样的。

```
In [9]: df['area'] is df.area
Out[9]: True

In [10]: df['population'] is df.population
Out[10]: True
```

尽管属性形式的数据访问非常实用且便利，但并不是所有情况下都适用。如果列标签不是字符串类型，或者列标签与 DataFrame 的关键字冲突了，属性访问就无法工作。例如，

pop 函数是 DataFrame 本身定义的函数，那么 data.pop 指向的是这个函数，而非对应的列数据。

```
In [11]: df.columns = ['area', 'pop']

In [12]: df
Out[12]:
          area     pop
Zhejiang  10.55  6456.76
Hebei     18.88  7461.02
Fujian    12.40  4154.00
Shanxi    15.67  3491.56
Yunnan    39.41  4720.90

In [13]: df.pop is df['pop']
Out[13]: False
```

此外，字典风格的语法形式也可以用来对 DataFrame 对象进行数据更新，如新增一列人口密度的数据。

```
In [14]: df['density'] = df['pop'] / df['area']

In [15]: df
Out[15]:
          area     pop      density
Zhejiang  10.55  6456.76  612.015166
Hebei     18.88  7461.02  395.181144
Fujian    12.40  4154.00  335.000000
Shanxi    15.67  3491.56  222.818124
Yunnan    39.41  4720.90  119.789394
```

上面的例子中，我们提前接触到了 Pandas 中的数组运算，这部分内容将在后续的章节中深入探讨。

2. 如数组般操作 DataFrame 对象

DataFrame 可以被视为带有高级索引的二维数组，我们通过 values 属性获取原始的二维数组。

```
In [16]: df.values
Out[16]:
array([[  10.55      , 6456.76        ,  612.01516588],
       [  18.88      , 7461.02        ,  395.18114407],
       [  12.4       , 4154.          ,  335.        ],
       [  15.67      , 3491.56        ,  222.8181238 ],
       [  39.41      , 4720.9         ,  119.78939355]])
```

正是基于这点，DataFrame 支持很多我们所熟知的类数组的观测方法。例如，对 DataFrame 进行行列倒置。

```
In [17]: df.T
Out[17]:
         Zhejiang      Hebei        Fujian    Shanxi       Yunnan
area      10.550000    18.880000    12.4      15.670000    39.410000
pop     6456.760000  7461.020000  4154.0    3491.560000  4720.900000
density  612.015166   395.181144   335.0     222.818124   119.789394
```

我们可以通过数组的索引方式访问 DataFrame 的数组对象（df.values）。

```
In [18]: df.values[0, 0]
Out[18]: 10.55
```

但是数组的索引方式无法直接应用到 DataFrame 对象本身，因此要使用数组风格的索引，我们需要再次借助索引器 —— loc、iloc、ix。

iloc 索引器用的是隐式索引标签，检索底层数组数据时，DataFrame 操作起来就像是一个简单的 NumPy 数组。输出结果中会保留 DataFrame 本身的行列索引。

```
In [19]: df.iloc[:4, :]
Out[19]:
          area     pop     density
Zhejiang  10.55  6456.76  612.015166
Hebei     18.88  7461.02  395.181144
Fujian    12.40  4154.00  235.000000
Shanxi    15.67  3491.56  222.818124
```

类似地，loc 索引器也能以数组风格的形式进行数据检索，区别是其使用的是显式索引标签。

```
In [20]: df.loc[:'Fujian', :'pop']
Out[20]:
          area     pop
Zhejiang  10.55  6456.76
Hebei     18.88  7461.02
Fujian    12.40  4154.00
```

任何 NumPy 风格的数据访问模式都可以被整合到索引器中。例如，loc 索引器与 Fancy 索引和掩码结合。

```
In [21]: df.loc[df.density > 300, ['area', 'pop']]
Out[21]:
          area     pop
Zhejiang  10.55  6456.76
Hebei     18.88  7461.02
Fujian    12.40  4154.00
```

同时，借用索引器可以对数据执行更新操作。

```
In [22]: df.iloc[0, 2] = 500.0

In [23]: df
Out[23]:
           area      pop     density
Zhejiang  10.55  6456.76  500.000000
Hebei     18.88  7461.02  395.181144
Fujian    12.40  4154.00  335.00000
Shanxi    15.67  3491.56  222.818124
Yunnan    39.41  4720.90  119.789394

In [24]: df.loc['Zhejiang', 'density'] = 612

In [25]: df
Out[25]:
           area      pop     density
Zhejiang  10.55  6456.76  612.000000
Hebei     18.88  7461.02  395.181144
Fujian    12.40  4154.00  335.000000
Shanxi    15.67  3491.56  222.818124
Yunnan    39.41  4720.90  119.789394
```

6.3 处理缺失数据

真实数据很少是干净整齐且均匀的，很多流行的数据集都包含有缺失数据，甚至更复杂的，不同的数据源会以不同的方式来表示缺失的数据。本节我们将初步了解缺失数据的基本知识，讨论 Pandas 如何呈现缺失数据，介绍 Pandas 中处理缺失数据的工具集。

6.3.1 表示缺失数据的策略

如今，不少解决方案被提出来用以在表格型数据或 DataFrame 中表示缺失值。总体而言，它们都会围绕两种策略。

- 使用全局的掩码表示缺失值。掩码可能是一个与原数据形状相同的布尔数组，布尔值表示数据的缺失状态。
- 选择某个标识值（或称哨兵值）作为缺失值。标识值可以是某个特定的数值（如 −9999 表示整型的缺失值），或者是具有全局性的惯例值（如 NaN 表示浮点型的缺失值）。

无论哪种策略都不是完美的：使用掩码需要另外分配一个布尔数组，这就增加了存储和计算资源的开销；标识值则缩小了表示有效值的范围，且通用的特殊数值（如 NaN）并不适用于所有数据类型。大部分情况下不存在全局最优的选择，不同的编程语言和不同的系统会选择不同的策略。

6.3.2 Pandas 中的缺失数据

Pandas 选择用标识值策略，使用 Python 的两种空值标识缺失值: Python 的 None 对象、NumPy 的 NaN 值。这两种标识值也被 NumPy 用来表示缺失数据，因此 Pandas 在策略上的选择有一方面是因为对 NumPy 库的依赖。同样，这不是完美的选择，但在大部分场景下这是一个很好的折中方案。

在 NumPy 中，这两种缺失数据的标识值存在较大的差异。None 是一个单实例对象，常常在 Python 代码中被用来标识未初始化的数据。因为是 Python 对象，None 只能被用在数据类型为“object”的数组中。

```
In [1]: import numpy as np

In [2]: arr1 = np.array([0, 1, None, 4])

In [3]: arr1
Out[3]: array([0, 1, None, 4], dtype=object)
```

其中，“dtype=object”表明数组中的每个元素都是一个 Python 对象，但同时也意味着任何数据操作都是在 Python 层面上执行的，NumPy 本身具备的快速运算能力则难以发挥其作用。同时，当执行聚合操作（如求和、求平均数）时，通常会返回错误。

```
In [4]: arr1.sum()
---------------------------------------------------------------------------
TypeError                          Traceback (most recent call last)
<ipython-input-4-3266ab924fb2> in <module>
----> 1 arr1.sum()

~/anaconda3/lib/python3.7/site-packages/numpy/core/_methods.py in _sum(a, axis, dtype, out, keepdims, initial, where)
     36 def _sum(a, axis=None, dtype=None, out=None, keepdims=False,
     37          initial=_NoValue, where=True):
---> 38     return umr_sum(a, axis, dtype, out, keepdims, initial, where)
     39
     40 def _prod(a, axis=None, dtype=None, out=None, keepdims=False,

TypeError: unsupported operand type(s) for +: 'int' and 'NoneType'
```

因此，NumPy 引入自己的标识符表示缺失的数值型数据，即 NaN 值。在标准的 IEEE 浮点数中，NaN 被定义为特殊的浮点值，它是浮点类型的缺失数据的标识符。为了保证 NaN 标识符能够服务于其他类型的数据，NumPy 会将包含 NaN 值的数组（字符串类型的数组除外）转换为浮点型数组。

```
In [5]: arr2 = np.array([True, False])

In [6]: arr2.dtype
Out[6]: dtype('bool')

In [7]: arr2 = np.array([True, False, np.nan])

In [8]: arr2.dtype
Out[8]: dtype('float64')
```

浮点型是 NumPy 支持的原生数据类型，所以支持快速运算和聚合操作。但是 NaN 有点像数据病毒，它会影响所有与之一起运算的其他数据，最后的计算结果往往还是 NaN 值。

```
In [9]: arr2 = np.array([0, 1, np.nan, 4])

In [10]: arr2.sum()
Out[10]: nan
```

为了避免这种数据病毒的特性，NumPy 提供了有针对性的聚合函数来忽略缺失数据。

```
In [11]: np.nansum(arr2)
Out[11]: 5.0
```

在 Pandas 中，None 和 NaN 这两种标识符几乎是没有差别的，是可以相互转换的。Pandas 在处理它们时会在恰当的地方进行相互转换。

```
In [13]: pd.Series([0, 1, np.nan, None])
Out[13]:
0    0.0
1    1.0
2    NaN
3    NaN
dtype: float64
```

与 NumPy 的处理方式相同，如果某些数据类型没有可用的缺失数据的标识值，Pandas 会自动进行类型转换。如下面的示例，当我们在整型数组中插入空值时，数组被自动转换为浮点型。

```
In [14]: ser = pd.Series(np.arange(2), dtype=int)

In [15]: ser
Out[15]:
0    0
1    1
dtype: int64
```

```
In [16]: ser[0] = None

In [17]: ser
Out[17]:
0    NaN
1    1.0
dtype: float64
```

表 6-2 所示是 Pandas 的数据类型转换表，列举了不同数据类型的数组在存储缺失数据时的转换方式。

表 6-2　Pandas 的数据类型转换表

数据类型	缺失数据的类型	转换后的类型
布尔型（bool）	None 对象	不转换 （None 对象被转换为 False 值）
	NaN 值	浮点型
整型（int）	None 对象	浮点型 （None 对象被转换为 NaN 值）
	NaN 值	浮点型
浮点型（float64）	None 对象	不转换 （None 对象被转换为 NaN 值）
	NaN 值	不转换
Python 对象（object）	None 对象	不转换
	NaN 值	不转换

值得注意的是，当字符串数组中存在 NaN 值时，Pandas 和 NumPy 的处理方式差别较大。如果字符串数组中存在 None 对象，则如前面介绍的处理方式，NumPy 会将数组元素转换为 Python 对象；当只存在 NaN 值时，NumPy 会将 NaN 值转换为字符串。

```
In [18]: arr1 = np.array(['aa', 'bb', np.nan])

In [19]: arr1
Out[19]: array(['aa', 'bb', 'nan'], dtype='<U3')

In [20]: arr1[2] == 'nan'
Out[20]: True

In [21]: arr1[2] is np.nan
Out[21]: False
```

对于 Pandas 而言，Python 的字符串被统一视为 Python 对象。因此，无论字符串数组中插入的是 None 对象还是 NaN 值，都遵守表 6-2 中的规则，不执行任何转换。

```
In [22]: ser = pd.Series(['aa', 'bb', np.nan, None])

In [23]: ser
Out[23]:
0      aa
1      bb
2     NaN
3    None
dtype: object

In [24]: ser[2] is np.nan
Out[24]: True

In [25]: ser[3] is None
Out[25]: True
```

6.3.3 对缺失值的操作

我们已经知道，Pandas 用 None 和 NaN 表示缺失数据。基于此，Pandas 提供了一些用于检测、删除和替换空值的方法。

- isnull：判断一个值是否为空值，是则返回真值（True）。
- notnull：与 isnull 有着相同的功能，但返回的结果是相反的，即非空值时返回真值。
- dropna：过滤掉缺失数据。
- fillna：替换缺失数据。

这一小节我们来简单地探索这些方法。

1. 检测缺失值

我们用 isnull 和 notnull 方法进行空值的检测。

```
In [1]: import numpy as np

In [2]: import pandas as pd

In [3]: ser = pd.Series([0, np.nan, 2, None])

In [4]: ser.isnull()
Out[4]:
0    False
1     True
2    False
3     True
dtype: bool
```

我们还可以将返回的布尔数组作为索引，进行数据过滤，如返回非空数据。

```
In [5]: ser[ser.notnull()]
Out[5]:
0    0.0
2    2.0
dtype: float64
```

对于 DataFrame 对象，isnull 和 notnull 返回的是类似的布尔数组。

2. 删除缺失值

除了利用布尔数组来过滤数据，dropna 同样可以过滤掉数据中的缺失值。对于 Series 对象，结果就比较直接。

```
In [6]: ser.dropna()
Out[6]:
0    0.0
2    2.0
dtype: float64
```

对于 DataFrame 对象，我们不能直接删除空值，只能删除空值所在的行或列，默认是删除行。

```
In [7]: df = pd.DataFrame([[0, 1, 2],[3, np.nan, 5], [6, 7, None]])

In [8]: df
Out[8]:
   0    1    2
0  0  1.0  2.0
1  3  NaN  5.0
2  6  7.0  NaN

In [9]: df.dropna()
Out[9]:
   0    1    2
0  0  1.0  2.0
```

如需指定删除空值所在的列，我们也可以传递 axis 参数。

```
In [10]: df.dropna(axis='columns')
Out[10]:
   0
0  0
1  3
2  6
```

但是这种清理方式同时也删除了其他有用的数据，你有可能更倾向于删除所有元素均为空值的行或列。这种情况下，可以通过 how 参数进行控制，如指定参数值为 all 来删除所有数据都缺失的行或列。

```
In [11]: df.iloc[:,2] = np.nan

In [12]: df
Out[12]:
   0    1   2
0  0  1.0 NaN
1  3  NaN NaN
2  6  7.0 NaN

In [13]: df.dropna(axis='columns', how='all')
Out[13]:
   0    1
0  0  1.0
1  3  NaN
2  6  7.0
```

如需删除绝大部分数据缺失的行或列，thresh 参数允许我们指定一个阈值，只有当缺失值的数量大于阈值时，才会删除对应的行或列。

```
In [14]: df.dropna(axis='rows', thresh=2)
Out[14]:
   0    1   2
0  0  1.0 NaN
2  6  7.0 NaN
```

3. 替换缺失值

相较于直接删除空值，有时候更好的选择是将空值替换为一个有效值。替换的有效值可能是一个具体的数据值，也可能是由数据集中的其他有效值演化而来的。替换缺失值可以用 fillna 方法来实现，如将空值替换为数值 0。

```
In [15]: ser
Out[15]:
0    0.0
1    NaN
2    2.0
3    NaN
dtype: float64

In [16]: ser.fillna(0)
Out[16]:
```

```
0    0.0
1    0.0
2    2.0
3    0.0
dtype: float64
```

我们可以通过 method 参数指定填充方式，如指定前项填充，用空值元素前的最后一个有效值进行填充。

```
In [17]: ser.fillna(method='ffill')
Out[17]:
0    0.0
1    0.0
2    2.0
3    2.0
dtype: float64
```

或者指定后项填充，从空值元素位置开始往后寻找第一个有效值进行填充。

```
In [18]: ser.fillna(method='bfill')
Out[18]:
0    0.0
1    2.0
2    2.0
3    NaN
dtype: float64
```

如果按照指定的填充方法找不到有效值，则保留空值。如上面的示例中，最后一个元素被保留空值。对于 DataFrame 对象，也可以使用同样的方法填充缺失数据。

```
In [19]: df
Out[19]:
   0    1   2
0  0  1.0 NaN
1  3  NaN NaN
2  6  7.0 NaN

In [20]: df.fillna(method='ffill')
Out[20]:
   0    1   2
0  0  1.0 NaN
1  3  1.0 NaN
2  6  7.0 NaN
```

对于 DataFrame 对象，默认的填充操作是沿着行的轴向寻找有效的填充值。我们可以通过 axis 参数指定操作所沿的轴向，如指定沿着数据列寻找有效的填充值。

```
In [21]: df.fillna(method='ffill', axis='columns')
Out[21]:
     0    1    2
0  0.0  1.0  1.0
1  3.0  3.0  3.0
2  6.0  7.0  7.0
```

6.4 数据集合并

在数据分析领域中，一部分有趣的研究是从合并不同数据集开始的。数据合并工作的复杂度依赖于数据集本身：它可以是简单地合并两个不同的数据集合，无须过多的预处理；也可能需要大量的预处理，如正确处理不同数据集合中的交叠部分，以保证融合更为复杂的数据库类型的数据。真实数据集往往属于后者，幸运的是 Pandas 提供了各种函数和方法，加快并简化了这类数据规整的工作。

6.4.1 append 函数

最直接的数据集合并是很常见的操作，它就像是往一个数据表中追加新的数据。Pandas 的数据对象（DataFrame 和 Series）提供了 append 函数，可以非常简便地合并两个数据集，如合并两个 Series 对象。

```
In [1]: import pandas as pd

In [2]: ser1 = pd.Series([0, 1, 2])

In [3]: ser2 = pd.Series([3, 4])

In [4]: ser1.append(ser2)
Out[4]:
0    0
1    1
2    2
0    3
1    4
dtype: int64
```

输入的两个 Series 对象的索引有重复标签，所以在合并结果中出现了重复索引。如需忽略输入对象的索引值，可以指定 ignore_index 参数为真值。

```
In [5]: ser1.append(ser2, ignore_index=True)
Out[5]:
```

```
0    0
1    1
2    2
3    3
4    4
dtype: int64
```

也可以一次合并多个数据集，将数据对象以列表或元组形式传入。

```
In [6]: ser3 = pd.Series([5, 6, 7])

In [7]: ser1.append([ser2, ser3], ignore_index=True)
Out[7]:
0    0
1    1
2    2
3    3
4    4
5    5
6    6
7    7
dtype: int64
```

合并 DataFrame 对象的方法是相同的，但是只能合并行数据。

```
In [8]: df1 = pd.DataFrame({'a': ser1, 'b': ser2})

In [9]: df2 = pd.DataFrame({'c': ser1, 'd': ser3})

In [10]: df1.append(df2, ignore_index=True)
Out[10]:
     a    b    c    d
0  0.0  3.0  NaN  NaN
1  1.0  4.0  NaN  NaN
2  2.0  NaN  NaN  NaN
3  NaN  NaN  0.0  5.0
4  NaN  NaN  1.0  6.0
5  NaN  NaN  2.0  7.0
```

Pandas 提供的 append 函数不会修改原数据，而是创建一个新的数据对象来存储合并后的结果。

6.4.2 concat 函数

Pandas 提供的 append 函数是简单但欠缺灵活性的合并方式，如我们无法选择合并 DataFrame 对象的列数据。于是 Pandas 提供了更为灵活的合并方法，即 concat 函数，它提供了不同的可选参数，允许我们根据需要应对不同的复杂场景。

我们可以将多个 Series 对象或多个 DataFrame 对象组成列表，传递给 concat 函数，将它们合并。

```
In [11]: pd.concat([ser1, ser2])
Out[11]:
0    0
1    1
2    2
0    3
1    4
dtype: int64

In [12]: pd.concat([df1, df2])
Out[12]:
     a    b    c    d
0  0.0  3.0  NaN  NaN
1  1.0  4.0  NaN  NaN
2  2.0  NaN  NaN  NaN
0  NaN  NaN  0.0  5.0
1  NaN  NaN  1.0  6.0
2  NaN  NaN  2.0  7.0
```

合并 DataFrame 对象时，如需合并列数据，可以传递 axis 参数指明合并所沿的轴向。

```
In [13]: pd.concat([df1, df2], axis='columns')
Out[13]:
   a    b  c  d
0  0  3.0  0  5
1  1  4.0  1  6
2  2  NaN  2  7
```

通过 concat 函数合并的结果会保留数据索引，即使不同的数据集包含了重复索引，索引标签依然会被保留。但有时候重复索引并不是我们想要的结果，Pandas 为此提供了 3 种处理方式。

（1）捕获重复索引的错误。

我们可以设置 verify_integrity 参数为真值，验证输入对象中是否包含重复索引标签，当出现重复索引时，会抛出异常。

```
In [14]: try:
    ...:     pd.concat([df1, df2], verify_integrity=True)
    ...: except ValueError as e:
    ...:     print("ValueError", e)
    ...:
ValueError Indexes have overlapping values: Int64Index([0, 1, 2], dtype='int64')
```

（2）忽略索引。

有时候重复的索引本身并不重要，或者不包含任何意义（如只是行号），这个时候我们可以选择忽略。当指明 ignore_index 参数为真值时，合并函数会创建一组新的索引标签替换重复索引标签，忽略原索引值。

```
In [15]: pd.concat([df1, df2], ignore_index=True)
Out[15]:
     a    b    c    d
0  0.0  3.0  NaN  NaN
1  1.0  4.0  NaN  NaN
2  2.0  NaN  NaN  NaN
3  NaN  NaN  0.0  5.0
4  NaN  NaN  1.0  6.0
5  NaN  NaN  2.0  7.0
```

（3）添加分层索引。

另一种方式是为不同数据源添加标签，最终的结果就是为合并的数据集添加分层索引。

```
In [16]: pd.concat([df1, df2], keys=['data1', 'data2'])
Out[16]:
           a    b    c    d
data1 0  0.0  3.0  NaN  NaN
      1  1.0  4.0  NaN  NaN
      2  2.0  NaN  NaN  NaN
data2 0  NaN  NaN  0.0  5.0
      1  NaN  NaN  1.0  6.0
      2  NaN  NaN  2.0  7.0
```

合并后的数据是带有分层索引的 Pandas 数据对象，在前面我们介绍了很多基于分层索引的操作，它们都可以应用到合并的数据集中。在前面的示例中，输入的数据对象列标签并不完全相同，这也是实际场景中常见的情况，我们再来看一个这样的例子。

```
In [17]: import numpy as np

In [18]: df1 = pd.DataFrame(np.zeros((3, 3)), columns=['a', 'b', 'c'])

In [19]: df2 = pd.DataFrame(np.ones((3, 3)), columns=['b', 'c', 'd'])

In [20]: df1
Out[20]:
     a    b    c
0  0.0  0.0  0.0
1  0.0  0.0  0.0
2  0.0  0.0  0.0
```

```
In [21]: df2
Out[21]:
     b    c    d
0  1.0  1.0  1.0
1  1.0  1.0  1.0
2  1.0  1.0  1.0
```

默认情况下，合并结果采用输入对象的列索引的并集，并且自动用 NaN 值补全缺失数据。

```
In [22]: pd.concat([df1, df2])
Out[22]:
     a    b    c    d
0  0.0  0.0  0.0  NaN
1  0.0  0.0  0.0  NaN
2  0.0  0.0  0.0  NaN
0  NaN  1.0  1.0  1.0
1  NaN  1.0  1.0  1.0
2  NaN  1.0  1.0  1.0
```

这种默认行为是由 join 参数控制的，因为其默认值是 outer，即并集模式。我们可以设置该参数为 inner，选择交集模式。

```
In [23]: pd.concat([df1, df2], join='inner')
Out[23]:
     b    c
0  0.0  0.0
1  0.0  0.0
2  0.0  0.0
0  1.0  1.0
1  1.0  1.0
2  1.0  1.0
```

6.4.3 join 函数

DataFrame 对象还拥有 join 函数，它与 append 函数是相对的，前者合并列数据，后者合并行数据。我们先来看一个 join 函数的使用示例。

```
In [1]: import pandas as pd

In [2]: employees = ['Mike', 'David', 'Erin']

In [3]: df1 = pd.DataFrame([[172, 130], [178, 120], [165, 100]],
   ...:                    index = employees,
   ...:                    columns=['Height', 'Weight'])
```

```
In [4]: df2 = pd.DataFrame([['M', 30], ['M', 26], ['F', 23]],
   ...:                      index = employees,
   ...:                      columns=['Gender', 'Age'])

In [5]: df1
Out[5]:
       Height  Weight
Mike      172     130
David     178     120
Erin      165     100

In [6]: df2
Out[6]:
      Gender  Age
Mike       M   30
David      M   26
Erin       F   23

In [7]: df1.join(df2)
Out[7]:
       Height  Weight Gender  Age
Mike      172     130      M   30
David     178     120      M   26
Erin      165     100      F   23
```

示例中，一份数据是员工的身高和体重，另一份数据是员工的性别和年龄，我们使用 join 函数将它们关联在一起。两份数据集中拥有相同的行索引（员工名），这就像是数据库的外键，表示了两者的关联性。数据关联是非常有用的数据处理方法，常用于发现隐藏在数据背后的规律。

6.4.4 merge 函数

尝试关联结构复杂的数据时，join 函数往往并不适用，这时候我们需要 merge 函数来建立更复杂的关系模型。如果你曾经与数据库打过交道，对于 merge 函数所提供的数据交互的接口并不会陌生，该函数基于关系代数对不同数据集进行关联。

在默认情况下，merge 函数会依据列索引的标签名称自动寻找关联的外键。如下面的示例中，两个数据集都包含了员工姓名这一列数据。

```
In [1]: import pandas as pd

In [2]: employees = ['Mike', 'David', 'Erin']

In [3]: height = [172, 178, 165]
```

```
In [4]: weight = [130, 120, 100]

In [5]: df1 = pd.DataFrame({'name': employees, 'height': height})

In [6]: df2 = pd.DataFrame({'name': employees, 'weight': weight})

In [7]: df1
Out[7]:
    name  height
0   Mike     172
1  David     178
2   Erin     165

In [8]: df2
Out[8]:
    name  weight
0   Mike     130
1  David     120
2   Erin     100
```

当我们合并这样的两个数据集时，merge 函数识别到两个数据集都拥有名为“name”的列索引，将自动以此作为外键，然后进行数据关联。

```
In [9]: pd.merge(df1, df2)
Out[9]:
    name  height  weight
0   Mike     172     130
1  David     178     120
2   Erin     165     100
```

如果作为外键的列中包含了重复数据，则合并的结果中也会包含重复数据。假设刚入职的新员工与一位老员工同名。

```
In [9]: df1 = df1.append([{'name': 'Mike', 'height': 180}])

In [10]: df2 = df2.append([{'name': 'Mike', 'weight': 135}])

In [11]: df1
Out[11]:
    name  height
0   Mike     172
1  David     178
2   Erin     165
0   Mike     180
```

```
In [12]: df2
Out[12]:
    name  weight
0   Mike     130
1  David     120
2   Erin     100
0   Mike     135
```

当我们再次尝试合并两个数据集时，会出现多条 Mike 的记录。

```
In [13]: pd.merge(df1, df2)
Out[13]:
    name  height  weight
0   Mike     172     130
1   Mike     172     135
2   Mike     180     130
3   Mike     180     135
4  David     178     120
5   Erin     165     100
```

你可能已经发现了，合并的结果中包含了一些错误的记录，两个 Mike 的身高和体重被混乱地进行了合并。这说明在员工同名的情况下，员工的名字不适合再作为数据关联的外键。因此，我们引入员工号作为唯一标识。

```
In [15]: df1['ID'] = employee_id

In [16]: df2['ID'] = employee_id

In [17]: df1
Out[17]:
    name  height    ID
0   Mike     172  1001
1  David     178  1002
2   Erin     165  1003
0   Mike     180  1004

In [18]: df2
Out[18]:
    name  weight    ID
0   Mike     130  1001
1  David     120  1002
2   Erin     100  1003
0   Mike     135  1004
```

在关联两份员工数据时，通过关键字 on 参数明确指定关联的列数据为员工号。

```
In [19]: pd.merge(df1, df2, on='ID')
```

```
Out[19]:
  name_x  height    ID name_y  weight
0   Mike     172  1001   Mike     130
1  David     178  1002  David     120
2   Erin     165  1003   Erin     100
3   Mike     180  1004   Mike     135
```

通过参数 on 可以设置多个外键，如同时将员工号和员工姓名设置为外键，这样只有当员工号和员工姓名都匹配时，才会执行数据关联。

```
In [20]: pd.merge(df1, df2, on=['ID', 'name'])
Out[20]:
    name  height    ID  weight
0   Mike     172  1001     130
1  David     178  1002     120
2   Erin     165  1003     100
3   Mike     180  1004     135
```

但是通过参数 on 指定外键时，要求两个数据集的外键的标签名称完全相同。如果不同，则需要通过下面示例中的两个参数分别指定左右两边数据集的外键列。

```
In [21]: df2.rename(columns={'ID': 'employee_ID'}, inplace=True)

In [22]: pd.merge(df1, df2, left_on='ID', right_on='employee_ID')
Out[22]:
  name_x  height    ID name_y  weight  employee_ID
0   Mike     172  1001   Mike     130         1001
1  David     178  1002  David     120         1002
2   Erin     165  1003   Erin     100         1003
3   Mike     180  1004   Mike     135         1004
```

如果外键是行索引，也可以通过 left_index 和 right_index 参数指定。

```
In [23]: df3 = df1.set_index('ID')

In [24]: df4 = df2.set_index('employee_ID')

In [25]: df3
Out[25]:
       name  height
ID
1001   Mike     172
1002  David     178
1003   Erin     165
1004   Mike     180

In [26]: df4
```

```
Out[26]:
              name  weight
employee_ID
1001          Mike     130
1002         David     120
1003          Erin     100
1004          Mike     135

In [27]: pd.merge(df3, df4, left_index=True, right_index=True)
Out[27]:
     name_x  height name_y  weight
ID
1001   Mike     172   Mike     130
1002  David     178  David     120
1003   Erin     165   Erin     100
1004   Mike     180   Mike     135
```

我们发现上面的合并结果中，都包含了两列员工姓名，这是因为存在列名冲突的情况。为了避免冲突，Pandas 会对列名进行重命名，默认是分别添加“_x”和“_y”的后缀。如需修改后缀名，可以通过 suffixes 参数设置。

```
In [28]: pd.merge(df3, df4, left_index=True, right_index=True, suffixes=('_1',
'_2'))
Out[28]:
     name_1  height name_2  weight
ID
1001   Mike     172   Mike     130
1002  David     178  David     120
1003   Erin     165   Erin     100
1004   Mike     180   Mike     135
```

真实的数据集往往是参差不齐的，有可能多个数据集在外键上的数据并不是对齐的。若两个数据集的外键列所包含的元素集合并不相同，Pandas 在合并时会执行隐含的集合操作。为了进一步说明这一行为，我们假设有一位员工只录入了身高信息，另一位员工只录入了体重信息。

```
In [29]: df1 = df1.append([{'ID': 1005, 'name': 'Lily', 'height': 170}])

In [30]: df2.rename(columns={'employee_ID': 'ID'}, inplace=True)

In [31]: df2 = df2.append([{'ID': 1006, 'name': 'John', 'weight': 120}])

In [32]: df1
Out[32]:
   name  height    ID
0  Mike     172  1001
```

```
1  David     178  1002
2   Erin     165  1003
0   Mike     180  1004
0   Lily     170  1005

In [33]: df2
Out[33]:
    name  weight    ID
0   Mike     130  1001
1  David     120  1002
2   Erin     100  1003
0   Mike     135  1004
0   John     120  1006
```

不指定任何参数时，默认取两边外键的交集。

```
In [34]: pd.merge(df1, df2)
Out[34]:
    name  height    ID  weight
0   Mike     172  1001     130
1  David     178  1002     120
2   Erin     165  1003     100
3   Mike     180  1004     135
```

集合运算的类型由 how 参数控制，其默认值为 inner，即交集模式（内联结）。如需以外键的并集为合并的基线，则可以设置 how 参数为 outer 值（外联结），缺失数据以空值表示。

```
In [35]: pd.merge(df1, df2, how='outer')
Out[35]:
    name  height    ID  weight
0   Mike   172.0  1001   130.0
1  David   178.0  1002   120.0
2   Erin   165.0  1003   100.0
3   Mike   180.0  1004   135.0
4   Lily   170.0  1005     NaN
5   John     NaN  1006   120.0
```

还可以指定以某一个输入对象的外键集合进行合并，通常称为左 / 右联结，同样用空值表示缺失数据。

```
In [36]: pd.merge(df1, df2, how='left')
Out[36]:
    name  height    ID  weight
0   Mike     172  1001   130.0
1  David     178  1002   120.0
2   Erin     165  1003   100.0
```

```
3   Mike      180  1004   135.0
4   Lily      170  1005     NaN

In [37]: pd.merge(df1, df2, how='right')
Out[37]:
    name  height     ID  weight
0   Mike   172.0  1001     130
1  David   178.0  1002     120
2   Erin   165.0  1003     100
3   Mike   180.0  1004     135
4   John     NaN  1006     120
```

6.5 分层索引

到目前为止，我们主要是讨论一维数组和二维数组，分别可以用 Series 对象和 DataFrame 对象进行存储与操作。那么如何存储和操作更高维度的数组呢？Pandas 提供了原生的数据结构（Panel 和 Panel4D）来支持三维和四维的数组，但是更普遍的做法是建立分层索引（或称为多级索引），分层索引包含了多个层次的索引，以表示更加复杂的数据结构。通过分层索引的方式，高维数组可以用 Series 对象（一维）和 DataFrame 对象（二维）呈现出来。

Pandas 中使用分层索引对象（MultiIndex）来构建分层索引，本节中我们将探讨 MultiIndex 对象，以及基于分层索引数组的操作，包括索引、切片和计算。

6.5.1 分层索引：从一维到多维

我们先来看看如何利用一维的 Series 对象表示二维数组，这样有助于我们了解如何利用分层索引拓展到更高维的数组。首先，我们通过元组构建一个 MultiIndex 对象。

```
In [1]: import pandas as pd

In [2]: mul_ind = pd.MultiIndex.from_tuples([
   ...:     ('Zhejiang', 2018), ('Zhejiang', 2019),
   ...:     ('Fujian', 2018), ('Fujian', 2019)])

In [3]: mul_ind
Out[3]:
MultiIndex([('Zhejiang', 2018),
            ('Zhejiang', 2019),
            (  'Fujian', 2018),
            (  'Fujian', 2019)],
           )
```

在示例中，分层索引包含了两个层级，即省份名称和年份。我们将构建的分层索引传递进去，生成一个 Series 实例。

```
In [4]: pop_ser = pd.Series([5737, 5850, 3941, 3973], index=mul_ind,
name='population')

In [5]: pop_ser
Out[5]:
Zhejiang  2018    5737
          2019    5850
Fujian    2018    3941
          2019    3973
Name: population, dtype: int64
```

前两列代表的是分层的索引，第三列是数据本身。基于分层后的索引，我们可以轻松地通过切片操作访问 2018 年的数据。

```
In [6]: pop_ser[:, 2018]
Out[6]:
Zhejiang    5737
Fujian      3941
Name: population, dtype: int64
```

看到这里，你可能注意到带有行列索引标签的 DataFrame 对象可以用来存储同样的数据结构。事实上，它们确实可以互相转换——通过 unstack 函数。

```
In [7]: pop_df = pop_ser.unstack()

In [8]: pop_df
Out[8]:
          2018  2019
Fujian    3941  3973
Zhejiang  5737  5850
```

而 stack 函数提供反向转换。

```
In [9]: pop_df.stack()
Out[9]:
Fujian    2018    3941
          2019    3973
Zhejiang  2018    5737
          2019    5850
dtype: int64
```

我们可以用分层索引基于一维的 Series 对象表示二维数组，那么同样可以用分层索引表示三维或更高维的数组。在分层索引中，每一个层次代表了一个维度，这让所表示的多维数组有了更高的灵活性。例如，添加各省每年的城镇人口数据，用带有分层索引的

DataFrame 对象存储三维数组。

```
In [12]: pop_df = pd.DataFrame({'total': total_pop, 'city': city_pop}, index=mul_
ind)

In [13]: pop_df
Out[13]:
              total  city
Zhejiang 2018  5737  3847
         2019  5850  3953
Fujian   2018  3941  2534
         2019  3973  2594
```

此外，带有分层索引的数组支持通用函数，因此我们可以计算每年城镇人口的比例。

```
In [14]: city_pop_ratio = pop_df['city'] / pop_df['total']

In [15]: city_pop_ratio.unstack()
Out[15]:
              2018      2019
Fujian    0.642984  0.652907
Zhejiang  0.670560  0.675726
```

对通用函数的支持，让我们可以简单快速地访问和探索更高维的数组。

6.5.2 分层索引的构建方法

分层索引对象（MultiIndex）是标准索引对象的分层模拟，可以将其看作一个元组数组（元组列表），每个元组是各个层级的索引标签的组合。因此，分层索引可以由元组列表、数组列表或是 DataFrame 对象构建而成，让我们通过示例了解不同的构建方法。

首先，通过元组列表构建分层索引。

```
In [1]: import pandas as pd

In [2]: pd.MultiIndex.from_tuples([('x', 1), ('x', 2), ('y', 1), ('y', 2)])
Out[2]:
MultiIndex([('x', 1),
            ('x', 2),
            ('y', 1),
            ('y', 2)],
           )
```

或者通过数组列表构建分层索引。

```
In [3]: pd.MultiIndex.from_arrays([['x', 'x', 'y', 'y'], [1, 2, 1, 2]])
Out[3]:
```

```
MultiIndex([('x', 1),
            ('x', 2),
            ('y', 1),
            ('y', 2)],
           )
```

传递 DataFrame 对象，构建分层索引。

```
In [4]: df = pd.DataFrame([['x', 1], ['x', 2], ['y', 1], ['y', 2]])

In [5]: pd.MultiIndex.from_frame(df)
Out[5]:
MultiIndex([('x', 1),
            ('x', 2),
            ('y', 1),
            ('y', 2)],
           names=[0, 1])
```

甚至可以输入多个标准索引，然后通过计算笛卡儿积（迭代组合）来构建分层索引。

```
In [6]: pd.MultiIndex.from_product([['x', 'y'], [1, 2]])
Out[6]:
MultiIndex([('x', 1),
            ('x', 2),
            ('y', 1),
            ('y', 2)],
           )
```

本书推荐使用 from_product 方法去构建分层索引，因为它更具有可操作性：直接输入不同层级的标准索引对象，不需要考虑层级间的组合关系。索引层级结构越复杂，这种构建方法的优势就越明显。类似的构建方法是通过参数传递指定 levels 参数和 labels 参数。

```
In [7]: pd.MultiIndex(levels=[['x', 'y'], [1, 2]],
   ...:               codes=[[0, 0, 1, 1], [0, 1, 0, 1]])
Out[7]:
MultiIndex([('x', 1),
            ('x', 2),
            ('y', 1),
            ('y', 2)],
           )
```

其中，levels 参数是一个列表，用于指定各个层级的索引值，基本上与 from_product 方法的输入参数是一样的；codes 参数也是一个列表，我们提到过分层索引可以看作一个元组数组，而 codes 参数就是用来指明每个元组的数组索引的。对于 codes 参数的应用，需要使用者对 MultiIndex 的内部机制有一定的了解，所以本书并不推荐刚接触 Pandas 的读者选择这一构建方法。

此外，分层索引对象还提供了 names 属性，便于我们为各个层级命名。

```
In [8]: ind = pd.MultiIndex.from_product([['x', 'y'], [1, 2]])

In [9]: ind.names = ['axis', 'ID']

In [10]: ind
Out[10]:
MultiIndex([('x', 1),
            ('x', 2),
            ('y', 1),
            ('y', 2)],
           names=['axis', 'ID'])
```

当涉及更多的数据集，需要构建更复杂的分层索引时，对索引层级进行命名更有助于我们记录各个层级的含义。

6.5.3 多层级切片

为了探索分层索引的切片，我们继续以人口数据为示例。

```
In [1]: import pandas as pd

In [2]: mul_ind = pd.MultiIndex.from_tuples([
   ...:     ('Zhejiang', 2018), ('Zhejiang', 2019),
   ...:     ('Fujian', 2018), ('Fujian', 2019)])

In [3]: total_pop = [5737, 5850, 3941, 3973]

In [4]: city_pop = [3847, 3953, 2534, 2594]

In [5]: pop_df = pd.DataFrame({'total': total_pop, 'city': city_pop}, index=mul_ind)

In [6]: pop_df
Out[6]:
               total  city
Zhejiang 2018   5737  3847
         2019   5850  3953
Fujian   2018   3941  2534
         2019   3973  2594
```

如果用类数组的方式访问带有分层索引的 DataFrame 对象，默认是对行索引执行切片操作。

```
In [7]: pop_df[:2]
Out[7]:
```

```
              total  city
Zhejiang 2018   5737  3847
         2019   5850  3953
```

如需分别对行索引和列索引进行切片，可以使用索引器。例如，用隐式索引进行切片访问。

```
In [8]: pop_df.iloc[:2, :1]
Out[8]:
              total
Zhejiang 2018   5737
         2019   5850
```

或是用显式索引器进行访问。

```
In [9]: pop_df.loc[:, 'city']
Out[9]:
Zhejiang  2018    3847
          2019    3953
Fujian    2018    2534
          2019    2594
Name: city, dtype: int64
```

显式索引器还支持元组作为参数，可以构建更复杂的索引切片。

```
In [10]: pop_df.loc[('Zhejiang', (2018, 2019)), ('city')]
Out[10]:
Zhejiang  2018    3847
          2019    3953
Name: city, dtype: int64
```

但是由于元组的语法限制，有时候构建索引切片的方式会变得较为复杂。为了降低切片表达方式的复杂度，我们可以使用 Pandas 的索引切片（IndexSlice）对象，其用法更符合我们常用的语法惯例。

```
In [12]: pop_df.loc[ids['Zhejiang', :], ids['city']]
Out[12]:
Zhejiang  2018    3847
          2019    3953
Name: city, dtype: int64
```

6.5.4 重新排列分层索引

分析分层索引数据的一个关键点是懂得如何有效地转换数据，针对不同的运算，往往要对数据进行重新排列。Pandas 提供了很多操作方法，在保留原数据集信息的前提下，对数据进行重新排列。下面我们就来探讨这些操作。

1. 有序和无序的索引

如果分层的索引没有排过序，许多基于多层级切片的操作会返回错误或警告。我们来看一个分层索引的 Series 对象，其中有一个层级的索引没有按照字符串排序。

```
In [1]: import numpy as np

In [2]: import pandas as pd

In [3]: mul_ind = pd.MultiIndex.from_product([['x', 'z', 'y'], [1, 2]])

In [4]: ser = pd.Series(np.random.rand(6), index=mul_ind)
```

如果我们执行如下的切片操作，将会返回一个错误提示。

```
In [5]: try:
   ...:     ser['x':'y']
   ...: except KeyError as e:
   ...:     print(e)
   ...:
'Key length (1) was greater than MultiIndex lexsort depth (0)'
```

出于各种原因，切片和其他类似的操作要求分层索引按照顺序排列。Pandas 提供了一些方便的途径执行这类排序操作，如 sort_index 函数。

```
In [6]: ser_sorted = ser.sort_index()

In [7]: ser_sorted
Out[7]:
x  1    0.909787
   2    0.220973
y  1    0.924064
   2    0.414598
z  1    0.494658
   2    0.801514
dtype: float64
```

分层索引排序后，切片操作便能如期进行。

```
In [8]: ser_sorted['x':'y']
Out[8]:
x  1    0.909787
   2    0.220973
y  1    0.924064
   2    0.414598
dtype: float64
```

2. 展开索引层级

我们在前面的小节中，已经简单地了解了 unstack 函数的用法。该方法可以将带有分层索引的一维数据结构转换为二维数据结构，把索引层级展开。进一步，我们还可以通过 level 参数选择所展开的层级。

```
In [9]: mul_ind = pd.MultiIndex.from_tuples([
   ...:     ('Zhejiang', 2018), ('Zhejiang', 2019),
   ...:     ('Fujian', 2018), ('Fujian', 2019)])

In [10]: pop_ser = pd.Series([5737, 5850, 3941, 3973], index=mul_ind)

In [11]: df0 = pop_ser.unstack(level=0)

In [12]: df0
Out[12]:
      Fujian  Zhejiang
2018    3941      5737
2019    3973      5850

In [13]: df1 = pop_ser.unstack(level=1)

In [14]: df1
Out[14]:
          2018  2019
Fujian    3941  3973
Zhejiang  5737  5850
```

相对的转换方法即 stack 函数，它可以将数据折叠。

```
In [15]: df0.stack()
Out[15]:
2018  Fujian      3941
      Zhejiang    5737
2019  Fujian      3973
      Zhejiang    5850
dtype: int64

In [16]: df1.stack()
Out[16]:
Fujian    2018    3941
          2019    3973
Zhejiang  2018    5737
          2019    5850
dtype: int64
```

3. 重置分层索引

另一种对分层数据重新排列的方法是将分层的索引标签映射到列数据——通过 reset_index 函数实现。在重置分层索引之前，我们先对索引层级和数据进行命名，使重置后的数据拥有清晰的列标签。

```
In [17]: pop_ser.index.names = ['province', 'year']

In [18]: pop_ser.name = 'population'
```

接着，重置分层索引，将索引标签映射到列数据上。

```
In [19]: pop_ser_flat = pop_ser.reset_index()

In [20]: pop_ser_flat
Out[20]:
   province  year  population
0  Zhejiang  2018        5737
1  Zhejiang  2019        5850
2    Fujian  2018        3941
3    Fujian  2019        3973
```

通常我们在处理真实数据时，原始数据集看起来更像是上面示例中的二维结构。如果索引信息体现在列数据中，这时候我们可以通过 set_index 函数从列数据中构建出索引的层级。

```
In [21]: pop_ser_flat.set_index(['province', 'year'])
Out[21]:
               population
province year
Zhejiang 2018        5737
         2019        5850
Fujian   2018        3941
         2019        3973
```

第7章 Pandas：数据分析

7.1 Pandas 中的数组运算

NumPy 的强大在于其运行效率上，它能够快速地执行逐元素的操作，提供了方便的通用函数以支持一元操作和二元操作。但是 NumPy 中的索引机制相对简单，需要广播兼容对数据结构进行一定的约束，这也在一定程度上限制了它应对异构数据的能力。Pandas 在很大程度上继承了 NumPy 的快速运算能力，在支持 NumPy 通用函数的同时，还提供了索引保留和索引对齐的机制。这两种机制保留了数据背景文，为数组操作提供了相对安全可靠的保证。

7.1.1 Pandas 中的通用函数

NumPy 的通用函数支持类数组对象，如列表、元组等，Pandas 数据对象也是一种类数组对象，因而可以直接作为通用函数的输入参数。同时，Pandas 数据对象的实例方法也实现了部分通用函数的功能，便于直接调用。

1. 一元通用函数

在 Pandas 中使用一元通用函数的一种方式是直接传入数据对象，如传递 Series 对象作为函数输入参数。

```
In [1]: import numpy as np

In [2]: import pandas as pd

In [3]: ser = pd.Series(np.random.randint(0, 10, 4))

In [4]: ser
Out[4]:
0    1
1    5
2    7
3    3
```

```
dtype: int64

In [5]: np.sqrt(ser)
Out[5]:
0    1.000000
1    2.236068
2    2.645751
3    1.732051
dtype: float64
```

同样地，也可以传入 DataFrame 对象。

```
In [6]: df = pd.DataFrame({'c1': np.random.randn(8),
   ...:                    'c2': np.arange(8)})

In [7]: df
Out[7]:
         c1  c2
0 -0.416544   0
1 -0.633141   1
2 -0.140048   2
3 -0.016275   3
4  0.733806   4
5 -0.094889   5
6  1.200099   6
7  0.022188   7

In [8]: np.square(df)
Out[8]:
         c1    c2
0  0.173509   0.0
1  0.400867   1.0
2  0.019613   4.0
3  0.000265   9.0
4  0.538472  16.0
5  0.009004  25.0
6  1.440239  36.0
7  0.000492  49.0
```

Pandas 将少部分的一元通用函数嵌入数据对象的实例方法中，因而我们还可以通过对象的实例方法直接调用，如绝对值函数。

```
In [9]: ser.abs()
Out[9]:
0    1
1    5
2    7
```

```
3    3
dtype: int64

In [10]: df.abs()
Out[10]:
         c1   c2
0  0.416544  0.0
1  0.633141  1.0
2  0.140048  2.0
3  0.016275  3.0
4  0.733806  4.0
5  0.094889  5.0
6  1.200099  6.0
7  0.022188  7.0
```

Pandas 提供了 apply 方法，该方法以函数式编程的思维将通用函数作为输入参数，并将操作应用到数据对象上，用法如下。

```
In [11]: ser.apply(np.sin)
Out[11]:
0    0.841471
1   -0.958924
2    0.656987
3    0.141120
dtype: float64

In [12]: df.apply(np.cos)
Out[12]:
         c1        c2
0  0.914493  1.000000
1  0.806173  0.540302
2  0.990209 -0.416147
3  0.999868 -0.989992
4  0.742631 -0.653644
5  0.995501  0.283662
6  0.362265  0.960170
7  0.999754  0.753902
```

apply 方法是一种通用的执行数据操作的方法，它不仅可以调用 NumPy 内置的通用函数，也可以调用自定义的通用函数。

2. 二元通用函数

我们可以将 DataFrame 或 Series 对象传入 NumPy 的二元通用函数，从而执行二元操作。

```
In [13]: ser1 = pd.Series(np.random.randn(6))

In [14]: ser2 = pd.Series(np.random.randn(6))

In [15]: ser1, ser2
Out[15]:
(0   -0.370968
 1   -1.097440
 2   -0.757316
 3   -0.288241
 4   -0.007505
 5    0.423723
 dtype: float64,
 0    0.238829
 1   -0.654479
 2   -1.647472
 3    0.318168
 4    0.208946
 5   -0.780982
 dtype: float64)

In [16]: np.add(ser1, ser2)
Out[16]:
0   -0.132138
1   -1.751918
2   -2.404789
3    0.029927
4    0.201441
5   -0.357259
dtype: float64
```

我们也可以使用对象的实例方法来执行二元操作，DataFrame 或 Series 对象支持大部分的二元通用函数。

```
In [17]: df1 = pd.DataFrame({'c1': np.random.randn(8),
    ...:                     'c2': np.arange(8)})

In [18]: df2 = pd.DataFrame({'c1': np.random.randn(8),
    ...:                     'c2': np.random.randn(8)})

In [19]: df1, df2
Out[19]:
(          c1  c2
 0 -0.247853   0
 1  2.914581   1
```

```
 2 -0.085958   2
 3  0.268198   3
 4 -0.557072   4
 5 -1.816217   5
 6 -1.547107   6
 7 -1.850865   7,
          c1        c2
 0  0.232994  1.359395
 1  0.010192 -0.012637
 2  2.130724 -0.639165
 3  0.105273  1.725824
 4  0.605539  1.505205
 5  0.287106 -0.052311
 6  0.712590 -0.351816
 7 -0.275530 -1.371637)

In [20]: df1.add(df2)
Out[20]:
         c1        c2
0 -0.014859  1.359395
1  2.924773  0.987363
2  2.044765  1.360835
3  0.373471  4.725824
4  0.048467  5.505205
5 -1.529111  4.947689
6 -0.834517  5.648184
7 -2.126395  5.628363

In [21]: df2.mul(df1)
Out[21]:
         c1        c2
0 -0.057748  0.000000
1  0.029705 -0.012637
2 -0.183154 -1.278330
3  0.028234  5.177473
4 -0.337329  6.020821
5 -0.521446 -0.261554
6 -1.102453 -2.110895
7  0.509969 -9.601461
```

基于 Pandas 数据对象执行二元操作，更自然的方式是使用运算操作符，就像我们在 NumPy 中操作数组一样。

```
In [22]: ser1 - ser2
Out[22]:
0    -0.609797
```

```
1   -0.442961
2    0.890156
3   -0.606409
4   -0.216451
5    1.204705
dtype: float64

In [23]: df1 / df2
Out[23]:
           c1         c2
0   -1.063773   0.000000
1  285.967474 -79.130241
2   -0.040342  -3.129083
3    2.547637   1.738300
4   -0.919960   2.657445
5   -6.325951 -95.582466
6   -2.171104 -17.054376
7    6.717476  -5.103390
```

7.1.2 索引保留

在 Pandas 中，一元通用函数的计算结果会保留原数据的索引值，我们先来看一个 Series 对象上的例子。

```
In [1]: import numpy as np

In [2]: import pandas as pd

In [3]: ser = pd.Series(np.random.randint(0, 10, 4))

In [4]: ser
Out[4]:
0    7
1    7
2    4
3    4
dtype: int64

In [5]: np.sqrt(ser)
Out[5]:
0    2.645751
1    2.645751
2    2.000000
3    2.000000
dtype: float64
```

当我们把 NumPy 的一元通用函数作用到 Series 对象上时，将会返回一个继承了原索引标签的 Series 对象。类似地，结果也会体现在 DataFrame 对象上。

```
In [7]: df
Out[7]:
    c1  c2  c3  c4
r1   7   7   6   5
r2   0   8   9   1
r3   3   7   8   6
r4   6   6   8   6

In [8]: np.cos(df)
Out[8]:
          c1        c2       c3        c4
r1  0.753902  0.753902  0.96017  0.283662
r2  1.000000 -0.145500 -0.91113  0.540302
r3 -0.989992  0.753902 -0.14550  0.960170
r4  0.960170  0.960170 -0.14550  0.960170
```

索引保留机制保证了索引信息在运算结果中不会被丢失，同时它也是数据对齐的一大重要前提。

7.1.3 索引对齐

对于二元操作，NumPy 提供了广播机制，Pandas 提供的是索引对齐。Pandas 在执行数组操作时会自动对齐索引，这对于处理不完整的数据集来说非常方便。假定我们有两个索引标签不完全相同的 Series 对象，并将它们相加。

```
In [1]: import numpy as np

In [2]: import pandas as pd

In [3]: ser_x = pd.Series([0, 1, 2], index=['a', 'b', 'c'])

In [4]: ser_y = pd.Series([2, 3, 4], index=['b', 'c', 'd'])

In [5]: ser_x + ser_y
Out[5]:
a    NaN
b    3.0
c    5.0
d    NaN
dtype: float64
```

计算结果中包含了空值，并且其索引值的范围扩大，这就是索引对齐的结果。索引对齐难免会遇到这种“你有我没有”的情况，即某些索引标签在一个对象中存在而在另一个对象中不存在。为了解决这个问题，Pandas 首先保留了两个输入数据集的索引标签，然后计算并集，隐含的操作类似于下面的集合运算。

```
In [6]: ser_x.index | ser_y.index
Out[6]: Index(['a', 'b', 'c', 'd'], dtype='object')
```

为了对齐索引标签，要对原数据集进行索引重置，类似的操作如下。

```
In [7]: ser_x.reindex(ser_x.index | ser_y.index)
Out[7]:
a    0.0
b    1.0
c    2.0
d    NaN
dtype: float64

In [8]: ser_y.reindex(ser_x.index | ser_y.index)
Out[8]:
a    NaN
b    2.0
c    3.0
d    4.0
dtype: float64
```

对齐索引后，便可以逐元素计算二元通用函数的结果。在索引对齐的过程中，缺失数据默认用空值表示，但是空值的计算结果总是为空值。

```
In [15]: np.NaN + 0.0
Out[15]: nan
```

如果不希望用空值填补缺失数据，我们可以通过参数传递指定合适的缺失值。调用二元通用函数的方式如下。

```
In [9]: ser_x.add(ser_y, fill_value=0.0)
Out[9]:
a    0.0
b    3.0
c    5.0
d    4.0
dtype: float64
```

上面的示例中，两个 Series 对象在对齐索引过程中，用 0 值填补缺失数据，然后再执行元素相加的操作。对于 DataFrame 对象，索引对齐的方法是相通的，只是从一维的索引序列扩展为二维的行列索引。

```
In [10]: df_x = pd.DataFrame(np.random.randint(0, 10, (4, 4)),
```

```
    ...:                        columns = ['c1', 'c2', 'c3', 'c4'])

In [11]: df_y = pd.DataFrame(np.random.randint(0, 10, (3, 3)),
    ...:                        columns = ['c4', 'c1', 'c2'])

In [12]: df_x + df_y
Out[12]:
     c1    c2  c3    c4
0   6.0  15.0 NaN  14.0
1  10.0   8.0 NaN   7.0
2  11.0   4.0 NaN   5.0
3   NaN   NaN NaN   NaN
```

上面的示例中，尽管输入对象的列索引拥有不同的排列顺序，但是返回的结果中对齐的索引是经过排序的。同样地，我们可以指定缺失数据的填补值，例如用平均值填补缺失数据。

```
In [13]: mean_v = df_y.stack().mean()

In [14]: df_x.add(df_y, fill_value=mean_v)
Out[14]:
          c1         c2         c3         c4
0   6.000000  15.000000  13.222222  14.000000
1  10.000000   8.000000   8.222222   7.000000
2  11.000000   4.000000  11.222222   5.000000
3  13.222222   7.222222  12.222222   5.222222
```

7.1.4 Series 和 DataFrame 之间的运算

Series 和 DataFrame 之间的操作，与介于二维数组和一维数组之间的操作是很相似的。我们先来回顾一个简单的 NumPy 数组操作的例子，计算二维数组与一维数组元素之间的差值。

```
In [1]: import numpy as np

In [2]: arr_x = np.random.randint(0, 10, (3, 4))

In [3]: arr_y = np.random.randint(0, 10, 4)

In [4]: arr_x
Out[4]:
array([[5, 3, 9, 2],
       [2, 4, 7, 6],
       [0, 0, 0, 8]])
```

```
In [5]: arr_y
Out[5]: array([0, 5, 2, 1])

In [6]: arr_x - arr_y
Out[6]:
array([[ 5, -2,  7,  1],
       [ 2, -1,  5,  5],
       [ 0, -5, -2,  7]])
```

二维数组和一维数组相减时，NumPy 在广播机制下执行的是逐元素的操作。在 Pandas 中，默认是对比列索引，并保留原数据对象的索引，执行的是逐行操作。

```
In [7]: import pandas as pd

In [8]: df_x = pd.DataFrame(arr_x, columns=list('abcd'))

In [9]: df_y = pd.Series(arr_y, index=list('abcd'))

In [10]: df_x
Out[10]:
   a  b  c  d
0  7  1  2  7
1  2  8  1  1
2  6  3  3  6

In [11]: df_y
Out[11]:
a    6
b    5
c    5
d    7
dtype: int64

In [12]: df_x + df_y
Out[12]:
    a   b  c   d
0  13   6  7  14
1   8  13  6   8
2  12   8  8  13
```

如果希望对比行索引并执行逐列操作，那么可以通过 axis 参数指定行列的操作模式。下面的例子传递 axis 参数值为 0，表明对比的索引轴为行索引。

```
In [13]: df_x.add(df_x['c'], axis=0)
Out[13]:
   a  b  c  d
```

```
0  9  3  4  9
1  3  9  2  2
2  9  6  6  9
```

同样地，索引对齐也会被应用到 Series 和 DataFrame 之间的数据操作中。

```
halfrow = df.iloc[0, ::2]
halfrow
Out[19]:
Q    3
S    2
Name: 0, dtype: int64
In [20]:
df - halfrow
Out[20]:
      Q    R       S      T
0     0.0  NaN     0.0    NaN
1    -1.0  NaN     2.0    NaN
2     3.0  NaN     1.0    NaN
```

索引保留和索引对齐的机制保证了数据间的操作在 Pandas 中总会保留数据背景，这样避免了在操作异构数据时原本容易犯的基础错误。

7.2 数据聚合

7.2.1 基础的聚合操作

与使用 NumPy 通用函数类似，我们可以将 Pandas 数据对象传递给 NumPy 提供的聚合统计函数。

```
In [1]: import numpy as np

In [2]: import pandas as pd

In [3]: ser = pd.Series(np.random.randn(8))

In [4]: ser
Out[4]:
0    1.219858
1    0.316212
2    0.609464
```

```
3   -0.232404
4    1.628151
5    0.521793
6   -1.828628
7   -0.382665
dtype: float64

In [5]: np.mean(ser), np.std(ser)
Out[5]: (0.23147276898453462, 0.9998949199879651)
```

如果操作对象是 DataFrame，默认是逐列执行聚合操作，而不是统计数据集中所有的数据项。

```
In [6]: df = pd.DataFrame({'A': np.random.randn(8),
   ...:                    'B': np.random.randint(0, 10, 8)})

In [7]: df
Out[7]:
          A  B
0  0.934295  2
1 -0.106543  3
2  1.027137  0
3  0.765283  2
4  2.733882  3
5  1.167879  3
6  0.603282  6
7  1.080432  3

In [8]: np.max(df), np.min(df)
Out[8]:
(A    2.733882
 B    6.000000
 dtype: float64,
 A   -0.106543
 B    0.000000
 dtype: float64)
```

也可以使用数据对象的 apply 方法调用 NumPy 的聚合函数或自定义的聚合函数。

```
In [10]: df.apply(np.median)
Out[10]:
A    0.980716
B    3.000000
dtype: float64
```

绝大部分 NumPy 提供的聚合操作，在 DataFrame 或 Series 对象中都能够找到对应的实例方法，因此最便利的方式是通过 Pandas 数据对象直接调用聚合操作。

```
In [11]: df.median()
Out[11]:
A    0.980716
B    3.000000
dtype: float64
```

要注意的是，传递给 apply 方法的函数对象会在所有数据项上运行，如果存在函数对象不支持的数据类型（如字符串），则会抛出异常。

```
In [12]: df = pd.DataFrame({'A': ['x', 'y', 'z', 'x', 'y', 'z', 'x', 'y', 'z'],
    ...:                    'B': np.random.randn(9),
    ...:                    'C': np.random.randint(0, 10, 9)})

In [13]: try:
    ...:     df.apply(np.prod)
    ...: except Exception as e:
    ...:     print(repr(e))
    ...:
TypeError("can't multiply sequence by non-int of type 'str'")
```

相较而言，NumPy 的聚合函数和 Pandas 内置的聚合函数拥有更高的容错性，对于不支持的数据类型，它们会自动过滤掉。

```
In [14]: np.prod(df)
Out[14]:
B         0.003132
C    194400.000000
dtype: float64

In [15]: df.prod()
Out[15]:
B         0.003132
C    194400.000000
dtype: float64
```

你会发现在操作 DataFrame 对象时，聚合操作的默认行为是沿着行的方向对每一列数据进行聚合。如果需要改变这一默认行为，与操作 NumPy 数组一样，可以传递 axis 参数指定聚合操作的轴向。

```
In [16]: df = pd.DataFrame({'c1': np.random.randn(6),
    ...:                    'c2': np.random.randn(6),
    ...:                    'c3': np.random.randn(6)},
    ...:                    index = ['r1', 'r2', 'r3', 'r4', 'r5', 'r6'])

In [17]: df
Out[17]:
```

```
            c1        c2        c3
r1 -1.525768 -2.120756 -0.502516
r2  0.965612 -1.476501 -0.807884
r3  0.540776 -0.367768 -0.642984
r4 -0.668701  0.260700 -1.413515
r5 -0.736676 -1.562977  1.366478
r6 -1.506390 -1.142593  0.325855

In [18]: np.mean(df, axis=1)
Out[18]:
r1   -1.383013
r2   -0.439591
r3   -0.156659
r4   -0.607172
r5   -0.311058
r6   -0.774376
dtype: float64
```

使用 DataFrame 对象的实例方法时，也同样可以传递 axis 参数改变默认的轴向。

```
In [19]: df.mean(axis=1)
Out[19]:
r1   -1.383013
r2   -0.439591
r3   -0.156659
r4   -0.607172
r5   -0.311058
r6   -0.774376
dtype: float64
```

不同的是，DataFrame 对象的实例方法还支持以字符串作为 axis 的参数值，可以更直观地表示聚合操作的轴向。例如，传递 index（或 rows）作为参数值用来表明沿着行进行聚合，传递 columns 作为参数值指定操作方向为列。

```
In [20]: df.mean(axis='index')
Out[20]:
c1   -0.488524
c2   -1.068316
c3   -0.279094
dtype: float64

In [21]: df.mean(axis='rows')
Out[21]:
c1   -0.488524
c2   -1.068316
c3   -0.279094
dtype: float64
```

```
In [22]: df.mean(axis='columns')
Out[22]:
r1   -1.383013
r2   -0.439591
r3   -0.156659
r4   -0.607172
r5   -0.311058
r6   -0.774376
dtype: float64
```

无论指定哪个轴向进行聚合，在 DataFrame 对象上计算的统计结果都会保留相应的索引标签。

7.2.2 灵活的聚合函数

基本上，简单的聚合操作都可以通过 Pandas 内置的聚合函数来实现。表 7-1 总结了 DataFrame 和 Series 对象所支持的聚合操作。

表 7-1 Pandas 内置的聚合函数

聚合函数	函数功能
count	统计数据项的个数
first、last	返回时间序列最开始和最后的时间段内的数据
min、max	返回最小值和最大值
mean	计算平均值
var、std	计算方差和标准差
mad	计算平均绝对离差
median	计算中位数
sum	将所有数据项相加，求总和
prod	将所有数据项相乘，求乘积

但有时候，单一的统计指标不足以描述或体现数据的特征。为此，Pandas 提供了一个非常便利的数据接口，即 describe 函数。describe 函数能同时计算多项常见的统计指标，我们可以通过对象的实例方法调用该函数。

```
In [1]: import numpy as np

In [2]: import pandas as pd

In [3]: df = pd.DataFrame({'c1': np.random.randn(6),
   ...:                    'c2': np.random.randn(6),
   ...:                    'c3': np.random.randn(6)},
```

```
   ...:                         index = ['r1', 'r2', 'r3', 'r4', 'r5', 'r6'])

In [4]: df.describe()
Out[4]:
             c1        c2        c3
count  6.000000  6.000000  6.000000
mean   0.118809  0.293575  0.274012
std    1.320653  0.769656  1.278254
min   -1.572029 -0.966208 -1.580607
25%   -0.609813  0.027019 -0.646112
50%   -0.205691  0.343031  0.886655
75%    1.128096  0.716393  1.217478
max    1.868093  1.279069  1.280650
```

如果需要定制统计指标的组合，可以通过更灵活的 aggregate 函数来实现，如同时计算均值和标准差。

```
In [6]: df
Out[6]:
         c1        c2        c3
0  0.265881  3.305605  7.355607
1  0.666261  2.512693  8.164457
2 -0.880160  2.916281  1.253022
3  1.216859  2.104298  5.672943
4 -0.394742  2.418531  2.550188
5 -0.759219  2.652433  6.236888
6  0.939544  2.344073  8.475695
7  0.356888  3.490576  4.386695

In [7]: df.aggregate(['mean', 'std'])
Out[7]:
            c1        c2        c3
mean  0.176414  2.718061  5.511937
std   0.780421  0.483152  2.617163
```

aggregate 函数与 apply 方法有很多相似之处，它接收函数对象作为参数，且不仅限于聚合函数。因此，通过 aggregate 函数也可以调用 NumPy 提供的聚合函数，使用时可以选择函数的别名。

```
In [8]: df.agg(np.max)
Out[8]:
c1    1.216859
c2    3.490576
c3    8.475695
dtype: float64
```

但 aggregate 函数更聚焦在聚合操作上，并且支持以列表的形式传入多个函数，正如前面的例子，我们可以同时计算均值和标准差。aggregate 函数既支持通过函数名来指明 Pandas 的内置函数，也支持直接传入函数对象（如 NumPy 函数）本身，因而我们可以将两种方式混合使用。

```
In [9]: df.agg(['min', np.max])
Out[9]:
            c1        c2        c3
min  -0.880160  2.104298  1.253022
amax  1.216859  3.490576  8.475695
```

aggregate 函数的强大不仅在于它可以自由组合多种聚合操作，更重要的是它可以对每一列数据执行不同的聚合操作。我们可以传递一个字典对象给 aggregate 函数，字典中的键为列标签，值为所要执行的聚合操作。

```
In [10]: df = pd.DataFrame({'c1': ['x1', 'x2', 'x3', 'x4', 'x5', 'x6'],
    ...:                    'c2': [True, False, True, True, False, False],
    ...:                    'c3': np.random.randn(6)})

In [11]: df
Out[11]:
   c1     c2        c3
0  x1   True -0.063817
1  x2  False  0.594497
2  x3   True -1.018150
3  x4   True  1.526862
4  x5  False  0.076515
5  x6  False  1.297728

In [12]: df.agg({'c1': 'count', 'c2': np.any, 'c3': 'sum'})
Out[12]:
c1          6
c2       True
c3    2.41364
dtype: object
```

也可以只选取部分列数据进行聚合统计。

```
In [13]: df = pd.DataFrame({'c1': np.random.randint(0, 10, 6),
    ...:                    'c2': np.random.randint(0, 10, 6),
    ...:                    'c3': np.random.randint(0, 10, 6),
    ...:                    'c4': np.random.randint(0, 10, 6),
    ...:                    'c5': np.random.randint(0, 10, 6)})

In [14]: df
Out[14]:
```

```
   c1  c2  c3  c4  c5
0   2   6   5   3   5
1   3   0   6   9   3
2   4   0   0   1   0
3   9   3   7   6   8
4   8   1   1   6   4
5   1   7   6   4   3

In [15]: df.agg({'c2': 'min', 'c4': 'max'})
Out[15]:
c2    0
c4    9
dtype: int64
```

Pandas 擅长处理复杂的、融合的数据，aggregate 函数的灵活性正体现了这一特点。

7.2.3 基于行索引的分组聚合

假设我们有一个数据集包含 A 和 B 两组数据，行索引标识了组名。

```
In [1]: import numpy as np

In [2]: import pandas as pd

In [3]: data = np.concatenate([np.random.normal(3, 1.5, 6), np.random.normal(11,
0.5, 6)])

In [4]: ser = pd.Series(data, index=list('AAAAAABBBBBB'))

In [5]: ser
Out[5]:
A     3.560039
A     4.986776
A     0.122503
A     3.907906
A     5.076776
A     6.231457
B    10.964068
B    10.895202
B    11.224525
B    11.260038
B    11.030203
B     9.977644
dtype: float64
```

如果期望对 A、B 两组数据分别进行聚合统计，那么需要传递 level 参数来实现这种分组效果。

```
In [6]: ser.mean(level=0)
Out[6]:
A     3.980909
B    10.891947
dtype: float64

In [7]: ser.std(level=0)
Out[7]:
A    2.114115
B    0.470399
dtype: float64
```

同样的方法也可以在 DataFrame 对象上使用，分组统计会在每一列数据上执行。

```
In [8]: data1 = np.concatenate([np.random.normal(3, 1.5, 6), np.random.normal(11,
0.5, 6)])

In [9]: data2 = np.concatenate([np.random.normal(0, 1, 6), np.random.normal(32,
2.5, 6)])

In [10]: df = pd.DataFrame({"x": data1, "y": data2}, index=list('AAAAAABBBBBB'))

In [11]: df
Out[11]:
           x          y
A   2.211866  -0.271249
A   3.372025   0.089967
A   3.870597  -0.079368
A   2.706041  -0.183765
A   1.218506   0.000303
A   4.404218  -1.346034
B  11.020285  30.664119
B  11.649764  30.542887
B  11.809269  29.404075
B  11.614189  28.486080
B  11.438051  31.035089
B  11.139776  30.778599

In [12]: df.mean(level=0)
Out[12]:
           x          y
A   2.963875  -0.298358
B  11.445222  30.151808
```

```
In [13]: df.std(level=0)
Out[13]:
          x         y
A  1.161174  0.529045
B  0.308816  0.992191
```

level 参数用于指定索引层级：对于单层索引的数据对象，level 的参数值只需要为 0，如上面的例子所示；对于分层索引的数据对象，level 参数值则需要根据分组需求进行设置。假设有如下的数据存储在 DataFrame 对象中。

```
In [14]: df = pd.DataFrame({"i0": list("AAAAAABBBBBB"),
    ...:                    "i1": list("xyxyxyxyxyxy"),
    ...:                    "c1": np.random.randn(12),
    ...:                    "c2": np.random.uniform(12)})

In [15]: df
Out[15]:
   i0 i1        c1       c2
0   A  x  0.562224  9.41271
1   A  y  1.049127  9.41271
2   A  x  0.017546  9.41271
3   A  y -0.586680  9.41271
4   A  x  0.416770  9.41271
5   A  y -0.552365  9.41271
6   B  x -0.250910  9.41271
7   B  y -0.562706  9.41271
8   B  x -0.222648  9.41271
9   B  y -0.112804  9.41271
10  B  x -0.889212  9.41271
11  B  y -0.162941  9.41271
```

我们使用 set_index 方法将前两列数据转换为分层索引。

```
In [16]: df.set_index(['i0', 'i1'], inplace=True)

In [17]: df
Out[17]:
             c1       c2
i0 i1
A  x   0.562224  9.41271
   y   1.049127  9.41271
   x   0.017546  9.41271
   y  -0.586680  9.41271
   x   0.416770  9.41271
   y  -0.552365  9.41271
```

```
B  x  -0.250910  9.41271
   y  -0.562706  9.41271
   x  -0.222648  9.41271
   y  -0.112804  9.41271
   x  -0.889212  9.41271
   y  -0.162941  9.41271
```

如果我们需要将数据划分为 A、B 两组进行统计，那么传递 level 参数值为 0。

```
In [18]: df.sum(level=0)
Out[18]:
          c1        c2
i0
A   0.906622  56.47626
B  -2.201220  56.47626
```

如果是要把数据划分为 x、y 两组，则传递 level 参数值为 1。

```
In [19]: df.sum(level=1)
Out[19]:
          c1        c2
i1
x  -0.366229  56.47626
y  -0.928368  56.47626
```

level 参数也支持传递索引层级的名称。

```
In [20]: df.mean(level='i0')
Out[20]:
          c1       c2
i0
A   0.151104  9.41271
B  -0.366870  9.41271

In [21]: df.std(level='i1')
Out[21]:
          c1   c2
i1
x   0.523636  0.0
y   0.626456  0.0
```

如需同时考虑多个层级的索引进行分组，可以以列表形式传递 level 的参数值，同样支持索引层级的编号和名称两种模式。

```
In [22]: df.sum(level=[0, 1])
Out[22]:
             c1        c2
i0 i1
```

```
A  x   0.996540  28.23813
   y  -0.089918  28.23813
B  x  -1.362770  28.23813
   y  -0.838450  28.23813

In [23]: df.prod(level=['i1', 'i0'])
Out[23]:
              c1          c2
i1 i0
x  A   0.004111  833.957737
y  A   0.339981  833.957737
x  B  -0.049675  833.957737
y  B  -0.010343  833.957737
```

虽然通过 level 参数，我们可以实现分组聚合的功能，但是这种方法依然存在很多局限性。Pandas 提供了更灵活、更有效的数据分组方法，我们会在后续的章节中做更深入的探讨。

7.3 数据分组

我们了解到的数据聚合以及统计分析都是基于整个数据集的，但更多的实际情况是我们需要根据不同条件进行聚合统计，如按班级统计、按年龄划分等。这种根据标签或索引进行分组，然后在子集中进行数据操作的功能由 Pandas 中的 groupby 方法提供。

7.3.1 分组对象

首先，创建一个 DataFrame 对象。

```
In [1]: import numpy as np

In [2]: import pandas as pd

In [3]: df = pd.DataFrame({'A' : ['one', 'one', 'two', 'three', 'two', 'two',
'one', 'three', 'two'],
   ...:                    'B' : np.random.randn(9)})

In [4]: df
Out[4]:
       A         B
0    one  1.756667
1    one  0.557954
```

```
2    two  0.675243
3  three -0.633995
4    two -0.978372
5    two -1.561684
6    one -0.325645
7  three -0.007131
8    two  0.433313
```

指定列标签，并调用 DataFrame 对象的 groupby 方法进行数据分组。

```
In [5]: df.groupby('A')
Out[5]: <pandas.core.groupby.generic.DataFrameGroupBy object at 0x7f52943db510>
```

groupby 方法返回的是一个 Pandas 定义的类对象，本书中我们将其称为分组对象。通过访问分组对象的 groups 属性，我们可以查看分组情况。

```
In [6]: df.groupby('A').groups
Out[6]:
{'one': Int64Index([0, 1, 6], dtype='int64'),
 'three': Int64Index([3, 7], dtype='int64'),
 'two': Int64Index([2, 4, 5, 8], dtype='int64')}
```

分组对象的 groups 属性是一个 Python 字典，包含了组名（用标签或索引标识）和组内数据的索引值。基于分组后的索引值，我们可以获取表示数据子集的切片。

```
In [7]: gbs = df.groupby('A').groups

In [8]: df.loc[gbs['one']]
Out[8]:
     A         B
0  one  1.756667
1  one  0.557954
6  one -0.325645

In [9]: df.loc[gbs['two']]
Out[9]:
     A         B
2  two  0.675243
4  two -0.978372
5  two -1.561684
8  two  0.433313

In [10]: df.loc[gbs['three']]
Out[10]:
       A         B
3  three -0.633995
7  three -0.007131
```

还有一种更直接的访问分组数据的方法，即循环遍历。

```
In [11]: for k, gb in df.groupby('A'):
    ...:     print("\ngroup name:", k)
    ...:     print(gb)
    ...:

group name: one
     A         B
0  one  1.756667
1  one  0.557954
6  one -0.325645

group name: three
       A         B
3  three -0.633995
7  three -0.007131

group name: two
     A         B
2  two  0.675243
4  two -0.978372
5  two -1.561684
8  two  0.433313
```

之所以能够通过循环遍历的方式访问分组数据，是因为分组对象是可迭代对象。我们甚至可以将分组对象转换为 Python 列表。

```
In [12]: list(df.groupby('A'))
Out[12]:
[('one',
       A         B
  0  one  1.756667
  1  one  0.557954
  6  one -0.325645),
 ('three',
         A         B
  3  three -0.633995
  7  three -0.007131),
 ('two',
       A         B
  2  two  0.675243
  4  two -0.978372
  5  two -1.561684
  8  two  0.433313)]
```

也可以使用 Python 内置的 len 函数查看分组对象包含了多少分组。

```
In [13]: len(df.groupby('A'))
Out[13]: 3
```

分组对象还支持用列标签进行索引，索引访问的方式与原始的 DataFrame 对象相同，返回的是一个基于单列数据（Series 对象）的分组对象。

```
In [14]: gb = df.groupby('A')

In [15]: gb['A']
Out[15]: <pandas.core.groupby.generic.SeriesGroupBy object at 0x7f52942c3690>

In [16]: list(gb['A'])
Out[16]:
[('one',
  0    one
  1    one
  6    one
  Name: A, dtype: object),
 ('three',
  3    three
  7    three
  Name: A, dtype: object),
 ('two',
  2    two
  4    two
  5    two
  8    two
  Name: A, dtype: object)]

In [17]: gb['B']
Out[17]: <pandas.core.groupby.generic.SeriesGroupBy object at 0x7f529427bd10>

In [18]: list(gb['B'])
Out[18]:
[('one',
  0    1.756667
  1    0.557954
  6   -0.325645
  Name: B, dtype: float64),
 ('three',
  3   -0.633995
  7   -0.007131
  Name: B, dtype: float64),
 ('two',
```

```
 2    0.675243
 4   -0.978372
 5   -1.561684
 8    0.433313
 Name: B, dtype: float64)]
```

分组对象是 Pandas 对分组数据的一种抽象化，它不仅仅可以用于存储分组数据，更重要的是它提供了灵活便利的数据操作接口。

7.3.2 分组键

首先，创建一个 DataFrame 对象用于分组。

```
In [1]: import numpy as np

In [2]: import pandas as pd

In [3]: df = pd.DataFrame({"i0": list("ABABABABA"),
   ...:                    "i1": list("yyyyxxxxx"),
   ...:                    "c1": np.random.randn(9),
   ...:                    "c2": np.random.uniform(-5, 5, 9)},
   ...:                    index=[0, 1, 0, 1, 0, 1, 0, 1, 0])

In [4]: df.index.name = 'ID'

In [5]: df
Out[5]:
   i0 i1        c1        c2
ID
0   A  y  0.488967  2.624057
1   B  y -0.608763 -2.731497
0   A  y  0.416901  3.606971
1   B  y  0.146912  3.759204
0   A  x -1.649261  1.348084
1   B  x  0.516892  4.755274
0   A  x  0.115583  0.844984
1   B  x  0.418364  1.717653
0   A  x  0.605205 -3.681599
```

为了方便观察分组结果，我们定义一个输出分组数据的函数。

```
In [6]: def print_groups(gb):
   ...:         for name, group in gb:
   ...:             print("---------------------------")
   ...:             print("Group: ", name)
   ...:             print("---------------------------")
```

```
   ...:         print(group)
   ...:         print("---------------------------")
```

groupby 方法支持灵活多变的分组方式，其中最简单的就是基于单列数据进行分组。

```
In [7]: print_groups(df.groupby('i0'))
---------------------------
Group:  A
---------------------------
   i0 i1        c1        c2
ID
0   A  y  0.488967  2.624057
0   A  y  0.416901  3.606971
0   A  x -1.649261  1.348084
0   A  x  0.115583  0.844984
0   A  x  0.605205 -3.681599
---------------------------
---------------------------
Group:  B
---------------------------
   i0 i1        c1        c2
ID
1   B  y -0.608763 -2.731497
1   B  y  0.146912  3.759204
1   B  x  0.516892  4.755274
1   B  x  0.418364  1.717653
---------------------------
```

上面的例子中，输入的 i0 是第一列数据的列标签，也就是分组键。分组键是指划分数据的依据，可以由 by 参数指定。by 参数若以位置参数传入，则必须是 groupby 方法的第一个参数，我们也可以用关键字的形式传递 by 参数。

```
In [8]: print_groups(df.groupby(by='i1'))
---------------------------
Group:  x
---------------------------
   i0 i1        c1        c2
ID
0   A  x -1.649261  1.348084
1   B  x  0.516892  4.755274
0   A  x  0.115583  0.844984
1   B  x  0.418364  1.717653
0   A  x  0.605205 -3.681599
---------------------------
---------------------------
Group:  y
```

```
----------------------------
   i0 i1        c1        c2
ID
0   A  y  0.488967  2.624057
1   B  y -0.608763 -2.731497
0   A  y  0.416901  3.606971
1   B  y  0.146912  3.759204
----------------------------
```

by 参数后面跟随的可以是列标签，也可以是索引对象的名称。

```
In [9]: print_groups(df.groupby(by='ID'))
----------------------------
Group:  0
----------------------------
   i0 i1        c1        c2
ID
0   A  y  0.488967  2.624057
0   A  y  0.416901  3.606971
0   A  x -1.649261  1.348084
0   A  x  0.115583  0.844984
0   A  x  0.605205 -3.681599
----------------------------
----------------------------
Group:  1
----------------------------
   i0 i1        c1        c2
ID
1   B  y -0.608763 -2.731497
1   B  y  0.146912  3.759204
1   B  x  0.516892  4.755274
1   B  x  0.418364  1.717653
----------------------------
```

by 参数接收列表对象，可以基于多列数据进行分组。

```
In [10]: print_groups(df.groupby(by=['i0', 'i1']))
----------------------------
Group:  ('A', 'x')
----------------------------
   i0 i1        c1        c2
ID
0   A  x -1.649261  1.348084
0   A  x  0.115583  0.844984
0   A  x  0.605205 -3.681599
----------------------------
----------------------------
```

```
Group:  ('A', 'y')
---------------------------
   i0 i1        c1        c2
ID
0   A  y  0.488967  2.624057
0   A  y  0.416901  3.606971
---------------------------
---------------------------
Group:  ('B', 'x')
---------------------------
   i0 i1        c1        c2
ID
1   B  x  0.516892  4.755274
1   B  x  0.418364  1.717653
---------------------------
---------------------------
Group:  ('B', 'y')
---------------------------
   i0 i1        c1        c2
ID
1   B  y -0.608763 -2.731497
1   B  y  0.146912  3.759204
---------------------------
```

分组键可以是一系列包含分组标签的数据，如以上的这些示例；也可以是分组规则，如布尔表达式。当 by 参数是布尔表达式时，groupby 方法会根据表达式的结果进行分组，如按照某列数据的正负值进行划分。

```
In [11]: print_groups(df.groupby(df['c1'] > 0))
---------------------------
Group:  False
---------------------------
   i0 i1        c1        c2
ID
1   B  y -0.608763 -2.731497
0   A  x -1.649261  1.348084
---------------------------
---------------------------
Group:  True
---------------------------
   i0 i1        c1        c2
ID
0   A  y  0.488967  2.624057
0   A  y  0.416901  3.606971
1   B  y  0.146912  3.759204
1   B  x  0.516892  4.755274
```

```
0   A  x  0.115583  0.844984
1   B  x  0.418364  1.717653
0   A  x  0.605205 -3.681599
----------------------------
```

by 参数还可以是字典或 Series 对象，通过映射关系将各列数据进行匹配分组，通常会配合 axis 参数改变分组操作的轴向。例如，根据各列的数据类型进行分组。

```
In [12]: print_groups(df.groupby(df.dtypes, axis=1))
----------------------------
Group:  float64
----------------------------
          c1        c2
ID
0    0.488967  2.624057
1   -0.608763 -2.731497
0    0.416901  3.606971
1    0.146912  3.759204
0   -1.649261  1.348084
1    0.516892  4.755274
0    0.115583  0.844984
1    0.418364  1.717653
0    0.605205 -3.681599
----------------------------
----------------------------
Group:  object
----------------------------
   i0 i1
ID
0   A  y
1   B  y
0   A  y
1   B  y
0   A  x
1   B  x
0   A  x
1   B  x
0   A  x
----------------------------
```

我们也可以自定义一个映射关系，对各列数据进行自由组合。

```
In [13]: mapping = {'i0': 'daytime', 'i1': 'night',
    ...:             'c1': 'night', 'c2': 'daytime'}

In [14]: print_groups(df.groupby(mapping, axis=1))
----------------------------
```

```
Group:  daytime
---------------------------
   i0        c2
ID
0    A  2.624057
1    B -2.731497
0    A  3.606971
1    B  3.759204
0    A  1.348084
1    B  4.755274
0    A  0.844984
1    B  1.717653
0    A -3.681599
---------------------------
---------------------------
Group:  night
---------------------------
   i1        c1
ID
0    y  0.488967
1    y -0.608763
0    y  0.416901
1    y  0.146912
0    x -1.649261
1    x  0.516892
0    x  0.115583
1    x  0.418364
0    x  0.605205
---------------------------
```

groupby 方法还提供了一个用于指定分组键的 level 参数，该参数只作用于索引对象。因此，之前我们通过 by 参数指定基于行索引分组的操作，也可以用 level 参数实现。

```
In [15]: print_groups(df.groupby(level=0))
---------------------------
Group:  0
---------------------------
   i0 i1        c1        c2
ID
0   A  y  0.488967  2.624057
0   A  y  0.416901  3.606971
0   A  x -1.649261  1.348084
0   A  x  0.115583  0.844984
0   A  x  0.605205 -3.681599
---------------------------
---------------------------
```

```
Group:  1
----------------------------
   i0 i1        c1        c2
ID
1   B  y -0.608763 -2.731497
1   B  y  0.146912  3.759204
1   B  x  0.516892  4.755274
1   B  x  0.418364  1.717653
----------------------------

In [16]: print_groups(df.groupby(level='ID'))
----------------------------
Group:  0
----------------------------
   i0 i1        c1        c2
ID
0   A  y  0.488967  2.624057
0   A  y  0.416901  3.606971
0   A  x -1.649261  1.348084
0   A  x  0.115583  0.844984
0   A  x  0.605205 -3.681599
----------------------------
----------------------------
Group:  1
----------------------------
   i0 i1        c1        c2
ID
1   B  y -0.608763 -2.731497
1   B  y  0.146912  3.759204
1   B  x  0.516892  4.755274
1   B  x  0.418364  1.717653
----------------------------
```

在 level 参数的使用上，groupby 方法与 Pandas 内置的聚合函数很相似，它既接收索引对象的编号或名称，也接收由编号或名称组成的列表，列表形式的 level 参数可以用于分层索引数据。为了了解 level 参数在分层索引数据上的用法，我们将原 DataFrame 对象构建成带有分层索引的数据对象。

```
In [17]: df.set_index(['i0', 'i1'], append=True, inplace=True)

In [18]: df
Out[18]:
                  c1        c2
ID i0 i1
0  A  y    0.488967  2.624057
1  B  y   -0.608763 -2.731497
```

```
0  A  y   0.416901  3.606971
1  B  y   0.146912  3.759204
0  A  x  -1.649261  1.348084
1  B  x   0.516892  4.755274
0  A  x   0.115583  0.844984
1  B  x   0.418364  1.717653
0  A  x   0.605205 -3.681599
```

我们可以根据需要在分组时指定不同层级的索引对象。

```
In [19]: print_groups(df.groupby(level=1))
---------------------------
Group:  A
---------------------------
                 c1        c2
ID i0 i1
0  A  y    0.488967  2.624057
      y    0.416901  3.606971
      x   -1.649261  1.348084
      x    0.115583  0.844984
      x    0.605205 -3.681599
---------------------------
---------------------------
Group:  B
---------------------------
                 c1        c2
ID i0 i1
1  B  y   -0.608763 -2.731497
      y    0.146912  3.759204
      x    0.516892  4.755274
      x    0.418364  1.717653
---------------------------

In [20]: print_groups(df.groupby(level='i1'))
---------------------------
Group:  x
---------------------------
                 c1        c2
ID i0 i1
0  A  x   -1.649261  1.348084
1  B  x    0.516892  4.755274
0  A  x    0.115583  0.844984
1  B  x    0.418364  1.717653
0  A  x    0.605205 -3.681599
---------------------------
---------------------------
```

```
Group:  y
----------------------------
               c1        c2
ID i0 i1
0  A  y   0.488967  2.624057
1  B  y  -0.608763 -2.731497
0  A  y   0.416901  3.606971
1  B  y   0.146912  3.759204
----------------------------
```

更重要的是，我们可以传递列表形式的 level 参数，自由地组合分层索引作为分组键。

```
In [21]: print_groups(df.groupby(level=['ID', 'i0']))
----------------------------
Group:  (0, 'A')
----------------------------
               c1        c2
ID i0 i1
0  A  y   0.488967  2.624057
      y   0.416901  3.606971
      x  -1.649261  1.348084
      x   0.115583  0.844984
      x   0.605205 -3.681599
----------------------------
----------------------------
Group:  (1, 'B')
----------------------------
               c1        c2
ID i0 i1
1  B  y  -0.608763 -2.731497
      y   0.146912  3.759204
      x   0.516892  4.755274
      x   0.418364  1.717653
----------------------------

In [22]: print_groups(df.groupby(level=[1, 2]))
----------------------------
Group:  ('A', 'x')
----------------------------
               c1        c2
ID i0 i1
0  A  x  -1.649261  1.348084
      x   0.115583  0.844984
      x   0.605205 -3.681599
----------------------------
```

```
---------------------------
Group:  ('A', 'y')
---------------------------
                c1        c2
ID i0 i1
0  A  y   0.488967  2.624057
      y   0.416901  3.606971
---------------------------
---------------------------
Group:  ('B', 'x')
---------------------------
                c1        c2
ID i0 i1
1  B  x   0.516892  4.755274
      x   0.418364  1.717653
---------------------------
---------------------------
Group:  ('B', 'y')
---------------------------
                c1        c2
ID i0 i1
1  B  y  -0.608763 -2.731497
      y   0.146912  3.759204
---------------------------
```

要注意的是，level 参数的优先级高于 by 参数，当指定了 level 参数后，by 参数将失效。

```
In [23]: df.reset_index(['i0', 'i1'], inplace=True)

In [24]: df
Out[24]:
   i0 i1        c1        c2
ID
0   A  y  0.488967  2.624057
1   B  y -0.608763 -2.731497
0   A  y  0.416901  3.606971
1   B  y  0.146912  3.759204
0   A  x -1.649261  1.348084
1   B  x  0.516892  4.755274
0   A  x  0.115583  0.844984
1   B  x  0.418364  1.717653
0   A  x  0.605205 -3.681599

In [38]: print_groups(df.groupby(by=['i0', 'i1'], level='ID'))
---------------------------
```

```
Group:  0
----------------------------
   i0 i1        c1        c2
ID
0   A  y  0.488967  2.624057
0   A  y  0.416901  3.606971
0   A  x -1.649261  1.348084
0   A  x  0.115583  0.844984
0   A  x  0.605205 -3.681599
----------------------------
----------------------------
Group:  1
----------------------------
   i0 i1        c1        c2
ID
1   B  y -0.608763 -2.731497
1   B  y  0.146912  3.759204
1   B  x  0.516892  4.755274
1   B  x  0.418364  1.717653
----------------------------
```

如果需要将分组键指定为行索引和列标签的组合，则可以单独设置 by 参数。

```
In [25]: print_groups(df.groupby(by=['i0', 'i1', 'ID']))
----------------------------
Group:  ('A', 'x', 0)
----------------------------
   i0 i1        c1        c2
ID
0   A  x -1.649261  1.348084
0   A  x  0.115583  0.844984
0   A  x  0.605205 -3.681599
----------------------------
----------------------------
Group:  ('A', 'y', 0)
----------------------------
   i0 i1        c1        c2
ID
0   A  y  0.488967  2.624057
0   A  y  0.416901  3.606971
----------------------------
----------------------------
Group:  ('B', 'x', 1)
----------------------------
   i0 i1        c1        c2
ID
```

```
1   B  x  0.516892  4.755274
1   B  x  0.418364  1.717653
---------------------------
---------------------------
Group:  ('B', 'y', 1)
---------------------------
   i0 i1         c1         c2
ID
1   B  y -0.608763 -2.731497
1   B  y  0.146912  3.759204
---------------------------
```

除了用于指定分组键的 by 参数和 level 参数外，groupby 方法还支持其他参数，提供了诸如排序、设置组名等功能，你可以通过函数文档自行探索。

7.3.3 分组聚合

与 DataFame 和 Series 对象类似，我们可以通过对象的实例方法对分组数据进行聚合操作，如计算平均值。

```
In [1]: import numpy as np

In [2]: import pandas as pd

In [3]: df = pd.DataFrame({'c1' : ['A', 'A', 'B', 'C', 'B', 'B', 'A', 'C', 'B'],
   ...:                    'c2' : np.arange(9)})

In [4]: df
Out[4]:
  c1  c2
0  A   0
1  A   1
2  B   2
3  C   3
4  B   4
5  B   5
6  A   6
7  C   7
8  B   8

In [5]: df.groupby('c1').mean()
Out[5]:
          c2
c1
A   2.333333
```

```
B    4.750000
C    5.000000
```

基本上，对分组对象进行聚合操作与操作 Pandas 的数据对象（DataFrame 和 Series）无异，甚至可以使用 describe 函数描述分组数据。

```
In [6]: df_gb.describe()
Out[6]:
       c2
   count       mean        std  min  25%  50%   75%  max
c1
A    3.0  2.333333  3.214550  0.0  0.5  1.0  3.50  6.0
B    4.0  4.750000  2.500000  2.0  3.5  4.5  5.75  8.0
C    2.0  5.000000  2.828427  3.0  4.0  5.0  6.00  7.0
```

与 DataFrame 和 Series 对象不同的是，基于分组对象的聚合操作并不是应用到整个数据集，而是发生在各个数据子集中。很多时候，分组数据可以看作多个 DataFrame 或 Series 对象的集合，每个数据对象对应一组数据，如图 7-1 所示。

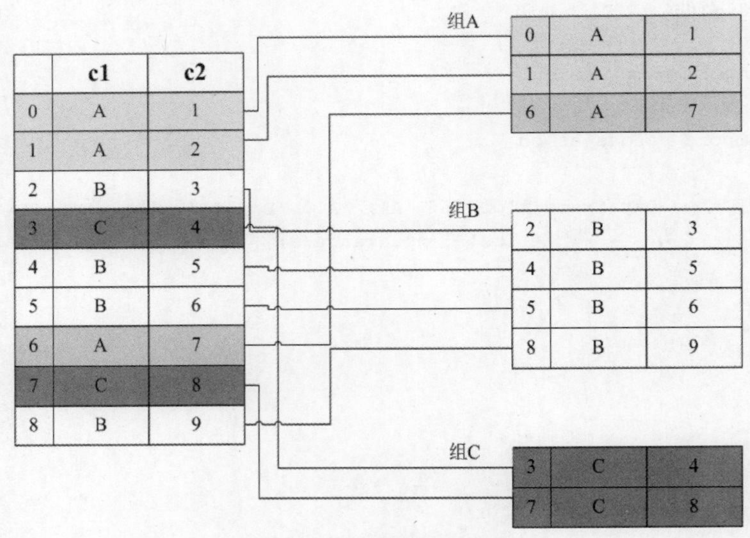

图 7-1　分组数据示意图

如果以集合的概念理解分组对象，那么传递给分组对象的数据操作会被分发给集合中的各个数据对象（DataFrame 或 Series 对象），这种将数据操作按组分发的处理是分组对象的一大特性。接下来，我们导入 seaborn 库中的鸢尾花数据，然后进一步了解 aggregate 函数在分组对象上的使用方法。

```
In [7]: import seaborn

In [8]: df_iris = seaborn.load_dataset('iris')
```

```
In [9]: df_iris
Out[9]:
     sepal_length  sepal_width  petal_length  petal_width    species
0             5.1          3.5           1.4          0.2     setosa
1             4.9          3.0           1.4          0.2     setosa
2             4.7          3.2           1.3          0.2     setosa
3             4.6          3.1           1.5          0.2     setosa
4             5.0          3.6           1.4          0.2     setosa
..            ...          ...           ...          ...        ...
145           6.7          3.0           5.2          2.3  virginica
146           6.3          2.5           5.0          1.9  virginica
147           6.5          3.0           5.2          2.0  virginica
148           6.2          3.4           5.4          2.3  virginica
149           5.9          3.0           5.1          1.8  virginica
```

我们按照鸢尾花的类别进行划分，然后使用 aggregate 函数同时计算各特征值的平均值和标准差。

```
In [10]: df_iris.groupby('species').agg(['mean', 'std'])
Out[10]:
                sepal_length               sepal_width               petal_length
petal_width
                    mean        std          mean        std            mean
std         mean        std
species
setosa             5.006  0.352490         3.428  0.379064
1.462  0.173664        0.246  0.105386
versicolor         5.936  0.516171         2.770  0.313798
4.260  0.469911        1.326  0.197753
virginica          6.588  0.635880         2.974  0.322497
5.552  0.551895        2.026  0.274650
```

类似地，我们可以通过 aggregate 函数整合最大值、最小值和中位数 3 个统计指标，这里我们只选择与花瓣相关的特征进行计算，并使用 unstack 函数将结果以分层索引的方式呈现。

```
In [11]: df_iris_gbs = df_iris.groupby('species')[['petal_length', 'petal_
width']]

In [12]: df_iris_gbs.agg(['max', 'median', 'min']).unstack()
Out[12]:
                        species
petal_length  max       setosa        1.90
                        versicolor    5.10
                        virginica     6.90
```

```
              median  setosa        1.50
                      versicolor    4.35
                      virginica     5.55
              min     setosa        1.00
                      versicolor    3.00
                      virginica     4.50
petal_width   max     setosa        0.60
                      versicolor    1.80
                      virginica     2.50
              median  setosa        0.20
                      versicolor    1.30
                      virginica     2.00
              min     setosa        0.10
                      versicolor    1.00
                      virginica     1.40
dtype: float64
```

另一种常用的模式是传递字典给 aggregate 函数，通过列标签和聚合操作的映射关系，将不同的操作应用到对应的列数据上。

```
In [13]: df_iris_gbs = df_iris.groupby([df_iris['petal_length'] > 1.6,
'species'])

In [14]: df_iris_gbs.agg({'species': 'count', 'petal_width': 'mean'})
Out[14]:
                         species  petal_width
petal_length species
False        setosa           44     0.234091
True         setosa            6     0.333333
             versicolor       50     1.326000
             virginica        50     2.026000
```

上面的示例中，我们基于花瓣的长度和花的种类进行分组，并分别计算样本个数和花瓣宽度的均值。

7.3.4 过滤分组数据

首先，我们创建一个 DataFrame 对象，并分组计算平均值和方差。

```
In [1]: import numpy as np

In [2]: import pandas as pd

In [3]: data = np.concatenate([np.random.normal(3, 1.5, 6),
   ...:                        np.random.normal(11, 0.5, 6),
```

```
   ...:                             np.random.normal(20, 2.1, 6)])

In [4]: df = pd.DataFrame({'c1': list('AAAAAABBBBBBCCCCCC'),
   ...:                    'c2': data,
   ...:                    'c3': np.random.randn(18)})

In [5]: df
Out[5]:
   c1         c2        c3
0   A   0.949626 -0.352855
1   A   3.884526  0.334063
2   A   2.202540 -0.176483
3   A   4.296685 -0.215760
4   A   2.391732 -0.068634
5   A   2.605928  0.152576
6   B  10.275556  1.217198
7   B  10.316857  0.836894
8   B  10.636323  0.671251
9   B  10.826451  0.376722
10  B  11.872938  0.007629
11  B  10.920447  0.771110
12  C  20.462693  0.243989
13  C  22.077239 -0.338089
14  C  16.121174 -1.144062
15  C  22.665218 -0.395975
16  C  19.994762  1.582100
17  C  21.017093  2.997136

In [6]: df.groupby('c1').agg(['mean', 'std'])
Out[6]:
          c2                  c3
        mean       std      mean       std
c1
A   2.721839  1.213655 -0.054515  0.254543
B  10.808095  0.583313  0.646800  0.414493
C  20.389697  2.315211  0.490850  1.528383
```

分组对象拥有名为 filter 的实例方法，它允许我们基于分组特性过滤数据，数据筛选通过传入的过滤函数来实现。回到示例中的数据集，我们可以使用 filter 方法保留第二列数据中均值大于 10 的组。

```
In [7]: df.groupby('c1').filter(lambda x: x['c2'].mean() > 10)
Out[7]:
   c1         c2        c3
6   B  10.275556  1.217198
7   B  10.316857  0.836894
```

```
8   B  10.636323  0.671251
9   B  10.826451  0.376722
10  B  11.872938  0.007629
11  B  10.920447  0.771110
12  C  20.462693  0.243989
13  C  22.077239 -0.338089
14  C  16.121174 -1.144062
15  C  22.665218 -0.395975
16  C  19.994762  1.582100
17  C  21.017093  2.997136
```

类似地，我们也可以通过第二列数据的标准差进行数据过滤。

```
In [8]: df.groupby('c1').filter(lambda x: x['c2'].std() > 1.)
Out[8]:
   c1         c2        c3
0   A   0.949626 -0.352855
1   A   3.884526  0.334063
2   A   2.202540 -0.176483
3   A   4.296685 -0.215760
4   A   2.391732 -0.068634
5   A   2.605928  0.152576
12  C  20.462693  0.243989
13  C  22.077239 -0.338089
14  C  16.121174 -1.144062
15  C  22.665218 -0.395975
16  C  19.994762  1.582100
17  C  21.017093  2.997136
```

我们也可以基于多列数据构造更复杂的过滤条件，例如，在第三列数据上追加过滤条件，要求第三列数据中的负数样本个数要大于 3。

```
In [9]: df.groupby('c1').filter(lambda x: (x['c2'].std() > 1.) and ((x['c3'] <
0).sum() > 3))
Out[9]:
  c1        c2        c3
0  A  0.949626 -0.352855
1  A  3.884526  0.334063
2  A  2.202540 -0.176483
3  A  4.296685 -0.215760
4  A  2.391732 -0.068634
5  A  2.605928  0.152576
```

与执行聚合操作类似，分组对象会把过滤函数分发到各组数据中，因此上面例子中计算均值、标准差等操作都仅限于分组数据的范围内。

7.3.5 基于分组的数据转换

除了聚合、过滤等操作，分组对象还提供了 transform 方法，可以进行数据转换，转换操作会在每组数据中分别执行。一个简单的例子是标准化处理。

```
In [1]: import numpy as np

In [2]: import pandas as pd

In [3]: df = pd.DataFrame({'c1': list('AAAABBBBBBBBCCCCCC'),
   ...:                    'c2': np.random.normal(11, 2.5, 18),
   ...:                    'c3': np.random.randn(18)})

In [4]: df
Out[4]:
   c1         c2        c3
0   A  10.841293  1.137916
1   A  11.487307 -3.690068
2   A  11.125384 -0.850056
3   A   5.478943  0.045546
4   B  11.027662  0.312063
5   B  10.092659  0.696199
6   B   9.535464  0.486199
7   B  11.201871  0.277289
8   B  10.283732 -0.661423
9   B  12.717980  0.350683
10  B   8.975801 -0.096735
11  B  10.777086  0.192523
12  C  16.090005  0.339706
13  C  11.349743 -0.551378
14  C  13.747989 -0.882610
15  C  11.512724  1.484545
16  C  15.826249 -0.032675
17  C  10.846959 -0.813636

In [5]: df.groupby('c1').transform(lambda x: (x - x.mean())/x.std())
Out[5]:
          c2        c3
0   0.389000  0.956429
1   0.615792 -1.379146
2   0.488734 -0.005269
3  -1.493526  0.427986
4   0.393798  0.283784
5  -0.422379  1.211839
6  -0.908763  0.704489
```

```
7   0.545867  0.199772
8  -0.255589 -2.068108
9   1.869299  0.377090
10 -1.397300 -0.703850
11  0.175067 -0.005017
12  1.223262  0.463009
13 -0.803463 -0.529452
14  0.221920 -0.898368
15 -0.733780  1.738094
16  1.110492  0.048263
17 -1.018431 -0.821546
```

transform 方法返回的是一个重组后的 DataFrame 对象（或 Series 对象），其中只包含能够执行转换的列数据。上面的例子中，因为第一列用于分组的数据是字符串类型，所以没有被包含在转换结果中。我们用原数据集的第一列数据作为转换结果的行索引，然后检验转换后的数据是否服从标准正态分布。

```
In [6]: df_transformed = df.groupby('c1').transform(lambda x: (x - x.mean())/
x.std())

In [7]: df_transformed.set_index(df['c1'], inplace=True)

In [8]: df_transformed
Out[8]:
          c2        c3
c1
A   0.389000  0.956429
A   0.615792 -1.379146
A   0.488734 -0.005269
A  -1.493526  0.427986
B   0.393798  0.283784
B  -0.422379  1.211839
B  -0.908763  0.704489
B   0.545867  0.199772
B  -0.255589 -2.068108
B   1.869299  0.377090
B  -1.397300 -0.703850
B   0.175067 -0.005017
C   1.223262  0.463009
C  -0.803463 -0.529452
C   0.221920 -0.898368
C  -0.733780  1.738094
C   1.110492  0.048263
C  -1.018431 -0.821546

In [9]: df_transformed.groupby(level=0).agg(['mean', 'std'])
```

```
Out[9]:
              c2              c3
            mean  std       mean  std
c1
A   3.330669e-16  1.0 -1.387779e-17  1.0
B  -1.526557e-15  1.0  3.903128e-17  1.0
C   1.147230e-15  1.0  3.700743e-17  1.0
```

我们再看一个归一化转换的示例。

```
In [10]: df.groupby('c1').transform(lambda x: (x - x.min())/(x.max() - x.min()))
Out[10]:
          c2        c3
0   0.892481  1.000000
1   1.000000  0.000000
2   0.939763  0.588240
3   0.000000  0.773742
4   0.548306  0.717052
5   0.298451  1.000000
6   0.149555  0.845317
7   0.594859  0.691438
8   0.349511  0.000000
9   1.000000  0.745499
10  0.000000  0.415939
11  0.481347  0.629001
12  1.000000  0.516365
13  0.095895  0.139928
14  0.553310  0.000000
15  0.126981  1.000000
16  0.949694  0.359054
17  0.000000  0.029138
```

7.4 数据透视表

透视表是电子表格程序常用的分类汇总工具，它根据一个或多个维度动态地排布数据并聚合。在 Pandas 中，透视表功能由 pivot_table 函数实现，它提供了与 groupby 方法相似的分组聚合操作，但透视表的灵活性更高，能够以清晰的表格形式呈现汇总数据。

7.4.1 透视表和分组对象

首先，我们通过 seaborn 库导入一个与企鹅相关的数据集，数据集包含了企鹅的种类、所居住的岛屿、嘴的长度和深度、脚蹼长度、体重、性别等多项特征值。

```
In [1]: import pandas as pd

In [2]: import seaborn
df
In [3]: df_pg = seaborn.load_dataset('penguins')

In [4]: df_pg.head()
Out[4]:
   species     island  bill_length_mm  bill_depth_mm  flipper_length_mm  body_mass_g
sex
   0  Adelie  Torgersen            39.1           18.7              181.0       3750.0
MALE
   1  Adelie  Torgersen            39.5           17.4              186.0       3800.0
FEMALE
   2  Adelie  Torgersen            40.3           18.0              195.0       3250.0
FEMALE
   3  Adelie  Torgersen             NaN            NaN                NaN          NaN
NaN
   4  Adelie  Torgersen            36.7           19.3              193.0       3450.0
FEMALE

In [5]: df_pg.tail()
Out[5]:
     species  island  bill_length_mm  bill_depth_mm  flipper_length_mm  body_mass_g
sex
   339  Gentoo  Biscoe             NaN            NaN                NaN          NaN
NaN
   340  Gentoo  Biscoe            46.8           14.3              215.0       4850.0
FEMALE
   341  Gentoo  Biscoe            50.4           15.7              222.0       5750.0
MALE
   342  Gentoo  Biscoe            45.2           14.8              212.0       5200.0
FEMALE
   343  Gentoo  Biscoe            49.9           16.1              213.0       5400.0
MALE
```

如果你已经阅读并学习了数据分组相关的内容，你可以用 groupby 方法挑选一个特征值进行分类聚合，如根据企鹅的性别进行分组。

```
In [6]: df_pg.groupby('sex').mean()
Out[6]:
        bill_length_mm  bill_depth_mm  flipper_length_mm  body_mass_g
sex
FEMALE       42.096970      16.425455         197.363636
3862.272727
MALE         45.854762      17.891071         204.505952
4545.684524
```

使用 Pandas 的透视表（pivot_table 函数）也能实现同样的功能。

```
In [7]: df_pg.pivot_table(index='sex')
Out[7]:
        bill_depth_mm  bill_length_mm  body_mass_g  flipper_length_mm
sex
FEMALE      16.425455       42.096970  3862.272727
197.363636
MALE        17.891071       45.854762  4545.684524
204.505952
```

你可能会存在疑问，既然分组对象可以提供分组聚合的功能，为什么还需要透视表呢？不着急，我们继续增加分组的难度，慢慢分析其中的原因。接下来，我们要综合考虑企鹅的种类、性别和体重这 3 个特征值。关于体重特征，我们需要做一点处理，先将企鹅的体重划分为两个区间，区间的边界值为最小值、中位数和最大值。

```
In [8]: mass_bins = df_pg['body_mass_g'].agg(['min', 'median', 'max'])

In [9]: mass_bins
Out[9]:
min       2700.0
median    4050.0
max       6300.0
Name: body_mass_g, dtype: float64
```

然后，利用 Pandas 的 cut 函数生成包含区间映射关系的 Series 对象。

```
In [10]: mass_mapping = pd.cut(df_pg['body_mass_g'], mass_bins)

In [11]: mass_mapping
Out[11]:
0      (2700.0, 4050.0]
1      (2700.0, 4050.0]
2      (2700.0, 4050.0]
3                   NaN
4      (2700.0, 4050.0]
             ...
339                 NaN
340    (4050.0, 6300.0]
341    (4050.0, 6300.0]
342    (4050.0, 6300.0]
343    (4050.0, 6300.0]
Name: body_mass_g, Length: 344, dtype: category
Categories (2, interval[float64]): [(2700.0, 4050.0] < (4050.0, 6300.0]]
```

将 Series 对象添加到分组键中，我们就实现了基于 3 个特征值的分组聚合操作。

```
In [12]: df_pg.groupby(['species', 'sex', mass_mapping]).mean()
Out[12]:
                                             bill_length_mm  bill_depth_mm  flipper_length_mm
body_mass_g
species   sex    body_mass_g
Adelie    FEMALE (2700.0, 4050.0]             37.257534      17.621918      187.794521
3368.835616
                 (4050.0, 6300.0]                   NaN            NaN             NaN
NaN
          MALE   (2700.0, 4050.0]             39.875610      18.880488      190.658537
3790.853659
                 (4050.0, 6300.0]             41.050000      19.318750      194.656250
4367.187500
Chinstrap FEMALE (2700.0, 4050.0]             46.581250      17.578125      191.625000
3533.593750
                 (4050.0, 6300.0]             46.000000      18.900000      195.000000
4150.000000
          MALE   (2700.0, 4050.0]             50.912500      19.170833      198.250000
3761.458333
                 (4050.0, 6300.0]             51.530000      19.450000      203.900000
4365.000000
Gentoo    FEMALE (2700.0, 4050.0]             42.700000      13.700000      208.000000
3950.000000
                 (4050.0, 6300.0]             45.614035      14.247368      212.789474
4692.543860
          MALE   (2700.0, 4050.0]                   NaN            NaN             NaN
NaN
                 (4050.0, 6300.0]             49.473770      15.718033      221.540984
5484.836066
```

如果只需要聚合部分数据，我们可以借助分组对象的 aggregate 函数达到这样的效果，如只计算脚蹼长度的平均值。

```
In [13]: df_pg.groupby(['species', 'sex', mass_mapping]).agg({'flipper_length_
mm': 'mean'})
Out[13]:
                                      flipper_length_mm
species   sex    body_mass_g
Adelie    FEMALE (2700.0, 4050.0]            187.794521
                 (4050.0, 6300.0]                   NaN
          MALE   (2700.0, 4050.0]            190.658537
                 (4050.0, 6300.0]            194.656250
Chinstrap FEMALE (2700.0, 4050.0]            191.625000
                 (4050.0, 6300.0]            195.000000
```

```
         MALE    (2700.0, 4050.0]        198.250000
                 (4050.0, 6300.0]        203.900000
Gentoo   FEMALE  (2700.0, 4050.0]        208.000000
                 (4050.0, 6300.0]        212.789474
         MALE    (2700.0, 4050.0]               NaN
                 (4050.0, 6300.0]        221.540984
```

到目前为止，groupby 方法都能很好地满足我们的分组需求。但存在一个问题，那就是分组对象只能以分层索引的方式呈现聚合结果。如果我们希望以数据表的形式展现出来，则可以使用 unstack 函数将计算结果展开。

```
In [14]: df_pg_grouped = df_pg.groupby(['species', 'sex', mass_mapping])

In [15]: df_pg_grouped.agg({'flipper_length_mm': 'mean'}).unstack()
Out[15]:
                  flipper_length_mm
body_mass_g        (2700.0, 4050.0] (4050.0, 6300.0]
species   sex
Adelie    FEMALE         187.794521              NaN
          MALE           190.658537       194.656250
Chinstrap FEMALE         191.625000       195.000000
          MALE           198.250000       203.900000
Gentoo    FEMALE         208.000000       212.789474
          MALE                  NaN       221.540984
```

即使我们可以借助 unstack 函数，也依然无法自由地定制数据表的表头，尤其当分组键的维度不断增加时，这样的问题会愈发显著。于是，我们需要 Pandas 的透视表来帮助我们解决问题，如下面的例子，我们可以随意地更换表头。

```
In [16]: df_pg.pivot_table('flipper_length_mm', ['sex', mass_mapping], 'species')
Out[16]:
species                      Adelie  Chinstrap      Gentoo
sex    body_mass_g
FEMALE (2700.0, 4050.0]  187.794521    191.625  208.000000
       (4050.0, 6300.0]         NaN    195.000  212.789474
MALE   (2700.0, 4050.0]  190.658537    198.250         NaN
       (4050.0, 6300.0]  194.656250    203.900  221.540984

In [17]: df_pg.pivot_table('flipper_length_mm', mass_mapping, ['species', 'sex'])
Out[17]:
species               Adelie              Chinstrap            Gentoo
sex                   FEMALE        MALE     FEMALE   MALE      FEMALE        MALE
body_mass_g
(2700.0, 4050.0]  187.794521  190.658537    191.625  198.25  208.000000         NaN
(4050.0, 6300.0]         NaN  194.656250    195.000  203.90  212.789474  221.540984
```

使用 pivot_table 函数，我们不仅可以轻松地定义数据表的样式，语法表达式也更加清晰简洁。

7.4.2 定制透视表

定制一张透视表的核心在于定义表格的表头和数据内容。在 Pandas 中，透视表功能由 pivot_table 函数实现，而透视表的内容则由关键的 values、index 和 columns 这 3 个参数决定。我们看一个简单的例子，对企鹅数据集进行分组聚合。

```
In [1]: import pandas as pd

In [2]: import seaborn

In [3]: df_pg = seaborn.load_dataset('penguins')

In [4]: df_pg.pivot_table('body_mass_g', 'species', 'sex')
Out[4]:
sex              FEMALE         MALE
species
Adelie       3368.835616  4043.493151
Chinstrap    3527.205882  3938.970588
Gentoo       4679.741379  5484.836066
```

上面的例子中，第一个参数为 values 参数，第二个和第三个参数分别为 index 和 columns 参数。其中，values 参数用于指定被聚合的列数据，默认的聚合操作是计算平均值。

```
In [5]: df_pg.pivot_table(values='bill_depth_mm', index='species')
Out[5]:
           bill_depth_mm
species
Adelie         18.346358
Chinstrap      18.420588
Gentoo         14.982114
```

values 参数是可选参数，当不指定 values 参数，或将 values 参数设置为 None 时，默认对所有的列数据（要求是可支持的数据类型）进行聚合操作。

```
In [6]: df_pg.pivot_table(index='species')
Out[6]:
           bill_depth_mm  bill_length_mm  body_mass_g  flipper_length_mm
species
Adelie         18.346358       38.791391  3700.662252         189.953642
Chinstrap      18.420588       48.833824  3733.088235         195.823529
Gentoo         14.982114       47.504878  5076.016260         217.186992
```

```
In [7]: df_pg.pivot_table(values=None, index='species')
Out[7]:
           bill_depth_mm  bill_length_mm  body_mass_g  flipper_length_mm
species
Adelie         18.346358       38.791391  3700.662252         189.953642
Chinstrap      18.420588       48.833824  3733.088235         195.823529
Gentoo         14.982114       47.504878  5076.016260         217.186992
```

values 参数允许指定多列数据，并通过列标签设置显示的顺序。

```
In [8]: df_pg.pivot_table(values=['bill_depth_mm', 'bill_length_mm'],
columns='sex')
Out[8]:
sex                FEMALE       MALE
bill_depth_mm   16.425455  17.891071
bill_length_mm  42.096970  45.854762
```

index 和 columns 参数用于指定表头的样式，但同时它们也用于指定分组键，所以两者中必须有一个不为空。

```
In [10]: df_pg.pivot_table(columns='island')
Out[10]:
island                  Biscoe        Dream    Torgersen
bill_depth_mm        15.874850    18.344355    18.429412
bill_length_mm       45.257485    44.167742    38.950980
body_mass_g        4716.017964  3712.903226  3706.372549
flipper_length_mm   209.706587   193.072581   191.196078
```

index 和 columns 参数支持多种形式的参数值，可以是列标签或索引名称，也可以是类数组对象，如 Series 对象。传递给 index 或 columns 参数的 Series 对象可以由多种方法生成，如之前用 cut 函数生成的包含区间映射关系的 Series 对象。

```
In [11]: flipper_len_mapping = pd.cut(df_pg['flipper_length_mm'], [190, 200, 210,
231])

In [12]: flipper_len_mapping
Out[12]:
0                NaN
1                NaN
2     (190.0, 200.0]
3                NaN
4     (190.0, 200.0]
            ...
339              NaN
340   (210.0, 231.0]
341   (210.0, 231.0]
342   (210.0, 231.0]
```

```
343    (210.0, 231.0]
Name: flipper_length_mm, Length: 344, dtype: category
Categories (3, interval[int64]): [(190, 200] < (200, 210] < (210, 231]]

In [13]: df_pg.pivot_table(index=flipper_len_mapping)
Out[13]:
                   bill_depth_mm  bill_length_mm  body_mass_g  flipper_length_mm
flipper_length_mm
(190, 200]         18.604211    43.124211    3788.421053    194.894737
(200, 210]         16.668750    46.725000    4334.375000    206.520833
(210, 231]         15.220000    48.043000    5194.000000    219.150000
```

也可以是通过布尔表达式生成的布尔类型的 Series 对象。

```
In [14]: island_cond = (df_pg['island'] == 'Biscoe')

In [15]: island_cond
Out[15]:
0      False
1      False
2      False
3      False
4      False
       ...
339     True
340     True
341     True
342     True
343     True
Name: island, Length: 344, dtype: bool

In [16]: df_pg.pivot_table(columns=island_cond)
Out[16]:
island                  False        True
bill_depth_mm         18.369143    15.874850
bill_length_mm        42.647429    45.257485
body_mass_g         3711.000000  4716.017964
flipper_length_mm    192.525714   209.706587
```

index 和 columns 参数也支持传递列表对象，列表中可以包含任何支持的用于指定分组键的数据类型。例如下面的例子，我们传递列表形式的 index 和 columns 参数，设计了一个行列表头都包含两个层级的透视表。

```
In [24]: df_pg.pivot_table(values=['bill_depth_mm', 'bill_length_mm'],
    ...:                        index=['species', flipper_len_mapping],
    ...:                        columns=['sex', island_cond])
```

```
Out[24]:
                                          bill_depth_mm
bill_length_mm
sex                                                           FEMALE                  MALE
FEMALE                MALE
island                                              False       True       False       True
False      True       False      True
species   flipper_length_mm
Adelie      (190, 200]                          17.678571  17.828571  19.485185  19.127273
38.114286  37.771429  40.666667  41.754545
            (200, 210]                          18.000000        NaN  18.400000  20.000000
35.700000        NaN  41.780000  41.000000
Chinstrap (190, 200]                          17.673684        NaN  19.043750        NaN
47.189474        NaN  50.675000        NaN
            (200, 210]                          18.100000        NaN  19.475000        NaN
43.500000        NaN  51.618750        NaN
            (210, 231]                                NaN        NaN  19.600000        NaN
NaN        NaN  49.000000        NaN
Gentoo      (200, 210]                                NaN  14.072727        NaN  15.400000
NaN  45.045455        NaN  48.400000
            (210, 231]                                NaN  14.338889        NaN  15.728814
NaN  45.880556        NaN  49.510169
```

通常情况下，建议传递values、index和columns参数时以关键字参数的形式进行传递，这样可以增强代码的可读性。

7.4.3 透视表的进阶用法

pivot_table函数还提供了其他有用的参数，可以提供更多的功能，这一小节介绍一些常用的参数的用法。首先是aggfunc参数，其最简单的用法就是传递聚合函数的名字时，替代默认的均值操作。

```
In [25]: df_pg.pivot_table(values='body_mass_g', index='species',
columns='island', aggfunc='std')
Out[25]:
island         Biscoe       Dream  Torgersen
species
Adelie     487.733722  455.146437  445.10794
Chinstrap         NaN  384.335081        NaN
Gentoo     504.116237         NaN        NaN
```

实际上，aggfunc参数提供了类似于aggregate函数的功能，当它为列表时，被选中的列数据会执行列表中所有的聚合操作。

```
In [26]: df_pg.pivot_table(values='body_mass_g', index='species', columns='island',
```

```
   ...:                     aggfunc=['mean', 'std'])
Out[26]:
                 mean                                      std
island         Biscoe        Dream    Torgersen      Biscoe       Dream  Torgersen
species
Adelie    3709.659091  3688.392857  3706.372549  487.733722  455.146437  445.10794
Chinstrap         NaN  3733.088235          NaN         NaN  384.335081        NaN
Gentoo    5076.016260          NaN          NaN  504.116237         NaN        NaN
```

当 aggfunc 参数为字典时，不需要设置 values 参数，不同的操作根据映射关系会应用在对应的列数据上。

```
In [27]: df_pg.pivot_table(index='species', columns='island',
   ...:                     aggfunc={'body_mass_g': 'median', 'sex': 'count'})
Out[27]:
          body_mass_g                          sex
island         Biscoe   Dream Torgersen Biscoe Dream Torgersen
species
Adelie         3750.0  3575.0    3700.0   44.0  55.0      47.0
Chinstrap         NaN  3700.0       NaN    NaN  68.0       NaN
Gentoo         5000.0     NaN       NaN  119.0   NaN       NaN
```

在一些数据分析的场景里，我们既需要分组聚合，也需要所有分组数据汇总后的计算结果。这种情况下，margins 参数就可以满足我们的需求。

```
In [28]: df_pg.pivot_table(values='body_mass_g', index='species', columns='sex',
margins=True)
Out[28]:
sex             FEMALE         MALE          All
species
Adelie     3368.835616  4043.493151  3706.164384
Chinstrap  3527.205882  3938.970588  3733.088235
Gentoo     4679.741379  5484.836066  5092.436975
All        3862.272727  4545.684524  4207.057057
```

当 margins 参数为真值时，透视表的最后一行和最后一列是合并各组数据后的计算结果。使用 margins 参数时，还可以配合 margins_name 参数设置汇总数据的标签名。

```
In [28]: df_pg.pivot_table(values='body_mass_g', index='species', columns='sex',
   ...:                     margins=True, margins_name='All Groups')
Out[28]:
sex              FEMALE         MALE   All Groups
species
Adelie      3368.835616  4043.493151  3706.164384
Chinstrap   3527.205882  3938.970588  3733.088235
Gentoo      4679.741379  5484.836066  5092.436975
All Groups  3862.272727  4545.684524  4207.057057
```

最后介绍两个用于处理缺失数据的参数，一个是 fill_value 参数，用于填充透视表中的缺失数据。例如，在统计各组数据的样本个数时，出现了缺失数据。

```
In [29]: df_pg.pivot_table(values='body_mass_g', index='species',
    ...:                   columns='island', aggfunc='count')
Out[29]:
island      Biscoe  Dream  Torgersen
species
Adelie        44.0   56.0       51.0
Chinstrap      NaN   68.0        NaN
Gentoo       123.0    NaN        NaN
```

这里的缺失数据表示某分组中没有任何样本，我们可以用 0 替代：

```
In [30]: df_pg.pivot_table(values='body_mass_g', index='species',
    ...:                   columns='island', aggfunc='count', fill_value=0)
Out[30]:
island      Biscoe  Dream  Torgersen
species
Adelie          44     56         51
Chinstrap        0     68          0
Gentoo         123      0          0
```

另一个是 dropna 参数，当该参数为真值时，会扔掉所有数据都为空的一整列或一整行，其默认值为真值。

```
In [31]: flipper_len_mapping = pd.cut(df_pg['flipper_length_mm'], [190, 200, 210,
231, 240])

In [32]: df_pg.pivot_table(values='body_mass_g', index=flipper_len_mapping)
Out[32]:
                    body_mass_g
flipper_length_mm
(190, 200]          3788.421053
(200, 210]          4334.375000
(210, 231]          5194.000000

In [33]: df_pg.pivot_table(values='body_mass_g', index=flipper_len_mapping,
dropna=False)
Out[3]:
                    body_mass_g
flipper_length_mm
(190, 200]          3788.421053
(200, 210]          4334.375000
(210, 231]          5194.000000
(231, 240]                  NaN
```

7.5 时间序列

时间序列数据是指由在多个时间点采样的数据所组成的序列。时间序列作为一种重要的结构化数据形式，在很多领域中被广泛应用，也是常见的分析对象。

7.5.1 时间数据的类型

Python 标准库中包含了处理时间和日期数据的工具，其中 datetime 就是被广泛使用的函数库之一。datetime 库提供了一系列与时间相关的函数，如获取当前时间。

```
In [1]: from datetime import datetime

In [2]: now = datetime.now()

In [3]: now
Out[3]: datetime.datetime(2020, 8, 30, 21, 19, 34, 846549)
```

返回的当前时间是 datetime 提供的时间戳类型的数据，为 datetime.datetime 类型，为了便于描述，我们简称为 datetime 类型。datetime 类型表示的时间戳包含了日期和时间，这些信息可以通过属性访问获取，如获取日期信息。

```
In [4]: now.year, now.month, now.day
Out[4]: (2020, 8, 30)
```

创建一个 datetime 类型的对象，只需要输入日期和时间信息，各项信息作为单独的参数传入，如传入年月日信息。

```
In [5]: dt = datetime(2020, 1, 1)

In [6]: dt
Out[6]: datetime.datetime(2020, 1, 1, 0, 0)
```

我们在真实数据中获取的时间信息，更多的时候是字符串形式。假设有一个表示时间的字符串。

```
In [7]: str_time = "2020-02-14 07:00:00"
```

如果我们要将字符串转换为时间戳类型，可以使用 datetime.strptime 函数，调用该函数时要指定解析的日期格式。

```
In [8]: datetime.strptime(str_time, "%Y-%m-%d %H:%M:%S")
Out[8]: datetime.datetime(2020, 2, 14, 7, 0)
```

datetime 库中还包含了一个重要的 timedelta 类型，用来表示时间差。

```
In [9]: from datetime import timedelta
```

```
In [10]: dt1 = datetime(2019, 10, 1, 8, 0)

In [11]: dt2 = datetime(2019, 10, 7, 9, 30)

In [12]: td = dt2 - dt1

In [13]: td
Out[13]: datetime.timedelta(days=6, seconds=5400)

In [14]: td.days, td.seconds
Out[14]: (6, 5400)
```

NumPy 中也提供了时间对象，类型为 numpy.datetime64，它可以从 datetime 类型转换而来。

```
In [15]: import numpy as np

In [16]: dt = datetime.now()

In [17]: dt64 = np.datetime64(dt)

In [18]: dt64
Out[18]: numpy.datetime64('2020-08-30T21:47:44.567797')
```

如果需要将 datetime64 类型转换成字符串，可以用 str 函数直接转换，或用 print 函数直接输出数据对象。

```
In [19]: str(dt64)
Out[19]: '2020-08-30T21:47:44.567797'

In [20]: print(dt64)
2020-08-30T21:47:44.567797
```

NumPy 也可以直接将字符串转换为 datetime64 类型。

```
In [21]: dt64 = np.datetime64('2020-08-20')

In [22]: dt64
Out[22]: numpy.datetime64('2020-08-20')
```

更重要的是 NumPy 可以将字符串列表转换为时间戳类型的数组，只需要将数组的数据类型指定为 datetime64 即可。

```
In [23]: dt_list = ['2020-09-01', '2020-09-02', '2020-09-03']

In [24]: np.array(dt_list, dtype=np.datetime64)
Out[24]: array(['2020-09-01', '2020-09-02', '2020-09-03'], dtype='datetime64[D]')
```

Pandas 提供了 Timestamp 对象作为自身的时间数据类型，可以通过 to_datetime 进行转换，如转换 datetime 类型的数据。

```
In [25]: import pandas as pd

In [26]: pd.to_datetime(datetime(2020, 1, 1))
Out[26]: Timestamp('2020-01-01 00:00:00')
```

Pandas 也支持转换 datetime64 类型的数据，或直接转换符合时间格式的字符串。

```
In [27]: pd.to_datetime(np.datetime64('2020-01-01'))
Out[27]: Timestamp('2020-01-01 00:00:00')

In [28]: pd.to_datetime('2020-01-01')
Out[28]: Timestamp('2020-01-01 00:00:00')
```

在 Pandas 中，Timestamp 对象与 datetime 对象基本上是通用的，可以互相转换。与 datetime 对象类似，Timestamp 对象也包含了日期和时间的属性值。

```
In [29]: dt = pd.to_datetime('2020-01-01 08:15:30')

In [30]: dt.year, dt.month, dt.day
Out[30]: (2020, 1, 1)

In [31]: dt.hour, dt.minute, dt.second
Out[31]: (8, 15, 30)
```

Timestamp 对象之间也能计算时间差，计算结果为 Pandas 中的 Timedelta 类型。

```
In [32]: pd.to_datetime('2020-01-02') - pd.to_datetime('2020-01-01')
Out[32]: Timedelta('1 days 00:00:00')
```

无论是 datetime 对象、NumPy 的 datetime64 对象，还是 Pandas 的 Timestamp 对象，时间序列的索引都支持这三种时间数据的类型，更多的细节会在后续章节中进行介绍。

7.5.2 时间序列的索引

时间序列是特殊的 Series 对象，它的索引值是时间数据类型。我们可以用 datetime 对象生成时间序列的索引，如下。

```
In [1]: from datetime import datetime

In [2]: import numpy as np

In [3]: import pandas as pd
```

```
In [4]: timestamps = [datetime(2020, 1, x) for x in np.arange(1, 6)]

In [5]: ts = pd.Series(np.random.randint(1, 10, 5), index=timestamps)

In [6]: ts
Out[6]:
2020-01-01    9
2020-01-02    4
2020-01-03    2
2020-01-04    7
2020-01-05    7
dtype: int64
```

1. DatetimeIndex 对象

这样创建的时间序列，其索引值存储在 DatetimeIndex 中。

```
In [7]: ts.index
Out[7]:
DatetimeIndex(['2020-01-01', '2020-01-02', '2020-01-03', '2020-01-04',
               '2020-01-05'],
              dtype='datetime64[ns]', freq=None)
```

DatetimeIndex 是用于存储时间戳的数组，内部是用 NumPy 的 datetime64 类型存储时间戳，时间的最小粒度在纳米级别。

```
In [8]: ts.index.dtype
Out[8]: dtype('<M8[ns]')
```

DatetimeIndex 中的每个数组元素是 Pandas 的 Timestamp 对象。

```
In [9]: ts.index[0]
Out[9]: Timestamp('2020-01-01 00:00:00')
```

通过 DatetimeIndex，我们可以单独创建时间序列索引，传入的时间戳对象可以是 datetime 类型，或是 datetime64 和 Timestamp 类型。

```
In [10]: pd.DatetimeIndex([datetime(2020, 1, 1), datetime(2020, 1, 2)])
Out[10]: DatetimeIndex(['2020-01-01', '2020-01-02'], dtype='datetime64[ns]', freq=None)

In [11]: pd.DatetimeIndex([np.datetime64('2020-01-01'), np.datetime64('2020-01-02')])
Out[11]: DatetimeIndex(['2020-01-01', '2020-01-02'], dtype='datetime64[ns]', freq=None)

In [12]: pd.DatetimeIndex([pd.Timestamp('2020-01-01'),
```

```
pd.Timestamp('2020-01-02')])
    Out[12]: DatetimeIndex(['2020-01-01', '2020-01-02'], dtype='datetime64[ns]',
freq=None)
```

Pandas 的 to_datetime 函数不仅可以将标量转换为 Timestamp 对象，还可以将列表或数组转换为 DatetimeIndex 对象。

```
    In [13]: pd.to_datetime(['2020-01-01', '2020-01-01'])
    Out[13]: DatetimeIndex(['2020-01-01', '2020-01-01'], dtype='datetime64[ns]',
freq=None)

    In [14]: pd.to_datetime(np.array(['2020-01-01', '2020-01-01'], dtype=np.
datetime64))
    Out[14]: DatetimeIndex(['2020-01-01', '2020-01-01'], dtype='datetime64[ns]',
freq=None)
```

Pandas 还提供了一种类似于生成等差数组的方法，可以更智能地通过时间频率生成 DatetimeIndex 对象。

```
In [15]: dt_index = pd.date_range('2020-01-01', '2020-01-06', freq='1D')

In [16]: dt_index
Out[16]:
DatetimeIndex(['2020-01-01', '2020-01-02', '2020-01-03', '2020-01-04',
               '2020-01-05', '2020-01-06'],
              dtype='datetime64[ns]', freq='D')
```

DatetimeIndex 包含很多与时间相关的属性，例如查看所有数组元素的日期信息。

```
In [17]: dt_index.year
Out[17]: Int64Index([2020, 2020, 2020, 2020, 2020, 2020], dtype='int64')

In [18]: dt_index.month
Out[18]: Int64Index([1, 1, 1, 1, 1, 1], dtype='int64')

In [19]: dt_index.day
Out[19]: Int64Index([1, 2, 3, 4, 5, 6], dtype='int64')
```

DatetimeIndex 对象的 weekday 属性还可以反映日期对应的是一周的第几天，其中 0 表示周一，6 表示周日。

```
In [20]: dt_index.weekday
Out[20]: Int64Index([2, 3, 4, 5, 6, 0], dtype='int64')
```

2. PeriodIndex 对象

DatetimeIndex 作为时间戳索引标识了具体的时间点，但有时候我们关注的是一个时间段的数据，如一天、一个月、一个季度或是一年。这种情况下，我们可以使用 PeriodIndex 对象，它用于标识某个时间区间。PeriodIndex 可以由 DatetimeIndex 转换而成，假设我们有一组时间序列，其索引为 DatetimeIndex 对象。

```
In [21]: ts = pd.Series(np.random.randn(365),
    ...:                  index=pd.date_range('2019-01-01', periods=365, freq='D'))

In [22]: ts
Out[22]:
2019-01-01    1.849313
2019-01-02    0.739182
2019-01-03   -0.919674
2019-01-04   -0.185220
2019-01-05    1.911601
                ...
2019-12-27    0.628242
2019-12-28    0.620013
2019-12-29    1.546252
2019-12-30    2.695569
2019-12-31    0.705453
Freq: D, Length: 365, dtype: float64

In [23]: ts.index
Out[23]:
DatetimeIndex(['2019-01-01', '2019-01-02', '2019-01-03', '2019-01-04',
               '2019-01-05', '2019-01-06', '2019-01-07', '2019-01-08',
               '2019-01-09', '2019-01-10',
               ...
               '2019-12-22', '2019-12-23', '2019-12-24', '2019-12-25',
               '2019-12-26', '2019-12-27', '2019-12-28', '2019-12-29',
               '2019-12-30', '2019-12-31'],
              dtype='datetime64[ns]', length=365, freq='D')
```

通过 DatetimeIndex 对象的 to_period 方法，我们可以将其转换为区间索引，时间区间设定为一个月。

```
In [24]: pd_index = ts.index.to_period('M')

In [25]: pd_index
Out[25]:
PeriodIndex(['2019-01', '2019-01', '2019-01', '2019-01', '2019-01', '2019-01',
             '2019-01', '2019-01', '2019-01', '2019-01',
             ...
             '2019-12', '2019-12', '2019-12', '2019-12', '2019-12', '2019-12',
             '2019-12', '2019-12', '2019-12', '2019-12'],
            dtype='period[M]', length=365, freq='M')
```

或者将时间区间设定为一个季度。

```
In [26]: pd_index = ts.index.to_period('Q')

In [27]: pd_index
Out[27]:
PeriodIndex(['2019Q1', '2019Q1', '2019Q1', '2019Q1', '2019Q1', '2019Q1',
             '2019Q1', '2019Q1', '2019Q1', '2019Q1',
             ...
             '2019Q4', '2019Q4', '2019Q4', '2019Q4', '2019Q4', '2019Q4',
             '2019Q4', '2019Q4', '2019Q4', '2019Q4'],
            dtype='period[Q-DEC]', length=365, freq='Q-DEC')
```

PeriodIndex 的成员为 Period 对象。

```
In [28]: pd_index[0]
Out[28]: Period('2019Q1', 'Q-DEC')
```

通过属性访问，我们可以查看 Period 对象标识的时间区间，区间的起始时间和终止时间都为 Timestamp 对象。

```
In [29]: pd_index[0].start_time, pd_index[0].end_time
Out[29]: (Timestamp('2019-01-01 00:00:00'), Timestamp('2019-03-31 23:59:59.999999999'))
```

to_period 方法将 DatetimeIndex 中的每个 Timestamp 对象转换为 Period 对象。如果多个时间点属于同一个时间段，转换后的 PeriodIndex 会包含重复的时间索引。

```
In [30]: pd_index.is_unique
Out[30]: False
```

我们可以借助 NumPy 函数去除 PeriodIndex 对象中的重复索引。

```
In [31]: np.unique(pd_index)
Out[31]:
array([Period('2019-01', 'M'), Period('2019-02', 'M'),
       Period('2019-03', 'M'), Period('2019-04', 'M'),
       Period('2019-05', 'M'), Period('2019-06', 'M'),
       Period('2019-07', 'M'), Period('2019-08', 'M'),
       Period('2019-09', 'M'), Period('2019-10', 'M'),
    Period('2019-11', 'M'), Period('2019-12', 'M')], dtype=object)
```

时间序列对象本身也包含 to_period 方法，返回的是转换索引类型后的时间序列。如果转换后的时间区间索引不唯一，重复索引会绑定到原数据值上。

```
In [32]: ts
Out[32]:
2019-01-01    1.849313
```

```
2019-01-02    0.739182
2019-01-03   -0.919674
2019-01-04   -0.185220
2019-01-05    1.911601
                ...
2019-12-27    0.628242
2019-12-28    0.620013
2019-12-29    1.546252
2019-12-30    2.695569
2019-12-31    0.705453
Freq: D, Length: 365, dtype: float64

In [33]: ts = ts.to_period('M')

In [34]: ts
Out[34]:
2019-01    1.849313
2019-01    0.739182
2019-01   -0.919674
2019-01   -0.185220
2019-01    1.911601
             ...
2019-12    0.628242
2019-12    0.620013
2019-12    1.546252
2019-12    2.695569
2019-12    0.705453
```

这种情况下，需要一些数据分析的技巧，在去除重复索引的同时也要对数据值进行处理。分组聚合是其中一种可行的方案，如使用 groupby 方法计算同一时间区间内的数据平均值，聚合后的时间序列包含唯一的索引值。

```
In [35]: ts_gp = ts.groupby(level=0).mean()

In [36]: ts_gp
Out[37]:
2019-01    0.002074
2019-02   -0.017383
2019-03   -0.081340
2019-04   -0.185255
2019-05    0.115951
2019-06   -0.277269
2019-07    0.065638
2019-08    0.188322
2019-09    0.084434
2019-10    0.142561
```

```
2019-11   -0.303378
2019-12    0.480203
Freq: M, dtype: float64

In [37]: ts_gp.index
Out[37]:
PeriodIndex(['2019-01', '2019-02', '2019-03', '2019-04', '2019-05', '2019-06',
             '2019-07', '2019-08', '2019-09', '2019-10', '2019-11', '2019-12'],
            dtype='period[M]', freq='M')

In [38]: ts_gp.index.is_unique
Out[38]: True
```

Pandas 提供了 period_range 方法创建 PeriodIndex 对象，用法与 date_range 方法类似。

```
In [39]: pd_index = pd.period_range('2019-01', '2019-12', freq='4M')

In [40]: pd_index
Out[40]: PeriodIndex(['2019-01', '2019-05', '2019-09'], dtype='period[4M]',
freq='4M')

In [41]: pd_index[-1]
Out[41]: Period('2019-09', '4M')

In [42]: pd_index[-1].start_time, pd_index[-1].end_time
Out[42]: (Timestamp('2019-09-01 00:00:00'), Timestamp('2019-12-31
23:59:59.999999999'))
```

使用 period_range 方法时，可以只设定起始时间，然后通过 periods 参数表明要生成多少个时间区间。

```
In [43]: pd_index = pd.period_range('2019-01', periods=4, freq='4M')

In [44]: pd_index
Out[44]: PeriodIndex(['2019-01', '2019-05', '2019-09', '2020-01'],
dtype='period[4M]', freq='4M')

In [45]: pd_index[-1]
Out[45]: Period('2020-01', '4M')

In [46]: pd_index[-1].start_time, pd_index[-1].end_time
Out[46]: (Timestamp('2020-01-01 00:00:00'), Timestamp('2020-04-30
23:59:59.999999999'))
```

3. TimedeltaIndex 对象

时间序列还可以用时间差进行索引，这种只关注时间长短的时间序列有时会出现在实验数据中，如观察研究对象在 10 天、15 天、30 天内的变化过程。Pandas 的 TimedeltaIndex 对象提供了时间差索引的方式，可以通过 timedelta_range 方法生成。

```
In [47]: td_index = pd.timedelta_range('1 days', periods=30, freq='2D')

In [48]: td_index
Out[48]:
TimedeltaIndex([ '1 days',  '3 days',  '5 days',  '7 days',  '9 days',
                '11 days', '13 days', '15 days', '17 days', '19 days',
                '21 days', '23 days', '25 days', '27 days', '29 days',
                '31 days', '33 days', '35 days', '37 days', '39 days',
                '41 days', '43 days', '45 days', '47 days', '49 days',
                '51 days', '53 days', '55 days', '57 days', '59 days'],
               dtype='timedelta64[ns]', freq='2D')
```

若是以实验观察数据为例，上面的 TimedeltaIndex 对象可以用于每两天观测一次、共观测 30 次的实验数据。

```
In [49]: ts = pd.Series(np.random.randn(30), index=td_index)

In [50]: ts
Out[50]:
1 days     0.734832
3 days    -0.689333
5 days    -2.080788
7 days    -2.177251
9 days     0.435011
11 days    0.302336
13 days   -0.774374
15 days   -0.190829
17 days   -0.870050
19 days    1.390240
21 days   -1.199778
23 days    0.609892
25 days   -0.017444
27 days   -1.359144
29 days   -1.538999
31 days   -2.080356
33 days    0.419814
35 days    0.715279
37 days    1.374246
39 days   -0.716962
41 days    0.775918
43 days    0.262837
45 days    0.160232
47 days    0.998606
```

```
49 days    0.311761
51 days    1.465730
53 days    0.729204
55 days    0.054442
57 days    0.839035
59 days   -1.395549
Freq: 2D, dtype: float64
```

TimedeltaIndex 对象中的每个元素是 Timedelta 对象。

```
In [51]: td_index[0]
Out[51]: Timedelta('1 days 00:00:00')
```

两个时间戳相减的结果即 Timedelta 对象，因而 TimedeltaIndex 也可以通过 DatetimeIndex 对象转换生成。假设我们有一份一个月内的实验观测数据，观测频率为每 3 天一次。

```
In [52]: ts = pd.Series(np.random.randn(10),
    ...:        index=pd.date_range('2019-06-01', periods=10, freq='3D'))

In [53]: ts
Out[53]:
2019-06-01   -1.171073
2019-06-04    1.757448
2019-06-07   -0.983459
2019-06-10   -1.651324
2019-06-13   -0.957717
2019-06-16    1.176083
2019-06-19   -0.330229
2019-06-22   -0.500626
2019-06-25   -0.136567
2019-06-28    0.336883
Freq: 3D, dtype: float64
```

通过 DatetimeIndex 对象的实例方法，我们可以将原索引转换成时间差类型的索引对象。

```
In [54]: ts.index.to_perioddelta(freq='M')
Out[54]:
TimedeltaIndex([ '0 days',  '3 days',  '6 days',  '9 days', '12 days',
                '15 days', '18 days', '21 days', '24 days', '27 days'],
               dtype='timedelta64[ns]', freq=None)
```

to_perioddelta 方法的 freq 参数表示转换的周期，如当周期为一个月时，转换时计算的是每个月的时间差，计算时间差所用的起始时间都为每个月的第一天。

```
In [55]: dt_index = pd.date_range('2019-06-03', periods=30, freq='2D')
```

```
In [56]: dt_index.to_perioddelta(freq='M')
Out[56]:
TimedeltaIndex([ '2 days',  '4 days',  '6 days',  '8 days', '10 days',
                '12 days', '14 days', '16 days', '18 days', '20 days',
                '22 days', '24 days', '26 days', '28 days',  '0 days',
                 '2 days',  '4 days',  '6 days',  '8 days', '10 days',
                '12 days', '14 days', '16 days', '18 days', '20 days',
                '22 days', '24 days', '26 days', '28 days', '30 days'],
               dtype='timedelta64[ns]', freq=None)
```

这种方式下转换的 TimedeltaIndex 对象会包含重复索引，我们同样可以借助 NumPy 的 unique 函数或分组聚合处理重复索引。

7.5.3 时间序列的数据访问

我们创建一个时间序列，时间序列的索引为时间戳类型。

```
In [1]: import numpy as np

In [2]: import pandas as pd

In [3]: ts = pd.Series(np.random.randn(90),
   ...:                index=pd.date_range('2019-12-01', periods=90, freq='D'))

In [4]: ts
Out[4]:
2019-12-01    0.639167
2019-12-02    0.506110
2019-12-03    0.900848
2019-12-04   -0.060904
2019-12-05    1.968347
                ...
2020-02-24   -0.123174
2020-02-25   -1.154671
2020-02-26   -0.295860
2020-02-27   -1.461070
2020-02-28   -0.866015
Freq: D, Length: 90, dtype: float64
```

时间序列支持所有访问 Series 对象的索引操作，包括隐式和显式的索引。

```
In [5]: ts[3]
Out[5]: -0.060904424718426976

In [6]: ts.index[3]
```

```
Out[6]: Timestamp('2019-12-04 00:00:00', freq='D')

In [7]: ts[ts.index[3]]
Out[7]: -0.0609044247184 26976
```

对于时间序列，更方便的索引方式是传递可以表示日期的字符串。

```
In [8]: ts['2019-12-03']
Out[8]: 0.9008477301664672

In [9]: ts['12/3/2019']
Out[9]: 0.9008477301664672
```

如果索引类型是 PeriodIndex，也可以用类似的方式，传递能够表示时间区间的字符串。

```
In [10]: ts = pd.Series(np.random.randn(8),
   ...:                     index=pd.period_range('2019-01-01', periods=8, freq='Q'))

In [11]: ts
Out[11]:
2019Q1    0.953327
2019Q2   -1.531342
2019Q3    0.292843
2019Q4    0.096213
2020Q1   -0.172725
2020Q2   -0.523116
2020Q3   -0.974292
2020Q4    0.620969
Freq: Q-DEC, dtype: float64

In [12]: ts['2019Q1']
Out[12]: 0.9533267625387662
```

若是使用 TimedeltaIndex 对象作为时间序列的索引，传递的字符串则需要能够表示时间差，如能够表示某些天、某些周。

```
In [13]: ts = pd.Series(np.random.randn(30),
   ...:                     index=pd.timedelta_range('3 days', periods=30, freq='6D'))

In [14]: ts
Out[14]:
3 days      0.675979
9 days      0.406078
15 days    -1.032855
21 days    -0.164169
27 days    -0.301492
```

```
33 days    -1.950802
39 days    -0.246666
45 days    -0.893526
51 days     0.200598
57 days     0.333771
63 days    -0.908842
69 days     0.032203
75 days    -1.182765
81 days     0.467526
87 days     0.981360
93 days    -0.725249
99 days    -0.474577
105 days   -0.034725
111 days    0.336126
117 days   -0.303472
123 days   -0.161219
129 days    1.419605
135 days   -1.404932
141 days   -0.369177
147 days    0.874736
153 days    0.070135
159 days   -1.208073
165 days    0.617486
171 days    0.590895
177 days    1.784880
Freq: 6D, dtype: float64

In [15]: ts['21 days']
Out[15]: -0.16416935172803868

In [16]: ts['21D']
Out[16]: -0.16416935172803868

In [17]: ts['3W']
Out[17]: -0.16416935172803868
```

对于时间序列，我们可以通过指定年份、月份的方式轻松地获取数据切片。

```
In [18]: ts = pd.Series(np.random.randn(90),
    ...:                index=pd.date_range('2019-12-01', periods=90, freq='D'))

In [19]: ts
Out[19]:
2019-12-01    0.614656
2019-12-02   -1.315149
2019-12-03    0.814805
```

```
2019-12-04    0.254755
2019-12-05   -0.680658
                 ...
2020-02-24    0.030548
2020-02-25   -1.324541
2020-02-26   -1.977605
2020-02-27   -1.253518
2020-02-28   -0.540201
Freq: D, Length: 90, dtype: float64

In [20]: ts['2019']
Out[20]:
2019-12-01    0.614656
2019-12-02   -1.315149
2019-12-03    0.814805
2019-12-04    0.254755
2019-12-05   -0.680658
2019-12-06   -1.436550
2019-12-07   -0.281878
2019-12-08   -0.911206
2019-12-09   -1.560729
2019-12-10   -0.522484
2019-12-11   -1.166004
2019-12-12    0.927222
2019-12-13   -0.709393
2019-12-14    1.315499
2019-12-15   -1.343467
2019-12-16   -0.065228
2019-12-17    1.760270
2019-12-18    0.096058
2019-12-19    0.662201
2019-12-20    0.243209
2019-12-21   -0.947514
2019-12-22    1.582203
2019-12-23   -0.073260
2019-12-24   -1.991868
2019-12-25    0.159386
2019-12-26    0.168753
2019-12-27   -0.138357
2019-12-28   -1.266898
2019-12-29   -1.675735
2019-12-30    0.968199
2019-12-31   -0.318026
Freq: D, dtype: float64

In [21]: ts['2020-01']
```

```
Out[21]:
2020-01-01    0.413938
2020-01-02   -0.408910
2020-01-03    0.948721
2020-01-04   -0.848900
2020-01-05   -0.227074
2020-01-06    1.504527
2020-01-07   -0.106416
2020-01-08   -0.210557
2020-01-09    0.575208
2020-01-10    1.657126
2020-01-11   -1.029250
2020-01-12    1.665725
2020-01-13   -0.083543
2020-01-14   -1.023493
2020-01-15    0.706451
2020-01-16   -1.143992
2020-01-17    0.093318
2020-01-18   -0.013144
2020-01-19   -1.123166
2020-01-20    1.158063
2020-01-21    1.524754
2020-01-22   -0.402321
2020-01-23   -0.233840
2020-01-24    0.137165
2020-01-25   -0.508703
2020-01-26    1.373142
2020-01-27    2.373340
2020-01-28    1.522235
2020-01-29    0.130027
2020-01-30    1.603992
2020-01-31   -0.259564
Freq: D, dtype: float64
```

这种方式的切片访问相当于指定一个时间区间，返回的是序列中所有属于该区间的数据切片。我们还可以使用传统的切片表达式，自由地定义数据切片所属的时间区间。

```
In [22]: ts['2019-12-10':]
Out[22]:
2019-12-10   -0.522484
2019-12-11   -1.166004
2019-12-12    0.927222
2019-12-13   -0.709393
2019-12-14    1.315499
                ...
```

```
2020-02-24    0.030548
2020-02-25   -1.324541
2020-02-26   -1.977605
2020-02-27   -1.253518
2020-02-28   -0.540201
Freq: D, Length: 81, dtype: float64

In [23]: ts['12/29/2019':'1/15/2020']
Out[23]:
2019-12-29   -1.675735
2019-12-30    0.968199
2019-12-31   -0.318026
2020-01-01    0.413938
2020-01-02   -0.408910
2020-01-03    0.948721
2020-01-04   -0.848900
2020-01-05   -0.227074
2020-01-06    1.504527
2020-01-07   -0.106416
2020-01-08   -0.210557
2020-01-09    0.575208
2020-01-10    1.657126
2020-01-11   -1.029250
2020-01-12    1.665725
2020-01-13   -0.083543
2020-01-14   -1.023493
2020-01-15    0.706451
Freq: D, dtype: float64
```

如果设置切片的步长，还能够指定数据切片的采样频率。

```
In [24]: ts[:'2020-01-03':3]
Out[24]:
2019-12-01    0.614656
2019-12-04    0.254755
2019-12-07   -0.281878
2019-12-10   -0.522484
2019-12-13   -0.709393
2019-12-16   -0.065228
2019-12-19    0.662201
2019-12-22    1.582203
2019-12-25    0.159386
2019-12-28   -1.266898
2019-12-31   -0.318026
2020-01-03    0.948721
Freq: 3D, dtype: float64
```

这种方式的切片索引，是通过时间区间计算进行数据选取的，传递的时间戳或日期可以是序列中不存在的索引值。例如，我们将采样频率设定为 3 天，传递一个没有采样数据的日期，用同样的方式也可以获取到期望的数据切片。

```
In [27]: ts[:'2019-12-30']
Out[27]:
2019-12-01   -1.373409
2019-12-04   -0.310244
2019-12-07   -0.699652
2019-12-10   -0.226171
2019-12-13    1.092981
2019-12-16    1.012657
2019-12-19   -0.684238
2019-12-22    0.507311
2019-12-25   -0.570915
2019-12-28   -0.219849
Freq: 3D, dtype: float64
```

无论使用哪种方式对时间序列进行索引，返回的切片都是原数据的视图，对切片的所有修改都会作用到原时间序列上。

第8章 数据的导入导出

8.1 文本数据

当我们用文本形式存储表格型数据时，通常都会使用字符分隔格式，用分隔符区分列数据。比较通用的格式为 CSV 文件格式，默认以逗号作为分隔符。对于分隔格式的文本数据的导入导出，我们可以借助于 Python 内置的 csv 模块。

8.1.1 从文本导入数据

以下是一个 CSV 文件的例子。

```
In [1]: cat examples/example_6_1.csv
"a","b","c"
1,2,"3"
4,"5",6
```

我们可以使用 csv.reader 对象读取 CSV 文件。

```
In [2]: import csv

In [3]: with open('examples/example_6_1.csv') as fo:
   ...:     csv_reader = csv.reader(fo)
   ...:     for line in csv_reader:
   ...:         print(line)
   ...:
['a', 'b', 'c']
['1', '2', '3']
['4', '5', '6']
```

原文件中，有的数据项带有引号，有的数据项却没有带引号。当使用 csv.reader 对象时，文件中的引号会被删除，引号中的内容则转换为字符串对象。

通常情况下，csv.reader 对象不能作为数据分析工具的输入对象，我们要将其转换为其他数据形式，如我们熟悉的 DataFrame 对象，转换方式可以参考下面的步骤。

（1）将文本内容存入一个列表对象。

```
In [4]: with open('examples/example_6_1.csv') as fo:
   ...:     csv_reader = csv.reader(fo)
   ...:     rows = list(csv_reader)
```

（2）把数据拆分为列索引和数据值两部分，然后存入字典对象中。

```
In [5]: data_header, data_values = rows[0], rows[1:]

In [6]: data_dict = dict(zip(data_header, zip(*data_values)))

In [7]: data_dict
Out[7]: {'a': ('1', '4'), 'b': ('2', '5'), 'c': ('3', '6')}
```

（3）用生成的字典构建 DataFrame 对象。

```
In [8]: from pandas import DataFrame

In [9]: data_df = DataFrame(data_dict)

In [10]: data_df
Out[10]:
   a  b  c
0  1  2  3
1  4  5  6
```

如果分隔符号不是默认的逗号，可以通过设置 delimiter 参数使用指定的分隔符进行数据解析，同时quotechar参数可以指定解析使用的引用符号。例如，处理以分号为分隔符、以单引号为引用符号的文本数据。

```
In [12]: with open('examples/example_6_2.csv') as fo:
    ...:     csv_reader = csv.reader(fo, delimiter=';', quotechar='\'')
    ...:     for line in csv_reader:
    ...:         print(line)
['a', 'b', 'c']
['1', '2', '3']
['4', '5', '6']
```

Python 内置的 csv 模块还提供了 DictReader 对象，可以将数据行直接导入字典中。

```
In [13]: with open('examples/example_6_1.csv') as fo:
    ...:     reader = csv.DictReader(fo)
    ...:     for row in reader:
    ...:         print(row)
    ...:
OrderedDict([('a', '1'), ('b', '2'), ('c', '3')])
OrderedDict([('a', '4'), ('b', '5'), ('c', '6')])
```

值得注意的是，csv 模块文件读取对象只能处理单字符分隔符，其中 delimiter 参数也只能指定单个字符。如果文本中的分隔符为多字符，用 csv 模块读取文件会出现非预期的结果。例如，以多个空格作为分隔符时，解析出来的内容中包含了非预期的空字符串。

```
In [14]: cat examples/example_6_3.csv
a  b  c
1  2  3
4  5  6

In [15]: with open('examples/example_6_3.csv') as fo:
    ...:     csv_reader = csv.reader(fo, delimiter=' ')
    ...:     for line in csv_reader:
    ...:         print(line)
['a', '', 'b', '', 'c']
['1', '', '2', '', '3']
['4', '', '5', '', '6']
```

8.1.2 导出数据到文本

对于写文件操作，csv 模块提供了相应的 csv.writer 对象，传入的文件句柄需要有写权限，如下。

```
In [1]: import csv

In [2]: from pandas import Series

In [3]: s1 = Series([1, 2, 3], index=['x', 'y', 'z'])

In [4]: with open('export_data.csv', 'w') as fo:
    ...:     csv_writer = csv.writer(fo)
    ...:     csv_writer.writerow(s1.index)
    ...:     csv_writer.writerow(s1)
    ...:

In [5]: cat export_data.csv
x,y,z
1,2,3
```

默认的分隔符为逗号，如需指定分隔符输出到文本中，可以传入 delimiter 参数。

```
In [6]: with open('export_data.csv', 'w') as fo:
    ...:     csv_writer = csv.writer(fo, delimiter=';')
    ...:     csv_writer.writerow(s1.index)
    ...:     csv_writer.writerow(s1)
```

```
   ...:

In [7]: cat export_data.csv
x;y;z
1;2;3
```

如果使用 csv.DictWriter 对象，可以直接导出字典格式的数据。

```
In [4]: with open('export_data.csv', 'w') as fo:
   ...:     csv_writer = csv.DictWriter(fo, fieldnames=list(s1.index))
   ...:     csv_writer.writeheader()
   ...:     csv_writer.writerow(s1.to_dict())
   ...:

In [5]: cat export_data.csv
x,y,z
1,2,3
```

初始化 DictWriter 对象时，需要传入 fieldnames 参数，用以指定列名，对象函数 writeheader 用于输出列名到文本文件中。

8.2 Excel 数据

Python 有许多支持读写 Excel 文件的第三方库，如 xlrd、xlwt、openpyxl、xlwings 等。本节要介绍的是 openpyxl 库，它支持 XLSX 格式的 Excel 文件的读写，可以通过 pip 或 conda 手动安装这个工具包。要注意的是，openpyxl 库只支持 XLSX 格式的文件读写，如果需要操作 XLS 格式的 Excel 文件，可以使用 xlrd、xlwt 等其他第三方库。

8.2.1 从电子表格导入数据

指定文件路径，调用 load_workbook 函数打开文件。

```
In [1]: from openpyxl import load_workbook

In [2]: wb = load_workbook('examples/example_6_10.xlsx')
```

通过表单名字，选择对应的数据表单。

```
In [3]: ws = wb['Sheet1']
```

通过表单对象的 values 属性获取所有单元格的数据，并转换成列表。

```
In [1]: from openpyxl import load_workbook
```

```
In [2]: wb = load_workbook('examples/example_6_10.xlsx')

In [3]: ws = wb['Sheet1']

In [4]: data = list(ws.values)

In [5]: data
Out[5]:
[('Name', 'Age', 'Gender'),
 ('Mila', 17, 'Female'),
 ('Tom', 18, 'Male'),
 ('Bob', 16, 'Male')]
```

把表头和数据值拆分开，存储到 DataFrame 对象中。

```
In [6]: from pandas import DataFrame

In [7]: header, values = data[0], data[1:]

In [8]: df = DataFrame(values, columns=header)

In [9]: df
Out[9]:
   Name  Age  Gender
0  Mila   17  Female
1   Tom   18    Male
2   Bob   16    Male
```

8.2.2 导出数据到电子表格

假设我们有如下的数据。

```
In [1]: from pandas import DataFrame

In [2]: df = DataFrame([(1,2,3), (4,5,6)], columns=['x','y','z'])

In [3]: df
Out[3]:
   x  y  z
0  1  2  3
1  4  5  6
```

打开文件，用于存储数据。

```
In [4]: from openpyxl import load_workbook
```

```
In [5]: wb = load_workbook('examples/example_6_10.xlsx')
```

新建表单，创建时可以传入表单的名字。

```
In [6]: ws = wb.create_sheet('my_sheet')
```

先把列名导出到表格中的第一行。

```
In [7]: ws.append(list(df.columns))
```

再把数据项逐行导出。

```
In [8]: for row in df.values:
   ...:     ws.append(list(row))
```

最后保存文件，保存时需要指明保存的文件路径。

```
In [9]: wb.save('examples/example_6_10.xlsx')
```

如果想新建文件用于数据导出，则需要初始化一个 Workbook 的对象实例，后续创建表单、写入数据等操作是相同的。

```
In [10]: from openpyxl import Workbook

In [11]: wb = Workbook()
```

8.3 网络数据

8.3.1 JSON 格式

JSON 是一种轻量级的数据交换格式，拥有清晰的层次结构，常被用于 HTTP 请求中。JSON 格式的数据结构与 Python 的内置对象非常相近，Python 内置的 json 标准库可以方便 JSON 字符串和内置对象之间的相互转换。

我们先看一个通过 json.loads 函数把 JSON 字符串转换为字典的例子。

```
In [1]: import json

In [2]: json_str = """
   ...: {"Province": "Zhejiang", "Area": 10.55, "Alias": null, "Citys":
["Hangzhou", "Ningbo", "Wenzhou", "Shaoxing", "Huzh
   ...: ou", "Jiaxing", "Jinhua", "Quzhou", "Taizhou", "Lishui", "Zhoushan"]}
   ...: """
```

```
In [3]: py_obj = json.loads(json_str)

In [4]: py_obj
Out[4]:
{'Province': 'Zhejiang',
 'Area': 10.55,
 'Alias': None,
 'Citys': ['Hangzhou',
  'Ningbo',
  'Wenzhou',
  'Shaoxing',
  'Huzhou',
  'Jiaxing',
  'Jinhua',
  'Quzhou',
  'Taizhou',
  'Lishui',
  'Zhoushan']}
```

相对地，如果要把 Python 对象再转换为 JSON 对象，可以调用 json.dumps 函数。

```
In [5]: json.dumps(py_obj)
Out[5]: '{"Province": "Zhejiang", "Area": 10.55, "Alias": null, "Citys": ["Hangzhou", "Ningbo", "Wenzhou", "Shaoxing", "Huzhou", "Jiaxing", "Jinhua", "Quzhou", "Taizhou", "Lishui", "Zhoushan"]}'
```

JSON 格式的数据可以保存在文本文件中，假设上述示例中的数据保存在 JSON 格式的文本文件中。

```
In [6]: cat examples/example_6_11.json
{"Province": "Zhejiang", "Area": 10.55, "Alias": null, "Citys": ["Hangzhou", "Ningbo", "Wenzhou", "Shaoxing", "Huzhou", "Jiaxing", "Jinhua", "Quzhou", "Taizhou", "Lishui", "Zhoushan"]}
```

读取 JSON 格式的文件时，将文件句柄传递给 json.load 函数，便可以获取转换后的 Python 对象。

```
In [7]: with open('examples/example_6_11.json') as fo:
   ...:         py_obj = json.load(fo)
   ...:

In [8]: py_obj
Out[8]:
{'Province': 'Zhejiang',
 'Area': 10.55,
 'Alias': None,
 'Citys': ['Hangzhou',
```

```
  'Ningbo',
  'Wenzhou',
  'Shaoxing',
  'Huzhou',
  'Jiaxing',
  'Jinhua',
  'Quzhou',
  'Taizhou',
  'Lishui',
  'Zhoushan']}
```

类似地，调用 json.dump 函数可以把 Python 对象写入 JSON 格式的文本文件中。

```
In [9]: with open('examples/json_export.json', 'w') as fo:
   ...:     json.dump(py_obj, fo)
   ...:

In [10]: cat examples/json_export.json
{"Province": "Zhejiang", "Area": 10.55, "Alias": null, "Citys": ["Hangzhou",
"Ningbo", "Wenzhou", "Shaoxing", "Huzhou", "Jiaxing", "Jinhua", "Quzhou", "Taizhou",
"Lishui", "Zhoushan"]}
```

因为 JSON 数据可以直接转换为 Python 对象，基于 Python 对象，我们可以轻松地构建 DataFrame 或 Series 对象。

8.3.2 XML 和 HTML 格式

XML 和 HTML 也是常用的结构化数据格式，通常用于存储网页数据。Python 同样提供了很多解析这两种数据格式的第三方库，包括 lxml、BeautifulSoup、xmltodict 以及 html5lib。其中，BeautifulSoup 支持不同的解析器，兼容性和扩展性更加良好，也是本小节重点介绍的工具包，可以通过 pip 或 conda 安装。

首先，我们看一个简单的 HTML 文件示例。

```
In [1]: cat examples/example_6_12.html
<html><head><title>Html Example</title></head>
<div>
    <ul>
        <li class="item-0"><a href="example.com/1">apple</a>
        <li class="item-1"><a href="example.com/2">banana</a>
        <li class="item-2"><a href="example.com/3">peach</a>
        </ul>
</div>
</html>
```

初始化 BeautifulSoup 实例，解析 HTML 文件。

```
In [2]: from bs4 import BeautifulSoup

In [3]: with open('examples/example_6_12.html') as fo:
   ...:     soup = BeautifulSoup(fo, 'html.parser')
```

常用的解析器有 html.parser、lxml、html5lib，默认是效率高的 lxml。本例设置的解析器为 html.parser。解析之后，BeautifulSoup 把 HTML 文档转换成了一棵文档树，允许通过属性访问不同的节点。

```
In [4]: soup.head
Out[4]: <head><title>Html Example</title></head>

In [5]: soup.title
Out[5]: <title>Html Example</title>
```

并且支持文档搜索，如搜索所有 li 节点。

```
In [6]: soup.find_all('li')
Out[6]:
[<li class="item-0"><a href="example.com/1">apple</a>
 <li class="item-1"><a href="example.com/2">banana</a>
 <li class="item-2"><a href="example.com/3">peach</a>
 </li></li></li>,
 <li class="item-1"><a href="example.com/2">banana</a>
 <li class="item-2"><a href="example.com/3">peach</a>
 </li></li>,
 <li class="item-2"><a href="example.com/3">peach</a>
 </li>]
```

XML 与 HTML 的数据结构类似，用法上也有许多共通之处，这里便不再举例。Beautiful-Soup 是将原本复杂的 HTML 数据转换为文档树，可以通过属性访问或搜索方法去更便捷地获取节点数据。实际上，爬取的网页数据要比示例中的复杂得多，通常情况下推荐先通过网页爬取技术提取所需的数据，经过整理再作为数据分析的输入数据集。并且，考虑到数据形式的变换，本书也更推荐使用 Pandas 接口直接读取网页数据，Pandas 提供的相关接口在后续章节中会做详细介绍。

8.4 数据库

8.4.1 关系数据库

在大型工程项目中，往往选择将数据存储在数据库中。基于 SQL 的关系数据库是在数据分析领域中被广泛使用的类型。在关系数据库中，关系数据表用于描述数据结构，几乎所有的数据操作都是建立在关系数据表之上的，包括数据查询、数据过滤、数据合并以及数据拆分等操作，通过这些运算操作可以实现数据库的管理。

在选择数据库方面，要结合实际的业务场景，综合考虑数据库的特点、性能、可靠性以及可伸缩性等。可选的关系数据库管理软件有很多，如拥有安全可靠的存储功能的 SQL Server，能够提供企业级的数据库管理服务；最受欢迎的开源关系数据库 MySQL，常常是 Web 应用上首选的数据库管理软件；最先进的开源关系数据库 PostgreSQL，在学术界很受欢迎；轻量级的关系数据库 SQLite，被应用在很多嵌入式产品中。

8.4.2 数据库 API

Python 中提供数据库接口的第三方库有很多，考虑到要访问不同的数据库平台，通用接口这里推荐 SQLAlchemy。SQLAlchemy 实现的是 ORM（Object Relational Mapping）框架，它将数据表映射到对象，提供通用的数据库交互接口，隐藏了不同数据库之间的差异。

首先，我们需要将数据表映射到一个对象类上。以下代码定义了数据表的映射类 Student。

```
from sqlalchemy.ext.declarative import declarative_base
from sqlalchemy import Column, Integer, String

Base = declarative_base()

# 定义数据表的映射类 Student，并继承 Base 类
class Student(Base):
    # 指定本类映射到 students 表
    __tablename__ = 'students'

    # 指定 id 字段为主键，自动增长
    id = Column(Integer, primary_key=True, autoincrement=True)
    # 指定 name 字段，存放学生名字
    name = Column(String(20))
    # 指定 height 字段，存放学生的身高
    height = Column(Integer)
```

我们把上面的代码保存到名为 db_tables.py 的脚本中，然后再编写另一个脚本 setup_db.py，代码如下。

```
from sqlalchemy import create_engine
from sqlalchemy.orm import sessionmaker
from db_tables import *

# 连接数据库
```

```
db_engine = create_engine('sqlite:///examples/example_sqlite.db')
Base.metadata.create_all(db_engine, checkfirst=True)

# 创建 Session 类实例
Session = sessionmaker(bind=db_engine)
db_session = Session()

# 往 students 数据表中插入数据
db_session.add_all([
    Student(name='wendy', height=122),
    Student(name='mary', height=134),
    Student(name='fred', height=120)]

# 提交操作
db_session.commit()
# 关闭会话
db_session.close()
```

接着，我们运行 setup_db.py 脚本，用以创建 SQLite 数据库和数据表，并插入数据记录。

```
In [1]: run setup_db.py
```

数据库准备好后，我们要开始从数据库中读取数据，第一步是连接数据库。

```
In [2]: from sqlalchemy import create_engine

In [3]: db_engine = create_engine('sqlite:///examples/example_sqlite.db')
```

创建能够执行交互操作的会话实例。

```
In [4]: from sqlalchemy.orm import sessionmaker

In [5]: Session = sessionmaker(bind=db_engine)

In [6]: db_session = Session()
```

执行查询操作，获取数据表中的所有数据。

```
In [7]: from db_tables import Student

In [8]: data_records = db_session.query(Student.name, Student.height).all()

In [9]: data_records
Out[9]: [('wendy', 122), ('mary', 134), ('fred', 120)]
```

将元组列表传递给 DataFrame 的构造函数，就将数据库的数据导出到数组中了。

```
In [10]: from pandas import DataFrame
```

```
In [11]: df = DataFrame(data_records, columns=['name', 'height'])

In [12]: df
Out[12]:
    name  height
0  wendy     122
1   mary     134
2   fred     120
```

8.5 Pandas 数据对象的导入导出

8.5.1 分隔文本格式

使用 Pandas 的文本解析函数可以直接导入 DataFrame 对象。当文本为标准的 CSV 格式时，可以使用 read_csv 函数。

```
In [1]: cat examples/example_6_1.csv
"a","b","c"
1,2,"3"
4,"5",6

In [2]: import pandas

In [3]: data_df = pandas.read_csv('examples/example_6_1.csv')

In [4]: data_df
Out[4]:
   a  b  c
0  1  2  3
1  4  5  6
```

如果分隔符是制表符，则可以使用 read_table 函数。

```
In [5]: cat examples/example_6_4.csv
a        b        c
1        2        3
4        5        6

In [6]: data_df = pandas.read_table('examples/example_6_4.csv')
```

```
In [7]: data_df
Out[7]:
   a  b  c
0  1  2  3
1  4  5  6
```

read_csv 和 read_table 函数提供了基本相同的功能，只是默认的分隔符不同。read_csv 函数的默认分隔符为逗号，read_table 函数的默认分隔符为制表符，两者都可以通过 sep 参数指定其他的分隔符。例如，处理以不同数量的空格为分隔符的文本时，可以使用正则表达式来指定 sep 参数。

```
In [8]: cat examples/example_6_5.csv
a b    c
1 2    3
4  5   6

In [9]: pandas.read_csv('examples/example_6_5.csv', sep='\s+')
Out[9]:
   a  b  c
0  1  2  3
1  4  5  6

In [10]: pandas.read_table('examples/example_6_5.csv', sep='\s+')
Out[10]:
   a  b  c
0  1  2  3
1  4  5  6
```

如果文本不包含列标签，可以指定以 header=None 的方式读取数据。

```
In [11]: cat examples/example_6_6.csv
1,2,3
4,5,6

In [12]: pandas.read_csv('examples/example_6_6.csv', header=None)
Out[12]:
   0  1  2
0  1  2  3
1  4  5  6
```

如果第一行的文本内容比其他行的数据项少一项，那么 Pandas 解析时会默认将第一行解析为列标签，第一列解析为行标签。

```
In [13]: cat examples/example_6_7.csv
c1,c2,c3
r1,1,2,3
```

```
r2,4,5,6

In [14]: pandas.read_csv('examples/example_6_7.csv')
Out[14]:
    c1  c2  c3
r1   1   2   3
r2   4   5   6
```

在实际操作中，我们难免会遇到含有异常的文件格式。这种情况下，可能需要借助文本编辑器进行手动修正，或是用 skiprows 跳过异常格式的内容。

```
In [15]: cat examples/example_6_8\.csv
a,b,c
# wrong data format here
1,2,3
# put one error line
4,5,6

In [16]: pandas.read_csv('examples/example_6_8.csv', skiprows=[1,3])
Out[16]:
   a  b  c
0  1  2  3
1  4  5  6
```

如果文本数据中包含缺失值，可以通过 na_values 指定表示缺失值的字符串。例如，文本用 NA 和 NULL 表示缺失值。

```
In [17]: cat examples/example_6_9.csv
a,b,c
1,NULL,3
NA,4,5

In [18]: pandas.read_csv('examples/example_6_9.csv', na_values=['NA', 'NULL'])
Out[18]:
     a    b  c
0  1.0  NaN  3
1  NaN  4.0  5
```

如果是把 Pandas 数据对象导出为文本格式，可以用数据对象的 to_csv 方法实现。首先，我们看一个导出 Series 对象的例子。

```
In [1]: from pandas import Series

In [2]: row_index = ['r1', 'r2', 'r3']

In [3]: s1 = Series([1, 2, 3], index=row_index)
```

```
In [4]: s1.to_csv('series_export.csv')

In [5]: cat series_export.csv
,0
r1,1
r2,2
r3,3
```

用类似的方法导出 DataFrame 对象。

```
In [6]: from pandas import DataFrame

In [7]: s2 = Series([4, 5, 6], index=row_index)

In [8]: df = DataFrame({'c1': s1, 'c2': s2})

In [9]: df.to_csv('df_export.csv')

In [10]: cat df_export.csv
,c1,c2
r1,1,4
r2,2,5
r3,3,6
```

如果需要更换默认的分隔符，则可以传递 sep 参数。

```
In [11]: df.to_csv('df_export.csv', sep=';')

In [12]: cat df_export.csv
;c1;c2
r1;1;4
r2;2;5
r3;3;6
```

如果只想保存数据值，可以通过 index 和 header 参数关闭导出行列标签的选项。

```
In [13]: df.to_csv('df_export.csv', index=False, header=False)

In [14]: cat df_export.csv
1,4
2,5
3,6
```

导出空值时，默认以空字符串表示，如果需要更直观地表示缺失值，可以指定 na_rep 参数。

```
In [15]: df['c1']['r3'] = None
```

```
In [16]: df.to_csv('df_export.csv', na_rep='NA')

In [17]: cat df_export.csv
,c1,c2
r1,1.0,4
r2,2.0,5
r3,NA,6
```

8.5.2 Excel 数据格式

Pandas 支持直接读写 Excel 文件，相关接口依赖 xlrd 和 openpyxl 库，如果使用时抛出缺失依赖库的异常，需要通过 pip 或 conda 安装这些依赖库。

读取 Excel 文件时，可以调用 read_excel 函数将数据读取到 DataFrame 对象中。

```
In [1]: import pandas

In [2]: df = pandas.read_excel('examples/example_6_10.xlsx')

In [3]: df
Out[3]:
   Name  Age  Gender
0  Mila   17  Female
1   Tom   18    Male
2   Bob   16    Male
```

如果不指定表单名，默认读取的是第一张表单。如果需要读取指定的表单，可以传入表单名。

```
In [4]: df = pandas.read_excel('examples/example_6_10.xlsx', 'Sheet1')
```

如果需要读取一个文件中的多个表单，可以通过 ExcelFile 类快捷地实现。

```
In [5]: data_file = pandas.ExcelFile('examples/example_6_10.xlsx')

In [6]: pandas.read_excel(data_file, 'Sheet1')
```

读取数据时，默认将表中的第一行作为 DataFrame 对象的列标签，可以通过 header=None 禁止这项功能。

```
In [7]: df = pandas.read_excel('examples/example_6_10.xlsx', 'Sheet1',
header=None)

In [8]: df
Out[8]:
      0    1       2
0  Name  Age  Gender
```

```
1  Mila   17  Female
2   Tom   18    Male
3   Bob   16    Male
```

如需将 Pandas 数据写入 Excel 文件中，可以调用 Pandas 数据对象的 to_excel 方法，并指定输出的文件路径。

```
In [9]: from pandas import DataFrame

In [10]: df = DataFrame([(1,2,3), (4,5,6)], index=['r1','r2'],
columns=['c1','c2','c3'])

In [11]: df.to_excel('pandas_excel_export.xlsx')
```

8.5.3 JSON 数据格式

将 JSON 数据转换为 Pandas 数据对象，可以使用 read_json 函数。

```
In [1]: import pandas

In [2]: cat examples/example_6_13.json
{
        "c1": [1, 2, 3],
        "c2": [4, 5, 6],
        "c3": [7, 8, 9]
}

In [3]: df = pandas.read_json('examples/example_6_13.json')

In [4]: df
Out[4]:
   c1  c2  c3
0   1   4   7
1   2   5   8
2   3   6   9
```

对于 read_json 函数，有两个重要的参数：一个是 typ，用来指定读取的数据类型是 DataFrame 还是 Series，可以接收的参数值为 frame 或 series，默认值为 frame；另一个是 orient，用来指定期望的 JSON 格式，默认值与 typ 参数有关。orient 参数值的可选项较多，分别为 split、records、index、columns 和 values，不同的参数值表明不同的 JSON 格式。下面以 split 为例。

```
In [5]: json_str = """
   ...: {"index": ["r1","r2"],
   ...:  "columns": ["c1","c2","c3"],
```

```
   ...:  "data": [[1,2,3],[4,5,6]]}
   ...: """

In [6]: pandas.read_json(json_str, orient='split')
Out[6]:
    c1  c2  c3
r1   1   2   3
r2   4   5   6
```

通过示例可以发现，split 期望的 JSON 格式为：字典中的键只能为 index、columns 和 dats，分别用来指明行标签、列标签和数据项。

如需将 Pandas 数据对象导出到 JSON 格式，可以使用 Pandas 数据对象的 to_json 接口。

```
In [12]: df
Out[12]:
    c1  c2  c3
r1   1   2   3
r2   4   5   6

In [13]: df.to_json()
Out[13]: '{"c1":{"r1":1,"r2":4},"c2":{"r1":2,"r2":5},"c3":{"r1":3,"r2":6}}'
```

8.5.4 读取数据库

使用 Pandas 的数据库接口，可以非常便捷地把存储在数据库中的数据表读取到 Pandas 数据对象中，如下。

```
In [1]: import pandas

In [2]: import sqlalchemy as sqla

In [3]: db = sqla.create_engine('sqlite:///examples/example_sqlite.db')

In [4]: df = pandas.read_sql('select * from students', db)

In [5]: df
Out[5]:
   id   name  height
0   1  wendy     122
1   2   mary     134
2   3   fred     120
```

本例中，使用的 SQLite 数据库是在 8.4.2 小节中准备好的。

第9章 数据可视化

数据可视化将数据以更直观的方式展现出来，常被应用在数据展示或数据分析报告中。数据可视化可以帮助我们更好地观察数据特征，甚至是发现背后的规律。Python 提供了许多支持对数据可视化的工具包，本章重点介绍 Matplotlib 绘图库的基本功能，以及基于 Matplotlib 库的 Pandas 绘图接口。

9.1 Matplotlib 绘图的基础设置

9.1.1 绘图面板

我们先通过一个简单示例来了解 Matplotlib 的绘图面板。

```
In [1]: import matplotlib.pyplot as plt

In [2]: plt.plot([1, 2, 3, 4, 5, 3])
```

如果在不支持图形化界面的终端系统中执行绘图函数，需要调用 pyplot.savefig（或 plt.savefig）函数将图形保存到文件中。

```
In [3]: plt.savefig('fig9-1.png')
```

绘制后的图形如图 9-1 所示，默认会创建一个绘图面板，面板中央是绘制的子图（Axes），子图包含了坐标轴和绘制的折线图。

我们也可以显式地创建一个绘图面板，创建时可以指定面板的大小（单位为英寸，1 英寸 =2.54 厘米）。

```
In [4]: fig = plt.figure(figsize=(10, 10))
```

可以给绘图面板添加标题。

```
In [5]: fig.suptitle('This is the title of this figure')
```

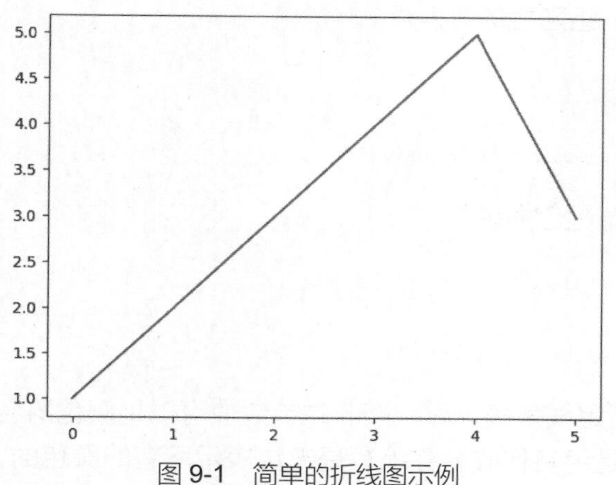

图 9-1 简单的折线图示例

一个面板可以包含多个子图，这里我们创建一个 2×2 的子图结构，如图 9-2 所示。

```
In [6]: fig.subplots(2, 2)
```

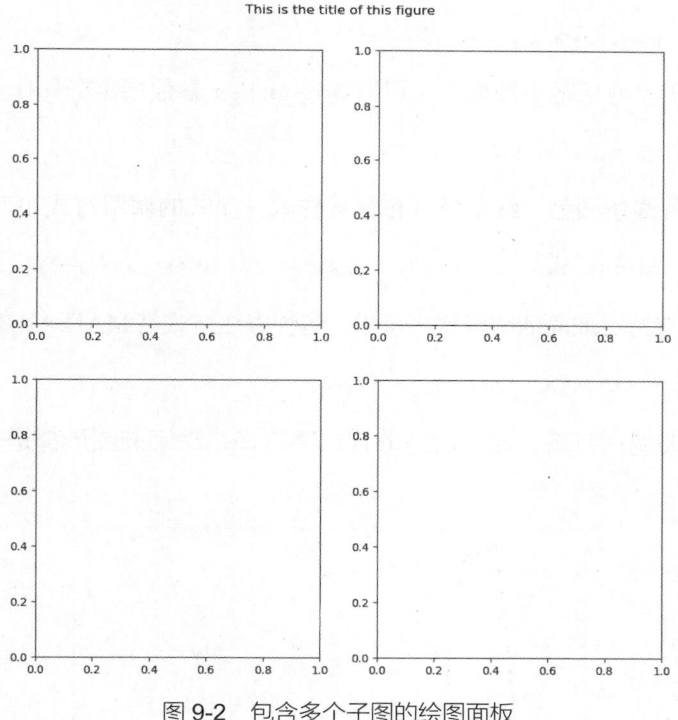

图 9-2 包含多个子图的绘图面板

9.1.2 图形样式

在 matplotlib.pyplot 模块中，主要的绘图函数 plot 通过不同的参数可以设置线条颜色、线条样式以及标记点的样式等。

首先，我们生成一组随机的数据点。

```
In [1]: import numpy

In [2]: data = numpy.random.randn(15)
```

绘制时，指定线条颜色为黑色。

```
In [3]: import matplotlib.pyplot as plt

In [4]: plt.plot(data, color='k')
```

通过 color 参数指定线条颜色时，接收的参数值可以是颜色的名称（如 black），或名称的单字符缩写。但是用名称或名称缩写是无法表示所有的颜色的，因此 color 参数也接收十六进制的颜色代码。

```
In [7]: plt.plot(data, color='#FFFFFF')
```

对于线条样式，可以通过 linestyle 参数指定。

```
In [11]: plt.plot(data, linestyle='--')
```

如果还需要明显地标记出数据点，可以通过 marker 参数指定标号样式。

```
In [23]: plt.plot(data, marker='x')
```

如需同时设置线条颜色、线条样式和标号样式，显式的调用方式如下。

```
In [26]: plt.plot(data, color='k', marker='x', linestyle='--')
```

Matplotlib 还支持更加简洁的样式字符串，这种表达方式与 MATLAB 的风格极为相似。

```
In [29]: plt.plot(data, 'kx--')
```

无论是显式的调用方式，还是简洁的样式字符串，绘制的图形都是一样的，如图 9-3 所示。

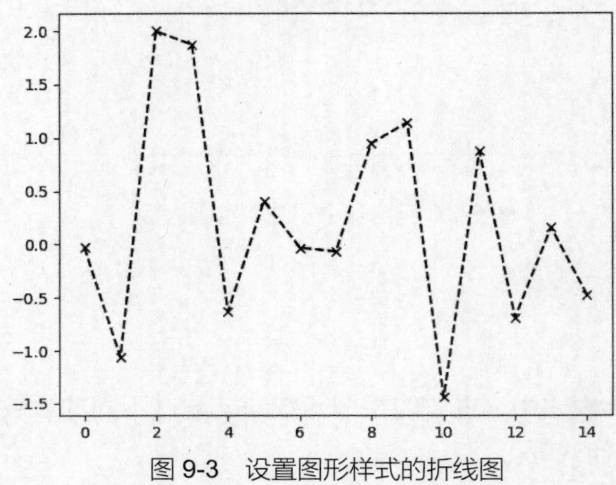

图 9-3　设置图形样式的折线图

9.1.3 坐标轴

Matplotlib 中的 pyplot 模块提供了交互式设置坐标轴的功能，包括设置轴刻度、刻度标签和轴标签。这种交互的方式允许我们在绘制数据前设置好坐标轴，也允许在数据绘制之后再进行调整更新。

生成一个随机数组，假定为时间序列的数据，并绘制出来。

```
In [1]: import numpy

In [2]: data = numpy.random.random(12)

In [3]: import matplotlib.pyplot as plt

In [4]: plt.plot(data)
```

绘制后，坐标轴还没有标明表示时间的标签，如图 9-4 所示。

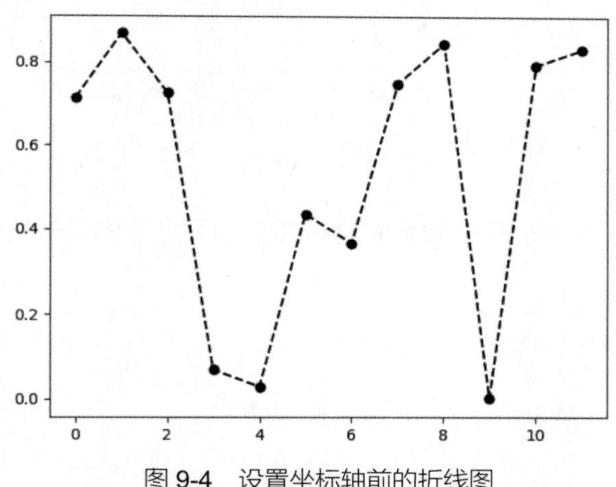

图 9-4 设置坐标轴前的折线图

将 x 轴划分为 12 个刻度，每个刻度对应一个月份。

```
In [6]: time_label = ['Jan','Feb','Mar','Apr','May','Jun','Jul','Aug','Sept','Oc
t','Nov','Dec']

In [7]: plt.xticks(numpy.arange(12), time_label, rotation=45, fontsize='small')
```

示例所用的 plot.xticks 接口中，第一个参数用来设定刻度的位置，第二个参数是刻度标签，此外还可以设置标签的旋转角度和字体大小。如需设置 x 轴的轴标签，则使用下面的接口。

```
In [8]: plt.xlabel('X-axis')
```

用类似的方法更新 y 轴刻度并添加标签。

```
In [10]: plt.yticks(numpy.arange(0,1.1,0.1))

In [11]: plt.ylabel('Y-axis')
```

轴标签设置好后，数据本身所表示的含义就更加清晰了，绘制效果如图 9-5 所示。

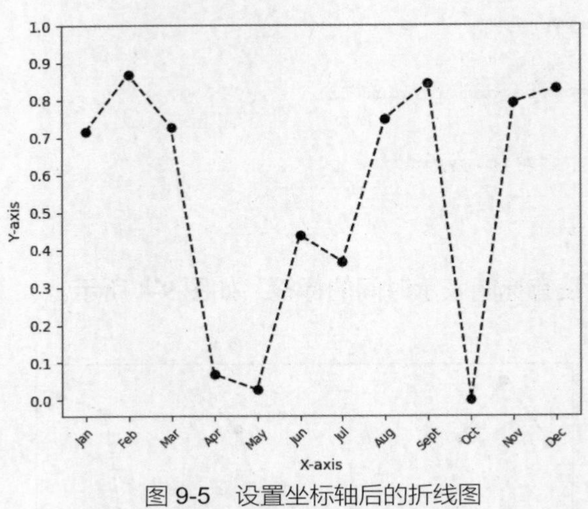

图 9-5　设置坐标轴后的折线图

绘图面板可以包含多个子图，如果需要对某个子图进行坐标轴的设置，可以参考如下示例。

```
In [53]: data = numpy.random.randn(5)

In [54]: fig = plt.figure(figsize=(6.4, 5))

In [55]: ax = fig.add_subplot(1,1,1)

In [56]: ax.set_xticks(numpy.arange(5))

In [57]: ax.set_xticklabels(['t1','t2','t3','t4','t5'], rotation=45)

In [58]: ax.set_xlabel('X-axis')

In [59]: ax.set_ylabel('Y-axis')

In [60]: ax.plot(data)
```

示例中，子图的轴刻度、刻度标签和轴标签是通过不同接口分别设定的。如需批量设定坐标轴，可以通过子图的 set 函数实现。

```
In [74]: axis_setting = {'xlabel': 'X-axis'}

In [75]: fig, ax_list = plt.subplots(1,2)

In [76]: for ax in ax_list:
    ...:     ax.set(**axis_setting)
```

9.1.4 图例

图例用于标注不同线条或标号所代表的内容，matplotlib.pyplot 模块提供了 legend 方法添加图例。为了说明如何添加图例，我们先在同一个子图中绘制两条曲线。

```
In [1]: import numpy

In [2]: import matplotlib.pyplot as plt

In [3]: fig, ax = plt.subplots(1,1)

In [4]: line1, = ax.plot(numpy.random.randn(30), 'k', label='item-1')

In [5]: line2, = ax.plot(numpy.random.randn(30), 'k--')
```

其中，第一条曲线在绘制时就传入了标签值，也可以在曲线绘制完成后设置标签，如设置第二条曲线的标签。

```
In [6]: line2.set_label('item-2')
```

然后，调用 ax.legend 接口自动生成图例。

```
In [7]: ax.legend()
```

也可以定义图例的内容。

```
In [8]: ax.legend((line1, line2), ('item-1', 'item-2'))
```

如需调整图例的位置，可以通过 loc 参数设置。

```
In [9]: ax.legend(loc='upper right')
```

最终效果如图 9-6 所示。

示例中，图例遮挡了部分图形，我们可以把 loc 参数设定为 best，这样可以自动选择最合适的位置放置图例。

```
In [10]: ax.legend(loc='best')
```

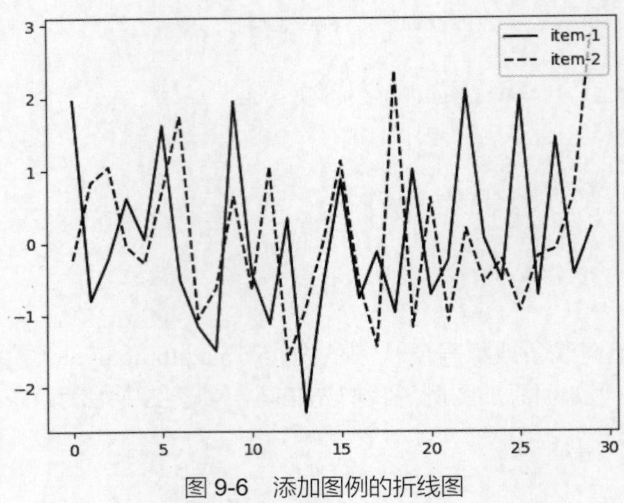

图 9-6 添加图例的折线图

9.2 Pandas 绘图接口

Matplotlib 提供了强大的底层数据可视化接口，虽然功能丰富，但面对复杂数据时，绘图步骤相对繁杂。Pandas 在 Matplotlib 库之上对接口进行封装，提供了方便的数据可视化接口，可以直接基于Pandas数据对象绘制图形。在Pandas中，数据带有行标签和列标签，这些信息在数据可视化过程中会被自动识别，从而生成坐标轴、图例等元素。当数据存储在 DataFrame 或 Series 对象中时，使用 Pandas 的绘图方法会更加简单便捷。

9.2.1 折线图

Pandas 数据对象提供了统一的 plot 接口，用于绘制基本图形，如通过 DataFrame 绘制 3 组随机漫步数据的折线图。

```
In [1]: import numpy

In [2]: from pandas import DataFrame

In [3]: data = numpy.random.randn(30,3)

In [4]: df = DataFrame(data.cumsum(0), columns=['g1', 'g2', 'g3'])

In [5]: ax = df.plot()
```

如需保存图形，则获取 figure 对象，并把图形输出到指定文件中。

```
In [6]: fig = ax.get_figure()

In [7]: fig.savefig('fig9-7.png')
```

绘制的效果如图 9-7 所示。

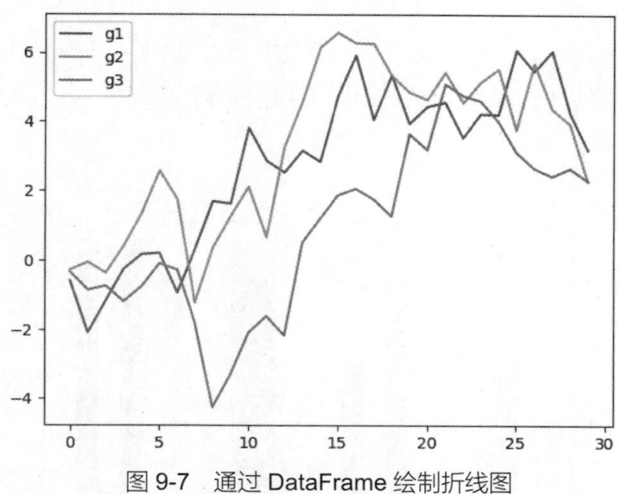

图 9-7 通过 DataFrame 绘制折线图

DataFrame.plot 方法包含多个参数，支持不同的绘图选项，例如指定坐标轴刻度。

```
In [8]: ax = df.plot(yticks=numpy.arange(-4,7))
```

Series 拥有类似的绘制折线图的方法，也支持多种绘图选项。关于更多的选项，你可以自行探索或在 Pandas 的官网进行了解。

9.2.2 柱状图

Pandas 数据对象的 plot 接口，默认情况下绘制的是折线图，可以通过 kind 参数指定图形的类型。如需绘制垂直柱状图，可以指定 kind 参数为 bar，或者调用 plot.bar 接口。

```
In [1]: import numpy

In [2]: from pandas import DataFrame

In [3]: import matplotlib.pyplot as plt

In [4]: fig, ax = plt.subplots(1, 1)

In [5]: df = DataFrame(
   ...:     numpy.random.randint(10, size=(4, 3)),
   ...:     index=['r1', 'r2', 'r3', 'r4'],
```

```
   ...:       columns=['c1', 'c2', 'c3'])

In [6]: df.plot(kind='bar', ax=ax)
```

或者直接调用子接口 plot.bar。

```
df.plot.bar(ax=ax)
```

在生成的柱状图（见图 9-8）中，每一行数据分开绘制，同一行中的数据在同一组中并排绘制。如需绘制水平的柱状图，只需指定 kind 参数为 barh 即可。

```
In [10]: df.plot(kind='barh', ax=ax)
```

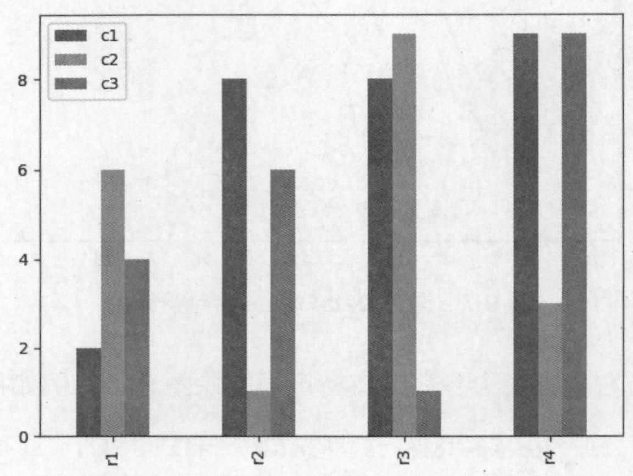

图 9-8 用 DataFrame 绘制的垂直柱状图

或直接调用 plot.barh 函数，绘制效果如图 9-9 所示。

```
df.plot.barh(ax=ax)
```

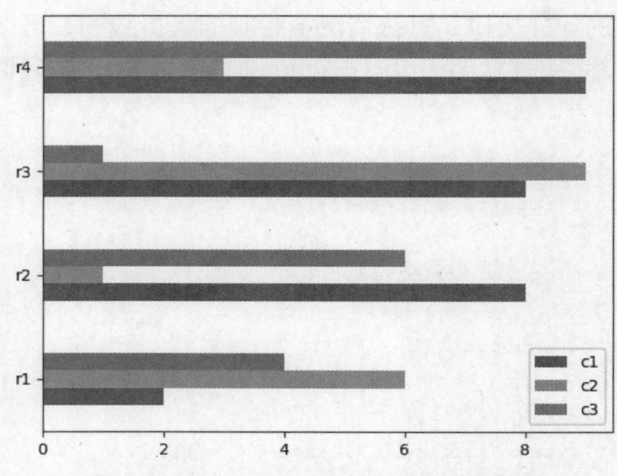

图 9-9 用 DataFrame 绘制的水平柱状图

9.2.3 直方图和密度图

使用 Pandas 绘制直方图时，需要指定 kind 参数为 hist。如下面的示例中，针对服从标准正态分布的随机数组生成直方图。

```
In [1]: import numpy

In [2]: from pandas import Series

In [3]: import matplotlib.pyplot as plt

In [4]: fig, axes = plt.subplots(2,1)

In [5]: s = Series(numpy.random.standard_normal(1000))

In [6]: s.plot(ax=axes[0], kind='hist', bins=50)
```

直方图和密度图都能反映出数据的分布情况，因此把两个图形绘制在不同的子图中，以便进行观察比较。

```
In [7]: s.plot(ax=axes[1], kind='kde')
```

最终的效果如图 9-10 所示。

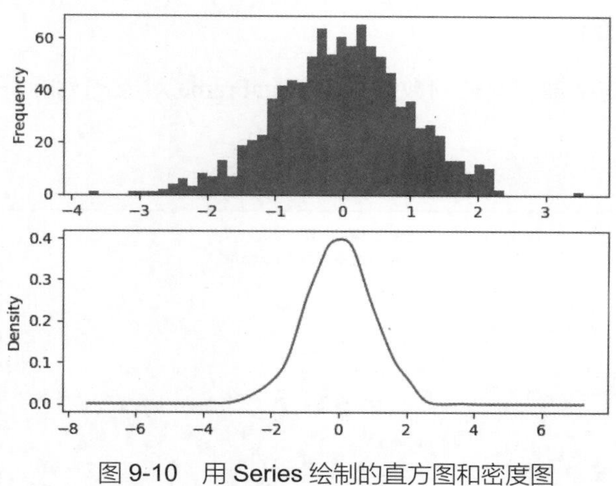

图 9-10　用 Series 绘制的直方图和密度图

同样，如果不使用 kind 参数，也可以直接调用子接口 plot.hist 和 plot.kde 分别绘制直方图和密度图。

9.2.4 散点图

在 Pandas 中，只支持针对 DataFrame 对象绘制散点图，绘制时需要输入 x 轴和 y 轴数据。例如，生成两组数据，一组服从均匀分布，另一组服从标准正态分布。

```
In [1]: import numpy

In [2]: from pandas import DataFrame

In [3]: import matplotlib.pyplot as plt

In [4]: x = numpy.arange(100)

In [5]: y1 = numpy.random.uniform(0,1,100)

In [6]: y2 = numpy.random.standard_normal(100)

In [7]: df = DataFrame({'x': x, 'y1': y1, 'y2': y2})
```

设定 kind 参数为 scatter 类型，绘制第一组数据的散点图，并根据数据的分布模型指定标签名。

```
In [9]: df.plot(ax=ax, kind='scatter', x='x', y='y1', marker='o',
label='uniform')
```

用同样的方法，在同一个子图中叠加绘制第二组数据。

```
In [10]: df.plot(ax=ax, kind='scatter', x='x', y='y2', marker='x',
label='standard normal')
```

本例中，散点图的 x 轴和 y 轴的数据通过 DataFrame 对象的列标签名指定，最后的图形如图 9-11 所示。

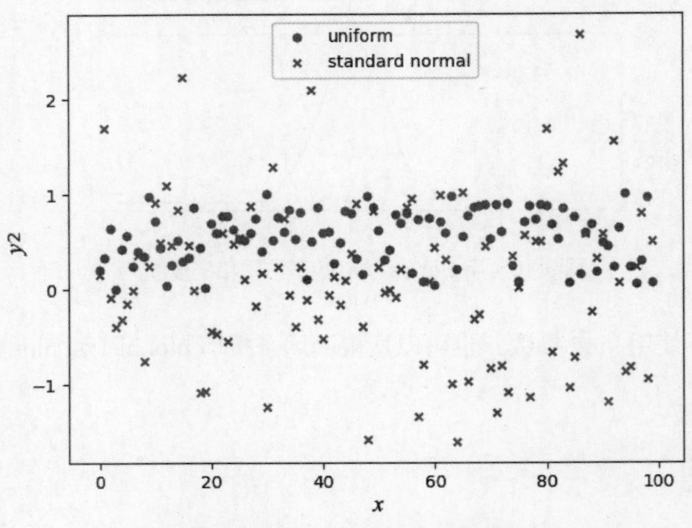

图 9-11 用 DataFrame 绘制散点图

第10章 实战：数据预处理

前面的章节介绍了 NumPy 和 Pandas 库的使用方法以及基本的数据分析操作。从本章开始，我们将基于真实数据进行实战演练。实战中，一方面会应用到已学的知识，另一方面也会介绍新的知识点。

10.1 数据导入

10.1.1 数据描述

这次实战中，我们要处理的是全球地表温度变化数据，该数据集包含了从 1750 年到 2013 年全球地表温度变化数据。地表温度变化数据分别体现了全球、国家、省份、城市和主要城市的温度变化，拆分成了 5 个数据集。本章选择了各国地表温度变化的数据，数据特征包括时间、国家名（或地区名）、平均温度和置信度在 0.95 以上的置信区间。

本章数据可以从配套资源中获取。

10.1.2 数据读取

首先，导入需要的数据分析库，并重命名为缩写形式，以便后续调用。

```
In [1]: import pandas as pd
```

```
In [2]: import numpy as np
```

数据文件是标准的 CSV 格式，第一行是列标签。

```
In [3]: cat datasets/GlobalLandTemperaturesByCountry.csv | head -5
dt,AverageTemperature,AverageTemperatureUncertainty,Country
1743-11-01,4.3839999999999995,2.294,Åland
1743-12-01,,,Åland
```

```
1744-01-01,,,Åland
1744-02-01,,,Åland
```

收集的数据时间跨度大，数据量较大，因而分块读入，每次读入最多 30 万行。

```
In [4]: df1 = pd.read_csv(
   ...:     'datasets/GlobalLandTemperaturesByCountry.csv',
   ...:     nrows=300000)

In [5]: df2 = pd.read_csv(
   ...:     'datasets/GlobalLandTemperaturesByCountry.csv',
   ...:     nrows=300000,
   ...:     skiprows=range(1,299901))
```

为了获取列标签，第二次读取文件时也需要读入文件的头行。示例中，两次分块读入时包含了重复行，这是为了方便后续演示冗余数据的清除。

10.1.3 数据合并

分块读取数据后，需要将数据块拼接成完整的数据集。因为两个数据分块都来自同一个数据集，属于同构数据，我们使用 pandas.concat 接口将所有数据分块进行合并。

```
In [6]: df = pd.concat([df1, df2], ignore_index=True)
```

合并时，指定忽略原索引值，然后重新编号。合并后，查看下数组大小。

```
In [7]: df.shape
Out[7]: (577562, 4)
```

10.2 数据清洗

10.2.1 冗余数据

在处理真实数据时，合并数据后容易出现冗余数据，因此我们先检查一下。

```
In [8]: df.duplicated(subset=['dt', 'Country']).sum()
Out[8]: 100
```

定义重复数据为时间戳和国家名都相同的数据，检查后发现有 100 条重复数据，因此直接删除。

```
In [9]: df.drop_duplicates(subset=['dt', 'Country'], inplace=True)
```

清除重复数据时，指定 inplace 参数为真值，这样清除操作会直接生效在原数据对象上。清除后再次检查，确保数据集中已经没有冗余数据。

```
In [10]: df.duplicated(subset=['dt', 'Country']).sum()
Out[10]: 0
```

10.2.2 缺失数据

除了冗余数据，我们还需要处理缺失数据。先惯例性地检查数据集中是否包含了缺失值。

```
In [11]: df.isnull().sum()
Out[11]:
dt                                   0
AverageTemperature               32651
AverageTemperatureUncertainty    31912
Country                              0
dtype: int64
```

检查后，我们发现平均温度和置信区间两个属性上都包含了缺失值。处理缺失值的两种主要方式是删除和替换，如果选择删除，可以使用下面的方法。

```
df.dropna()
```

为了保持数据的完整性和连续性，我们选择替换缺失值。替换方式为向后填充，即用前项的有效值来填补缺失数据。

```
In [12]: df.fillna(method='ffill', inplace=True)
```

缺失数据被填充完毕后，再次检查确认。

```
In [13]: df.isnull().sum()
Out[13]:
dt                               0
AverageTemperature               0
AverageTemperatureUncertainty    0
Country                          0
dtype: int64
```

10.2.3 无效数据

真实数据中往往会存在无效数据，它们可能是数据类型错误，也可能是数值超出预定的范围，或是不符合某些行业领域的标准。本例中，我们要检查国家名是否有效。我们从联合国数据库里获取世界各国的基本信息，包括国家名和地理代码等信息。

```
In [14]: cat datasets/UNSD_country_data.csv | head -5
Global Code,Global Name,Region Code,Region Name,Sub-region Code,Sub-region Name,Intermediate Region Code,Intermediate Region Name,Country or Area,M49 Code,ISO-alpha3 Code,Least Developed Countries (LDC),Land Locked Developing Countries (LLDC),Small Island Developing States (SIDS),Developed / Developing Countries
001,World,002,Africa,015,Northern Africa,,,Algeria,012,DZA,,,,Developing
001,World,002,Africa,015,Northern Africa,,,Egypt,818,EGY,,,,Developing
001,World,002,Africa,015,Northern Africa,,,Libya,434,LBY,,,,Developing
001,World,002,Africa,015,Northern Africa,,,Morocco,504,MAR,,,,Developing
```

将数据导入 DataFrame 对象中，因为文件中的部分内容在读取时会抛出异常，我们通过设置 error_bad_lines 参数为假值来忽略文件读取的异常。

```
In [15]: df_country = pd.read_csv('datasets/UNSD_country_data.csv', error_bad_lines=False)
b'Skipping line 126: expected 15 fields, saw 16\nSkipping line 127: expected 15 fields, saw 16\n'
```

如果认定联合国数据库提供的国家名才是标准且有效的，那么可以通过下面的掩码索引（布尔索引）进行数据筛选。

```
In [16]: df = df[df['Country'].isin(df_country['Country or Area'])]
```

经过数据筛选后，原地表温度变化数据集中便只保留了国家名在有效范围内的数据。

10.3 数据转换

10.3.1 数据类型转换

为了生成时间序列索引，我们要先将表示日期的数据进行类型转换，先查看下现在所有列的数据类型。

```
In [17]: df.dtypes
Out[17]:
dt                                  object
AverageTemperature                 float64
AverageTemperatureUncertainty      float64
Country                             object
dtype: object
```

记录日期的数据对应的列标签是“dt”，根据结果显示其类型为 object，Pandas 中的

object对应的是Python的字符串。我们使用DataFrame对象的apply方法进行逐元素操作，将其转换为NumPy的日期型数据。

```
In [18]: df['dt'] = df['dt'].apply(np.datetime64)
```

再次查看数据类型，“dt”列的数据已经被转换成numpy.datetime64类型。

```
In [19]: df.dtypes
Out[19]:
dt                                datetime64[ns]
AverageTemperature                       float64
AverageTemperatureUncertainty            float64
Country                                   object
dtype: object
```

这里要提醒的是，Pandas也支持日期型数据并提供了pandas.to_datetime函数作为类型转换接口，但是numpy.datetime64函数的执行效率更高。

10.3.2 分层索引

为了进一步生成时间序列，我们需要先构建由日期和国家名组成的分层索引。构建分层索引时，我们采用属性访问的方式获取列数据。

```
In [20]: mul_index = pd.MultiIndex.from_arrays([df.dt, df.Country])
```

筛选出无效数据后，置信区间在后续的分析中已经不再需要，于是直接用分层索引生成Series对象，用于存储平均温度信息。

```
In [21]: ser_temp = pd.Series(df['AverageTemperature'].values, index=mul_index)
```

在生成的Series对象中，第一层索引是日期，第二层索引是国家名。

```
In [22]: ser_temp.tail()
Out[22]:
dt          Country
2013-05-01  Zimbabwe    19.059
2013-06-01  Zimbabwe    17.613
2013-07-01  Zimbabwe    17.000
2013-08-01  Zimbabwe    19.759
2013-09-01  Zimbabwe    19.759
dtype: float64
```

10.3.3 生成时间序列

最后一步的转换就是将生成的Series对象展开，行标签即时间戳类型的索引，列标签是各国的地表温度变化数据。

```
In [23]: df = ser_temp.unstack()

In [24]: df.tail()
Out[24]:
Country         Afghanistan  Albania  Algeria  American Samoa  Andorra  ...
Uzbekistan  Western Sahara   Yemen  Zambia  Zimbabwe
dt                                                              ...
2013-05-01          21.355   18.355   28.482           28.045   11.910  ...          21.612
24.935  31.173  20.045    19.059
2013-06-01          26.879   21.070   32.288           27.650   17.010  ...          26.635
26.356  32.325  18.703    17.613
2013-07-01          28.205   23.591   34.707           26.902   22.003  ...          28.440
27.916  31.340  18.266    17.000
2013-08-01          26.031   24.793   33.234           27.000   20.795  ...          26.185
28.564  30.833  20.887    19.759
2013-09-01          26.031   24.793   33.234           27.000   20.795  ...          26.185
28.564  30.833  20.887    19.759

[5 rows x 182 columns]
```

在 Pandas 中，基于时间序列便利的索引操作，我们可以轻松地获取某时间区间的数据切片，如选取 2000 年的所有数据。

```
In [25]: df['2000']
Out[25]:
In [12]: df['2000']
Out[12]:
Country         Afghanistan  Albania  Algeria  American Samoa  Andorra  ...
Uzbekistan  Western Sahara   Yemen  Zambia  Zimbabwe
dt                                                              ...
2000-01-01           2.404    0.397   11.260           27.401    3.275  ...          -0.323
15.864  21.137  22.167    23.264
2000-02-01           3.155    4.705   14.386           27.660    7.383  ...           1.845
19.708  23.435  22.254    22.852
2000-03-01           8.971    7.358   20.236           27.473    8.477  ...           7.023
22.758  25.527  22.312    23.221
2000-04-01          18.440   13.506   25.017           27.740    9.967  ...          18.591
22.245  29.344  21.572    20.873
2000-05-01          24.140   18.077   29.425           27.317   15.350  ...          21.693
24.065  31.750  19.835    18.142
2000-06-01          25.451   21.736   32.172           27.083   18.259  ...          26.155
26.124  32.129  18.141    16.926
2000-07-01          27.260   23.569   34.933           26.486   19.323  ...          28.547
28.016  31.678  17.321    15.832
2000-08-01          26.416   23.991   33.748           26.827   20.856  ...          27.937
```

```
28.643  31.060  19.729    17.719
    2000-09-01        22.118   18.981   30.635         27.323   17.441  ...      20.360
26.912  30.005  23.708    22.686
    2000-10-01        15.272   14.419   23.424         26.649   12.095  ...       9.947
23.301  27.211  25.059    24.382
    2000-11-01         7.952   11.894   18.709         27.164    8.070  ...       3.463
20.266  24.458  24.129    24.194
    2000-12-01         4.395    6.326   14.442         27.515    7.247  ...       2.028
18.339  21.500  22.478    23.697

    [12 rows x 182 columns]
```

10.4 数据过滤

因为数据的时间跨度大，数据量庞大，并且考虑到年份太早的数据并不完备（部分国家在那个时期没有采集温度数据），所以选取 1900 ～ 2000 年的数据。因为经过转换，数据对象拥有时间序列索引，所以可以很方便地根据时间选取相应的数据。

```
In [26]: df = df['1900':'2000']
```

过滤之后，时间序列的索引便从 1900 年开始，并在 2000 年结束。

```
In [27]: df.index
Out[27]:
DatetimeIndex(['1900-01-01', '1900-02-01', '1900-03-01', '1900-04-01',
               '1900-05-01', '1900-06-01', '1900-07-01', '1900-08-01',
               '1900-09-01', '1900-10-01',
               ...
               '2000-03-01', '2000-04-01', '2000-05-01', '2000-06-01',
               '2000-07-01', '2000-08-01', '2000-09-01', '2000-10-01',
               '2000-11-01', '2000-12-01'],
              dtype='datetime64[ns]', name='dt', length=1212, freq=None)
```

10.5 数据导出

最后，我们将准备好的数据导出到文件中，以便后续可以反复读取并分析。我们选择导出到 CSV 格式的文本文件中。

```
In [28]: df.to_csv('datasets/Prepared_GlobalLandTemperaturesByCountry.csv')
```

再次读取时，数组结构以及行列索引都是已经预处理好的。

```
In [29]: pd.read_csv(
    ...:         'datasets/Prepared_GlobalLandTemperaturesByCountry.csv',
    ...:         index_col=[1]).iloc[:5, :5]
Out[29]:
                      dt  Albania  Algeria  American Samoa  Andorra
Afghanistan
-3.428       1900-01-01    5.137   10.869          26.839    4.114
 1.234       1900-02-01    7.860   16.945          27.144    6.964
 10.545      1900-03-01    5.864   18.927          26.951    4.839
 13.352      1900-04-01   10.363   22.076          26.751    9.232
 20.260      1900-05-01   15.123   26.767          26.262   12.653
```

第11章 实战：数据分析

本章我们要开始数据分析的实战演练，主要分析对象是预处理好的全球地表温度变化数据。在分析过程中，会用到 Pandas 的时间序列对象的特性，还会关联其他的数据集。

11.1 时间序列分析

11.1.1 导入时间序列

分析前，导入所需的 Python 库。

```
In [1]: import numpy as np

In [2]: import pandas as pd
```

为了将数据导入时间序列对象，读取文件时需要通过 parse_dates 参数指定列名，指定的列数据将被解析为日期型数据，同时通过 date_parser 指定解析函数。

```
In [3]: df = pd.read_csv(
   ...:     'datasets/Prepared_GlobalLandTemperaturesByCountry.csv',
   ...:     index_col=0,
   ...:     parse_dates=['dt'],
   ...:     date_parser=pd.to_datetime).round(decimals=2)
```

数据精度可以根据需求设置，示例中精度设置为两位小数。同时，示例中选择的解析函数为 pandas.to_datetime，如果数据量较大，可以选择 numpy.datetime64 函数。导入数据后，我们可以看到行索引已经被转换为时间戳。

```
In [3]: df.index
Out[3]:
DatetimeIndex(['1900-01-01', '1900-02-01', '1900-03-01', '1900-04-01',
               '1900-05-01', '1900-06-01', '1900-07-01', '1900-08-01',
               '1900-09-01', '1900-10-01',
               ...
```

```
              '2000-03-01', '2000-04-01', '2000-05-01', '2000-06-01',
              '2000-07-01', '2000-08-01', '2000-09-01', '2000-10-01',
              '2000-11-01', '2000-12-01'],
             dtype='datetime64[ns]', name='dt', length=1212, freq=None)
```

11.1.2 生成时间区间数据

原数据中的采样频率为每月，记录了时间区间里每个月的数据。

```
In [4]: df.iloc[:5, :5]
Out[4]:
                Afghanistan  Albania  Algeria  American Samoa  Andorra
dt
1900-01-01            -3.43     5.14    10.87           26.84     4.11
1900-02-01             1.23     7.86    16.94           27.14     6.96
1900-03-01            10.55     5.86    18.93           26.95     4.84
1900-04-01            13.35    10.36    22.08           26.75     9.23
1900-05-01            20.26    15.12    26.77           26.26    12.65
```

通过时间序列对象的 to_period 方法进行索引类型转换，将时间戳转换为时间区间，如转换为年区间。

```
In [5]: df_year = df.to_period('Y')

In [6]: df_year.iloc[:5, :5]
Out[6]:
      Afghanistan  Albania  Algeria  American Samoa  Andorra
dt
1900        -3.43     5.14    10.87           26.84     4.11
1900         1.23     7.86    16.94           27.14     6.96
1900        10.55     5.86    18.93           26.95     4.84
1900        13.35    10.36    22.08           26.75     9.23
1900        20.26    15.12    26.77           26.26    12.65
```

单纯的索引类型转换看起来只是将月份的信息隐藏了，但是配合 Pandas 的分组聚合功能可以实现更复杂的计算，如计算每年的平均地表温度。

```
In [7]: df_year.groupby('dt').mean().iloc[:5, :5]
Out[7]:
      Afghanistan    Albania    Algeria  American Samoa    Andorra
dt
1900    13.750000  13.068333  22.865000       26.271667  11.347500
1901    13.895000  12.448333  22.728333       26.145000  10.515833
1902    14.506667  12.481667  23.053333       26.177500  10.957500
1903    12.985833  12.543333  22.558333       26.331667  10.768333
1904    13.806667  12.529167  22.681667       26.056667  11.470000
```

使用数据透视表也可以实现相同的功能。

```
In [8]: df_year.pivot_table(index=['dt']).iloc[:5, :5]
Out[8]:
      Afghanistan    Albania    Algeria  American Samoa    Andorra
dt
1900    13.750000  13.068333  22.865000       26.271667  11.347500
1901    13.895000  12.448333  22.728333       26.145000  10.515833
1902    14.506667  12.481667  23.053333       26.177500  10.957500
1903    12.985833  12.543333  22.558333       26.331667  10.768333
1904    13.806667  12.529167  22.681667       26.056667  11.470000
```

生成以一年为时间区间的数据，便于后续的数据聚合和基于年份的地表温度分析。

11.1.3 时间窗函数

时间窗函数是基于时间序列的一种数据变换操作。时间窗函数通过滑动窗口进行数据变换，这在数据预处理中常被用于消除噪点，起到数据平滑的作用。常用的时间窗函数是 rolling，它可以指定窗口大小，并通过移动窗口进行聚合统计。例如，计算移动窗口的均值如下。

```
In [9]: df.rolling(12).mean().iloc[:, :5]
Out[9]:
            Afghanistan    Albania    Algeria  American Samoa    Andorra
dt
1900-01-01          NaN        NaN        NaN             NaN        NaN
1900-02-01          NaN        NaN        NaN             NaN        NaN
1900-03-01          NaN        NaN        NaN             NaN        NaN
1900-04-01          NaN        NaN        NaN             NaN        NaN
1900-05-01          NaN        NaN        NaN             NaN        NaN
...                 ...        ...        ...             ...        ...
2000-08-01    15.606667  13.662500  24.125000       27.115000  12.039167
2000-09-01    15.625000  13.597500  24.035833       27.170833  11.975000
2000-10-01    15.569167  13.548333  23.796667       27.194167  11.899167
2000-11-01    15.487500  13.758333  23.874167       27.215833  12.085833
2000-12-01    15.498333  13.747500  24.032500       27.220000  12.313333

[1212 rows x 5 columns]
```

默认将窗口最右侧的数据替换为窗口的平均值，所以当时间序列的起始位置小于窗口区间时，会自动被填充为空值。我们可以用之前处理缺失数据的方法去删除或替换缺失值，也可以通过 min_periods 参数指定窗口内观察数据量的最小阈值，这样当窗口内的数据项满足最小阈值时，也依然会计算均值，如指定阈值为 1。

```
In [10]: df.rolling(window=12, min_periods=1).mean().iloc[:, :5]
```

```
Out[10]:
            Afghanistan   Albania    Algeria  American Samoa   Andorra
dt
1900-01-01    -3.430000  5.140000  10.870000       26.840000  4.110000
1900-02-01    -1.100000  6.500000  13.905000       26.990000  5.535000
1900-03-01     2.783333  6.286667  15.580000       26.976667  5.303333
1900-04-01     5.425000  7.305000  17.205000       26.920000  6.285000
1900-05-01     8.392000  8.868000  19.118000       26.788000  7.558000
...                 ...       ...        ...             ...       ...
2000-08-01    15.606667 13.662500  24.125000       27.115000 12.039167
2000-09-01    15.625000 13.597500  24.035833       27.170833 11.975000
2000-10-01    15.569167 13.548333  23.796667       27.194167 11.899167
2000-11-01    15.487500 13.758333  23.874167       27.215833 12.085833
2000-12-01    15.498333 13.747500  24.032500       27.220000 12.313333

[1212 rows x 5 columns]
```

原数据集中的数据是按月份划分的，指定窗口大小为 12，即 1 年。我们也可以通过指定天数的方式指定窗口区间为 1 年，并且在这种方式下的 min_periods 参数的默认值为 1，不会产生空值。

```
In [11]: df.rolling('365D').mean().iloc[:, :5]
Out[11]:
            Afghanistan   Albania    Algeria  American Samoa   Andorra
dt
1900-01-01    -3.430000  5.140000  10.870000       26.840000  4.110000
1900-02-01    -1.100000  6.500000  13.905000       26.990000  5.535000
1900-03-01     2.783333  6.286667  15.580000       26.976667  5.303333
1900-04-01     5.425000  7.305000  17.205000       26.920000  6.285000
1900-05-01     8.392000  8.868000  19.118000       26.788000  7.558000
...                 ...       ...        ...             ...       ...
2000-08-01    15.606667 13.662500  24.125000       27.115000 12.039167
2000-09-01    15.625000 13.597500  24.035833       27.170833 11.975000
2000-10-01    15.569167 13.548333  23.796667       27.194167 11.899167
2000-11-01    15.487500 13.758333  23.874167       27.215833 12.085833
2000-12-01    15.498333 13.747500  24.032500       27.220000 12.313333

[1212 rows x 5 columns]
```

另一种窗口模式是扩展窗口，通过 expanding 函数实现，它从时间序列的起始位置开始扩展，不断增大窗口区间，直到序列的结束位置。

```
In [12]: df.expanding().mean().iloc[:, :5]
Out[12]:
            Afghanistan   Albania    Algeria  American Samoa   Andorra
dt
```

```
1900-01-01   -3.430000   5.140000  10.870000   26.840000   4.110000
1900-02-01   -1.100000   6.500000  13.905000   26.990000   5.535000
1900-03-01    2.783333   6.286667  15.580000   26.976667   5.303333
1900-04-01    5.425000   7.305000  17.205000   26.920000   6.285000
1900-05-01    8.392000   8.868000  19.118000   26.788000   7.558000
...              ...        ...        ...         ...        ...
2000-08-01   14.084818  12.793477  23.139611   26.650430  11.358775
2000-09-01   14.091464  12.798594  23.145815   26.650984  11.363805
2000-10-01   14.092438  12.799934  23.146041   26.650983  11.364413
2000-11-01   14.087366  12.799182  23.142378   26.651404  11.361693
2000-12-01   14.079373  12.793845  23.135198   26.652120  11.358300

[1212 rows x 5 columns]
```

我们取一组 10 年内中国的地表温度变化数据，通过数据可视化来直观地了解时间窗函数的平滑效果（见图 11-1）。

```
In [13]: df.China['1990':'2000'].plot()
Out[13]: <matplotlib.axes._subplots.AxesSubplot at 0x7f903a3c3450>

In [14]: df.China['1990':'2000'].rolling('365D').mean().plot(linestyle='--')
Out[14]: <matplotlib.axes._subplots.AxesSubplot at 0x7f903a3c3450>
```

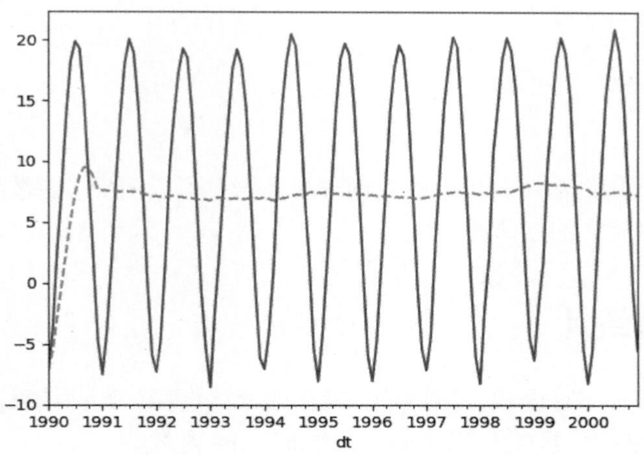

图 11-1　移动窗口均值与原数据的对比图

从图 11-1 中可以看出移动窗口的均值比原值更加平滑，地表温度随着季节的上下波动也被区间为 1 年的移动窗口消除了。经过平滑处理后，更容易发现地表温度随时间变化的趋势，如将时间窗口扩大到 10 年后。

```
In [15]: df.China.rolling(12).mean().plot()
Out[15]: <matplotlib.axes._subplots.AxesSubplot at 0x7f2e51653b50>
```

```
In [16]: df.China.rolling(120).mean().plot()
Out[16]: <matplotlib.axes._subplots.AxesSubplot at 0x7f2e51653b50>
```

从绘制的折线图（见图 11-2）中，我们可以明显发现中国的地表温度在缓慢上升。

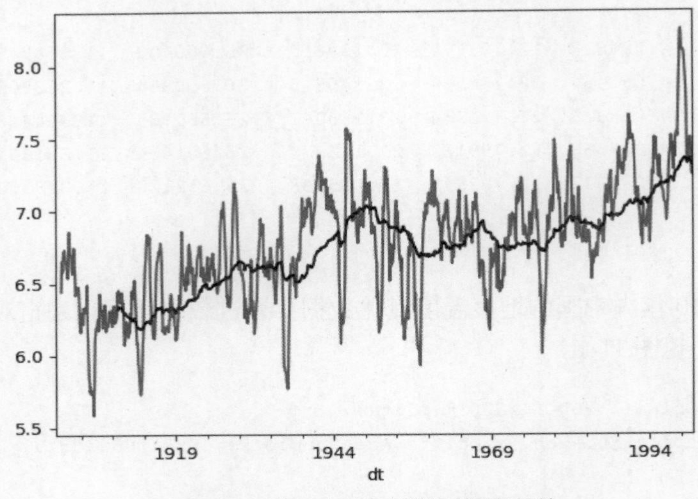

图 11-2 窗口大小不同的时间窗函数

11.2 统计分析

统计分析也是常用的数据分析手段，通过统计信息可以初步了解数据特征，统计信息也可以用来发掘数据背后的规律性。

11.2.1 描述性统计

Pandas 提供了 describe 函数，能够计算简单的统计指标，计算结果可以描绘出数据的主要特征。通过 Pandas 数据对象可以直接调用 describe 函数。

```
In [17]: df.describe()
Out[17]:
              Afghanistan      Albania      Algeria  American Samoa  ...  Western Sahara
Yemen       Zambia       Zimbabwe
count  1212.000000  1212.000000  1212.000000     1212.000000  ...     1212.000000
1212.000000  1212.000000  1212.000000
mean     14.079373    12.793845    23.135198       26.652120  ...       22.471048
26.209992    21.335858    21.194224
std       9.199335     6.834728     7.692249        0.559467  ...        4.016872
```

```
3.756963      2.386183      3.129733
     min      -4.380000     -2.050000      9.590000         24.710000  ...          14.250000
18.930000     15.520000     14.080000
     25%       5.612500      6.735000     16.387500         26.260000  ...          19.222500
22.750000     19.560000     18.450000
     50%      14.180000     12.510000     23.290000         26.660000  ...          22.390000
26.515000     22.090000     22.360000
     75%      22.907500     19.210000     30.560000         27.040000  ...          26.235000
29.692500     22.950000     23.630000
     max      28.530000     25.150000     35.180000         28.190000  ...          29.620000
32.740000     26.080000     26.600000

    [8 rows x 182 columns]
```

对于数值型数据，默认的统计量包括计数、平均值、标准差、最大值、最小值以及百分位数。这些基本的统计量可以反映数据的主要特征，我们拿菲律宾和加拿大的计算结果进行比较。

```
In [7]: df.describe()[['Philippines', 'Canada']]
Out[7]:
       Philippines      Canada
count   165.000000  165.000000
mean     27.091152   -3.519333
std       0.796179   12.425394
min      25.300000  -24.730000
25%      26.580000  -15.820000
50%      27.190000   -2.560000
75%      27.590000    8.960000
max      29.030000   14.800000
```

从比较结果中可以明显地发现，菲律宾的平均温度高于加拿大，较小的标准差表明菲律宾全年的温度变化小，基本处于高温状态，最高和最低温度反映出加拿大的地表温度分布范围更广，温度波动更大。

11.2.2 聚合统计

如果需要获取统计量的更多细节，可以直接使用聚合运算的算子，例如，计算各个国家的平均地表温度。

```
In [8]: df.mean()
Out[8]:
Afghanistan       15.467212
Albania           13.698182
Algeria           24.345879
American Samoa    27.252303
```

```
Andorra          12.343576
                     ...
Uzbekistan       13.946606
Western Sahara   23.478788
Yemen            27.316848
Zambia           21.878485
Zimbabwe         21.626364
Length: 182, dtype: float64
```

如果想计算时间轴上全球的平均温度，只要通过 axis 参数指定聚合运算所沿的轴向即可。

```
In [19]: df.mean(axis='columns')
Out[19]:
dt
1900-01-01    13.906983
1900-02-01    15.387821
1900-03-01    16.884581
1900-04-01    18.964581
1900-05-01    20.812067
                 ...
2000-08-01    23.751703
2000-09-01    22.291154
2000-10-01    20.294451
2000-11-01    18.237582
2000-12-01    16.296319
Length: 1212, dtype: float64
```

另一种更通用的方式是调用 aggregate 函数（缩写为 agg），通用的聚合函数通过指定算子名称，可以自由地进行运算组合，如同时计算均值和标准差。

```
In [20]: df.aggregate(['mean', 'std'], axis='columns')
Out[20]:
                 mean        std
1900-01-01  13.906983  13.484838
1900-02-01  15.387821  12.922213
1900-03-01  16.884581  12.102130
1900-04-01  18.964581  10.189245
1900-05-01  20.812067   8.143935
...               ...        ...
2000-08-01  23.751703   6.470604
2000-09-01  22.291154   7.301721
2000-10-01  20.294451   8.789892
2000-11-01  18.237582  10.534878
2000-12-01  16.296319  11.823954

[1212 rows x 2 columns]
```

或者使用聚合函数求最大值和最大值对应的索引标签。

```
In [21]: df.agg(['max', 'idxmax']).T
Out[21]:
                  max      idxmax
Afghanistan     28.53 1997-07-01
Albania         25.15 1988-07-01
Algeria         35.18 1999-07-01
American Samoa  28.19 1983-02-01
Andorra         22.96 1983-07-01
...               ...        ...
Uzbekistan      30.38 1984-07-01
Western Sahara  29.62 1989-08-01
Yemen           32.74 1998-06-01
Zambia          26.08 1995-10-01
Zimbabwe         26.6 1995-10-01

[182 rows x 2 columns]
```

使用同样的方式可以调用 Pandas 或 NumPy 支持的其他聚合运算算子，如求和、计数、求最小值等。

11.2.3 分组统计

相较于对整个数据集进行聚合统计，在实际业务场景中使用更多的是分组统计。Pandas 提供了高效的 groupby 方法，可以灵活地基于分组进行聚合统计。我们通过 groupby 方法对时间区间进行分组。

```
In [22]: df_year_gb = df_year.groupby('dt')
```

其中，groupby 方法的返回值是 DataFrameGroupBy 对象，该对象可以直接调用聚合运算算子。示例中，时间区间是年，同年的数据会划分在一组，如果计算组内平均值，便可获得每年各国的平均地表温度。

```
In [23]: df_year_gb.mean().iloc[:, :5]
Out[23]:
      Afghanistan    Albania    Algeria  American Samoa    Andorra
dt
1900    13.750000  13.068333  22.865000       26.271667  11.347500
1901    13.895000  12.448333  22.728333       26.145000  10.515833
1902    14.506667  12.481667  23.053333       26.177500  10.957500
1903    12.985833  12.543333  22.558333       26.331667  10.768333
1904    13.806667  12.529167  22.681667       26.056667  11.470000
...           ...        ...        ...             ...        ...
1996    14.426667  12.735000  23.735000       27.114167  11.739167
```

```
1997     14.902500  12.901667  23.955833           26.955833  12.895000
1998     15.133333  13.310833  23.921667           27.425833  12.119167
1999     15.390000  13.655000  24.299167           27.066667  12.178333
2000     15.498333  13.747500  24.032500           27.220000  12.313333

[101 rows x 5 columns]
```

分组数据同样可以使用通用的聚合函数，如同时计算均值和标准差，计算结果会以分层索引的方式存储。

```
In [24]: df_year_gb.agg(['mean', 'std']).iloc[:, :6]
Out[24]:
       Afghanistan                Albania              Algeria
              mean        std        mean       std       mean       std
dt
1900  13.750000  10.098068  13.068333  6.280709  22.865000  7.729548
1901  13.895000   9.120374  12.448333  7.102618  22.728333  8.067856
1902  14.506667   9.051450  12.481667  7.020927  23.053333  8.192577
1903  12.985833  10.010374  12.543333  6.527918  22.558333  7.604926
1904  13.806667   9.530678  12.529167  6.988105  22.681667  8.124105
...         ...        ...        ...       ...        ...       ...
1996  14.426667   9.615056  12.735000  7.186589  23.735000  7.548574
1997  14.902500   9.523037  12.901667  6.810083  23.955833  7.938669
1998  15.133333   9.290453  13.310833  7.593694  23.921667  8.364724
1999  15.390000   9.168365  13.655000  7.378910  24.299167  9.021243
2000  15.498333   9.678730  13.747500  7.811480  24.032500  8.225688

[101 rows x 6 columns]
```

如需获取分组数据，可以调用 get_group 方法。这里我们尝试获取 2000 年的分组数据，然后再调用 describe 函数计算基础的统计量。

```
In [25]: df_year_gb.get_group(pd.Period('2000')).describe().iloc[:, :5]
Out[25]:
       Afghanistan   Albania    Algeria  American Samoa    Andorra
count    12.000000  12.00000  12.000000       12.000000  12.000000
mean     15.498333  13.74750  24.032500       27.220000  12.313333
std       9.678730   7.81148   8.225688        0.393354   5.743131
min       2.400000   0.40000  11.260000       26.490000   3.280000
25%       7.062500   7.10250  17.642500       27.017500   7.897500
50%      16.855000  13.96500  24.220000       27.320000  11.035000
75%      24.467500  19.67000  31.022500       27.482500  17.645000
max      27.260000  23.99000  34.930000       27.740000  20.860000
```

要注意的是，分组对象是时间区间类型的索引对象，因此传递给 get_group 的参数也必须是时间区间类型的索引值。

11.3 关联分析

11.3.1 数据联合

关联分析是探索数据集或对象集合之间的关联性，挖掘数据背后隐藏的规则的一种分析手段。为了展开关联分析，我们下载了各国纬度的数据，尝试探索纬度与地表温度之间的关联性。导入数据集前，先浏览数据结构。

```
In [26]: cat datasets/world_coordinates.csv | head -5
Code,Country,latitude,longitude
AD,Andorra,42.546245,1.601554
AE,United Arab Emirates,23.424076,53.847818
AF,Afghanistan,33.93911,67.709953
AG,Antigua and Barbuda,17.060816,-61.796428
```

数据文件的第二列和第三列分别是国家名和所在纬度，是我们要导入的内容。

```
In [27]: df_coor = pd.read_csv('datasets/world_coordinates.csv', usecols=[1,2])

In [28]: df_coor.tail()
Out[28]:
          Country   latitude
239         Yemen  15.552727
240       Mayotte -12.827500
241  South Africa -30.559482
242        Zambia -13.133897
243      Zimbabwe -19.015438
```

原数据中，纬度用正负表示南北方向，而我们探索的是地表温度与纬度高低的关联性，没有南北方向之分，因而取纬度的绝对值。

```
In [29]: df_coor['latitude'] = df_coor['latitude'].apply(np.abs)
```

接着，我们计算各国在2000年的平均温度。

```
In [30]: df_avgTemp = df['2000'].mean().reset_index()

In [31]: df_avgTemp
Out[31]:
             index          0
0      Afghanistan  15.498333
1          Albania  13.747500
2          Algeria  24.032500
3   American Samoa  27.220000
```

```
4           Andorra  12.313333
..              ...        ...
177      Uzbekistan  13.939167
178  Western Sahara  23.019167
179           Yemen  27.436667
180          Zambia  21.559167
181        Zimbabwe  21.148333

[182 rows x 2 columns]
```

这里调用 reset_index 是为了将 Series 对象转换为 DataFrame 对象，同时将国家名以列数据的方式呈现。但是列索引的名称不是我们预期的结果，所以重新命名。

```
In [32]: df_avgTemp.columns = ['Country', 'avgTemp']

In [33]: df_avgTemp
Out[33]:
            Country    avgTemp
0       Afghanistan  15.498333
1           Albania  13.747500
2           Algeria  24.032500
3    American Samoa  27.220000
4           Andorra  12.313333
..              ...        ...
177      Uzbekistan  13.939167
178  Western Sahara  23.019167
179           Yemen  27.436667
180          Zambia  21.559167
181        Zimbabwe  21.148333

[182 rows x 2 columns]
```

然后联合两个数据集，并指定要联合的字段为国家名。

```
In [34]: df_avgTemp_lat = pd.merge(df_avgTemp, df_coor, on='Country')

In [35]: df_avgTemp_lat
Out[35]:
            Country    avgTemp   latitude
0       Afghanistan  15.498333  33.939110
1           Albania  13.747500  41.153332
2           Algeria  24.032500  28.033886
3    American Samoa  27.220000  14.270972
4           Andorra  12.313333  42.546245
..              ...        ...        ...
174      Uzbekistan  13.939167  41.377491
175  Western Sahara  23.019167  24.215527
```

```
176              Yemen  27.436667  15.552727
177             Zambia  21.559167  13.133897
178           Zimbabwe  21.148333  19.015438

[179 rows x 3 columns]
```

数据合并之后，我们再把国家名指定为行索引。

```
In [36]: df_avgTemp_lat.set_index('Country', inplace=True)

In [37]: df_avgTemp_lat
Out[37]:
                  avgTemp   latitude
Country
Afghanistan     15.498333  33.939110
Albania         13.747500  41.153332
Algeria         24.032500  28.033886
American Samoa  27.220000  14.270972
Andorra         12.313333  42.546245
...                   ...        ...
Uzbekistan      13.939167  41.377491
Western Sahara  23.019167  24.215527
Yemen           27.436667  15.552727
Zambia          21.559167  13.133897
Zimbabwe        21.148333  19.015438

[179 rows x 2 columns]
```

11.3.2 协方差和相关系数

为了探讨数据特征之间的相关性，我们需要计算协方差和相关系数，计算方法由 cov 和 corr 算子实现。

```
In [38]: df_avgTemp_lat.avgTemp.cov(df_avgTemp_lat.latitude)
Out[38]: -125.6797358427988

In [39]: df_avgTemp_lat.avgTemp.corr(df_avgTemp_lat.latitude)
Out[39]: -0.8334538754262123
```

上面的例子中，我们指定了两个数据特征进行协方差和相关系数的计算。如果不指定，则函数会计算所有两两特征属性对的协方差和相关系数，结果以矩阵形式返回。

```
In [40]: df_avgTemp_lat.cov()
Out[40]:
            avgTemp    latitude
avgTemp   75.982681 -125.679736
```

```
latitude -125.679736  299.262821

In [41]: df_avgTemp_lat.corr()
Out[41]:
           avgTemp  latitude
avgTemp   1.000000 -0.833454
latitude -0.833454  1.000000
```

对于相关系数，还可以通过 corrwith 方法指定某特征，然后将它与所有其他特征进行两两配对计算。

```
In [42]: df_avgTemp_lat.corrwith(df_avgTemp_lat.latitude)
Out[42]:
avgTemp    -0.833454
latitude    1.000000
dtype: float64
```

通过计算结果可以发现，地表温度与纬度相关性很大，它们之间的相关系数的绝对值大于 0.8；协方差和相关系数为负值，表明纬度越高温度越低。

11.4 透视表分析

11.4.1 数据集整合

首先，导入所需的工具包。

```
In [1]: import numpy as np

In [2]: import pandas as pd
```

为了了解数据透视表功能，我们需要导入多个数据集并进行整合。第一个要导入的是常用的全球地表温度变化数据，导入后对列索引标签命名。

```
In [3]: df = pd.read_csv(
   ...:     'datasets/Prepared_GlobalLandTemperaturesByCountry.csv',
   ...:     index_col=0,
   ...:     parse_dates=['dt'],
   ...:     date_parser=pd.to_datetime).round(decimals=2)

In [4]: df.columns.name = 'Country'
```

为了便于后续整合数据，我们需要将行索引和列索引转换成数据特征。转换过程的第一步是将导入的数据对象进行折叠，折叠后生成的是带有分层索引的 Series 对象，然后通过重置索引的方法将 Series 对象再转换成 DataFrame 对象，重置的同时给地表温度这一列数据命名。

```
In [5]: df_avgTemp = df.to_period('Y').stack().reset_index(name='avgTemp')

In [6]: df_avgTemp
Out[6]:
          dt         Country  avgTemp
0       1900     Afghanistan    -3.43
1       1900         Albania     5.14
2       1900         Algeria    10.87
3       1900  American Samoa    26.84
4       1900         Andorra     4.11
...      ...             ...      ...
219906  2000      Uzbekistan     2.03
219907  2000  Western Sahara    18.34
219908  2000           Yemen    21.50
219909  2000          Zambia    22.48
219910  2000        Zimbabwe    23.70

[219911 rows x 3 columns]
```

接着读取联合国数据库提供的各国的基本信息。这次我们需要知道各个国家所在的陆地区域，文件的第四列和第九列分别是区域名称和国家名称。

```
In [7]: df_country_region = pd.read_csv(
   ...:     'datasets/UNSD_country_data.csv',
   ...:     error_bad_lines=False,
   ...:     usecols=[3, 8],
   ...:     index_col=1,
   ...:     header=0,
   ...:     names=['Region','Country'])
```

下面进行第一次数据整合，将各国的地表温度和所属区域进行整合。

```
In [8]: df_merged = pd.merge(df_avgTemp, df_country_region, on='Country')

In [9]: df_merged
Out[8]:
          dt      Country  avgTemp Region
0       1900  Afghanistan    -3.43   Asia
1       1900  Afghanistan     1.23   Asia
2       1900  Afghanistan    10.55   Asia
3       1900  Afghanistan    13.35   Asia
4       1900  Afghanistan    20.26   Asia
...      ...          ...      ...    ...
```

```
222330  2000   Antarctica    29.24     NaN
222331  2000   Antarctica    29.24     NaN
222332  2000   Antarctica    29.24     NaN
222333  2000   Antarctica    29.24     NaN
222334  2000   Antarctica    29.24     NaN

[222335 rows x 4 columns]
```

我们还需要各国的纬度坐标信息，导入相应的数据集。

```
In [10]: df_coor = pd.read_csv('datasets/world_coordinates.csv', usecols=[1,2])
```

第二次数据整合，添加纬度信息。

```
In [11]: df_merged = pd.merge(df_merged, df_coor, on='Country')

In [12]: df_merged
Out[12]:
          dt      Country  avgTemp Region   latitude
0       1900  Afghanistan    -3.43   Asia  33.939110
1       1900  Afghanistan     1.23   Asia  33.939110
2       1900  Afghanistan    10.55   Asia  33.939110
3       1900  Afghanistan    13.35   Asia  33.939110
4       1900  Afghanistan    20.26   Asia  33.939110
...      ...          ...      ...    ...        ...
218694  2000   Antarctica    29.24    NaN -75.250973
218695  2000   Antarctica    29.24    NaN -75.250973
218696  2000   Antarctica    29.24    NaN -75.250973
218697  2000   Antarctica    29.24    NaN -75.250973
218698  2000   Antarctica    29.24    NaN -75.250973

[218699 rows x 5 columns]
```

最后，对纬度数据取绝对值。

```
In [13]: df_merged.latitude = df_merged.latitude.apply(np.abs)
```

11.4.2 分层透视表

基于透视表功能，计算各国年平均地表温度，数据表中行代表年份，列代表国家。

```
In [14]: df_merged.pivot_table(values='avgTemp', index='dt', columns='Country').
iloc[:, :5]
Out[14]:
Country  Afghanistan   Albania    Algeria  American Samoa    Andorra
dt
1900       13.750000  13.068333  22.865000      26.271667  11.347500
```

```
1901      13.895000  12.448333  22.728333  26.145000  10.515833
1902      14.506667  12.481667  23.053333  26.177500  10.957500
1903      12.985833  12.543333  22.558333  26.331667  10.768333
1904      13.806667  12.529167  22.681667  26.056667  11.470000
...             ...        ...        ...        ...        ...
1996      14.426667  12.735000  23.735000  27.114167  11.739167
1997      14.902500  12.901667  23.955833  26.955833  12.895000
1998      15.133333  13.310833  23.921667  27.425833  12.119167
1999      15.390000  13.655000  24.299167  27.066667  12.178333
2000      15.498333  13.747500  24.032500  27.220000  12.313333

[101 rows x 5 columns]
```

我们还可以基于年份和地理区域构建分层透视表，观察各大区域的地表平均温度随着时间的变化。

```
In [15]: df_merged.pivot_table('avgTemp', index=['dt', 'Region'])
Out[15]:
                 avgTemp
dt   Region
1900 Africa    24.019894
     Americas  22.394474
     Asia      17.470406
     Europe     8.312083
     Oceania   23.836250
...                  ...
2000 Africa    24.587429
     Americas  22.854715
     Asia      18.491282
     Europe     9.708271
     Oceania   25.049219

[505 rows x 1 columns]
```

设置参数 margins 为真值，添加汇总信息，可以观察哪些区域的温度高于全球的平均水平。

```
In [16]: df_merged.pivot_table('avgTemp', index='dt', columns='Region',
margins=True)
Out[16]:
Region     Africa   Americas       Asia    Europe    Oceania        All
dt
1900   24.019894  22.394474  17.470406  8.312083  23.836250  18.693605
1901   24.013404  22.207149  17.713889  7.998625  23.837857  18.634934
1902   23.891578  22.284452  17.639530  7.464542  23.528333  18.458614
1903   23.692819  22.217171  17.083526  8.259708  24.164323  18.561611
1904   23.318652  21.869364  17.215235  8.098062  23.786979  18.349560
```

```
...     ...        ...        ...        ...       ...        ...
1997    24.686401  23.377632  18.188419  8.990312  24.882031  19.531579
1998    25.047323  23.581645  18.896944  8.969271  25.397292  19.863528
1999    24.674645  22.944868  18.796838  9.353667  25.065521  19.666028
2000    24.587429  22.854715  18.491282  9.708271  25.049219  19.635370
All     24.156334  22.562282  17.709382  8.380870  24.518460  18.947664

[102 rows x 6 columns]
```

进一步在纬度上划分，会构造出更复杂的表格结构。

```
In [17]: df_merged.pivot_table('avgTemp', index=['dt'], columns=['Region',
zones]).iloc[:, :6]
Out[17]:
Region       Africa                                   Americas
latitude    (0, 23]    (23, 30]   (30, 66]    (0, 23]    (23, 30]   (30, 66]
dt
1900     24.876923  20.788000  18.265000  25.436111  23.107222   9.219167
1901     24.886688  20.793333  18.027500  25.268528  22.691389   9.068750
1902     24.753056  20.666667  18.067222  25.358917  22.981111   9.003750
1903     24.581175  20.345667  17.722778  25.348444  22.550556   8.823333
1904     24.114979  20.312667  17.976389  24.938222  22.513333   8.692083
...        ...        ...        ...        ...        ...        ...
1996     25.428739  21.440333  18.678611  25.980417  23.311667   9.475625
1997     25.518568  21.507667  19.166111  26.491972  23.831667  10.023125
1998     25.911368  21.822833  19.188889  26.718028  23.726667  10.130000
1999     25.424338  21.917833  19.523333  26.013167  23.482778   9.828958
2000     25.422949  21.364667  19.096944  25.916417  23.436111   9.511458

[101 rows x 6 columns]
```

通过 aggfunc 参数更改聚合操作的算子，计算标准差。

```
In [18]: df_merged.pivot_table(
    ...:     values='avgTemp',
    ...:     aggfunc='std',
    ...:     index='dt',
    ...:     columns='Region',
    ...:     margins=True)
Out[18]:
Region    Africa  Americas       Asia    Europe   Oceania        All
dt
1900    4.462794  9.498697  11.645657  8.962792  4.589850  10.529746
1901    4.545947  9.478151  11.249907  9.429082  4.635216  10.584119
1902    4.602996  9.595801  11.114007  8.957996  4.715501  10.594322
1903    4.497316  9.602739  11.557780  8.515598  4.417019  10.391209
1904    4.504109  9.591001  11.327747  9.037277  4.366846  10.372021
```

```
...       ...       ...        ...        ...       ...        ...
1997   4.536097  9.566416  11.093363  8.856621  4.475443  10.399664
1998   4.669724  9.434664  11.313185  8.961703  4.224893  10.525167
1999   4.572084  9.463117  10.923077  9.140905  4.174743  10.268148
2000   4.611335  9.413255  11.369430  8.607330  4.312250  10.181177
All    4.579310  9.547167  11.318592  9.032056  4.358762  10.490805

[102 rows x 6 columns]
```

或者通过 aggfunc 参数进一步分析地表温度的标准差和平均纬度。

```
In [19]: df_merged.pivot_table(
    ...:         aggfunc={'avgTemp': 'mean', 'latitude': 'std'},
    ...:         index='Region', columns=zones)
Out[19]:
           avgTemp                                            latitude
latitude   (0, 23]   (23, 30]   (30, 66]   (66, 90]   (0, 23]  (23, 30]  (30, 66]
(66, 90]
Region
Africa     25.011160  20.936911  18.409312        NaN  6.215742  1.795057  1.373753
NaN
Americas   25.655213  23.122907   9.175254 -18.359439  5.266532  0.709557  9.158288
0.0
Asia       26.232792  22.910056  11.669406        NaN  7.107862  2.116975  4.729864
NaN
Europe           NaN        NaN   8.380870        NaN       NaN       NaN  6.991995
NaN
Oceania    25.730684  21.672904  10.464893        NaN  5.358843  0.000000  0.000000
NaN
```

第12章 Python 网络爬虫

网络爬虫是指遵循一定约束和规则，提取网页数据的程序或脚本。网络爬虫模拟人工点击浏览器的行为，自动、批量地获取网页数据并解析结构性数据。随着互联网技术的发展，网络爬虫渐渐成为一种主流的数据收集手段。在众多实现爬虫的技术中，Python 往往是许多工程项目的首选，一方面是因为 Python 易于配置并且对于文本的处理更加灵活，另一方面得益于 Python 强大的第三方库，其不仅提供了网络访问、解析网络数据的接口，还提供了完备的爬虫框架。

12.1 Robots 协议

为了保护隐私数据，网站会通过 Robots 协议定义爬虫的访问权限，因此 Robots 协议是爬虫首先要遵循的约束。通常情况下，一个网站的根目录下会存放名为 robots.txt 的文本文件，用于定义允许访问的页面和禁止访问的页面。为了保证能够遵循 Robots 协议，网络爬虫在收集数据前要先抓取 robots 文件，从而解析出访问权限的规则。

Robots 协议的规则定义并不复杂，主要通过下面的 3 个字段进行描述。

- User-agent：指定协议规则对哪些爬虫机器人生效。
- Disallow：指定禁止访问的网页。
- Allow：指定允许访问的网页。

所有字段支持正则表达式进行精确匹配或模糊匹配。下面通过例子进一步了解如何定义和解析爬虫规则。

（1）允许所有爬虫机器人访问所有页面。

```
User-agent: *
Disallow:
```

大部分情况下，网站会通过存放空的 robots.txt 文件来表明所有网页可被访问。

（2）禁止所有爬虫机器人访问任何页面。

```
User-agent: *
```

```
Disallow: /
```

（3）允许指定的爬虫机器人访问所有页面。

```
User-agent: A-Robot
Disallow:
```

（4）禁止指定的爬虫机器人访问任何页面。

```
User-agent: B-Robot
Disallow: /
```

（5）仅允许访问指定的目录或文件。

```
User-agent: *
Allow: /public/
Disallow: /
```

（6）禁止访问指定的目录或文件。

```
User-agent: *
Disallow: /private/
```

很多爬虫工具支持配置访问权限规则，甚至是自动解析 Robots 协议，如 Python 的 scrapy 库。但是了解 Robots 协议依然非常重要，它是网络爬虫工作的第一步，也是正确使用爬虫工具的前提条件。

12.2 数据抓取

简单来说，网络爬虫所做的就是模拟浏览器向服务器发送请求，从而获取服务器返回的页面数据。因此，通过 Python 内置的处理 HTTP 请求的标准库（如 urllib 库）或是其他第三方库，都可以模拟浏览器的行为。这里我们主要用流行的 requests 库，介绍在不同的数据访问场景下如何抓取网络数据。

12.2.1 最基本的数据抓取

首先要介绍的是最基本的，也是最直接的数据访问方式。当一个网页的数据没有任何访问权限的限制，完全公开的时候，只需要简单地对服务器地址发送 GET 请求获取返回的网站页面。在介绍如何通过 Python 实现这种访问方式之前，先导入 requests 库。

```
In [1]: import requests
```

发送 GET 请求的示例代码如下。

```
In [2]: url = 'https://voice.baidu.com/act/newpneumonia/newpneumonia'

In [3]: response = requests.get(url)
```

示例中，访问链接指向的是百度提供的新型冠状病毒肺炎疫情实时大数据报告，报告是公开的，页面数据以字节流的形式存储在响应消息的 content 中。

```
In [6]: response.content[0:200]
Out[6]: b'<!DOCTYPE html>\n<html lang="zh-CN">\n<meta http-equiv="Cache-Control" content="no-cache, no-store, must-revalidate" />\n<meta http-equiv="Pragma" content="no-cache" />\n<meta http-equiv="Expires" content'
```

如需查看响应消息的头部信息，可以访问 headers 属性。

```
In [7]: response.headers
Out[7]: {'Connection': 'keep-alive', 'Content-Encoding': 'gzip', 'Content-Type': 'text/html; charset=utf-8', 'Date': 'Sun, 14 Jun 2020 08:31:39 GMT', 'P3p': 'CP=" OTI DSP COR IVA OUR IND COM "', 'Server': 'Apache', 'Set-Cookie': 'BAIDUID=AD54ACA461CD42E41A81BED30B7DF27B:FG=1; expires=Mon, 14-Jun-21 08:31:39 GMT; max-age=31536000; path=/; domain=.baidu.com; version=1', 'Strict-Transport-Security': 'max-age=2592000', 'Tracecode': '18993651960901893642061416, 18993651960696373258061416', 'Vary': 'Accept-Encoding, Accept-Encoding', 'X-Content-Type-Options': 'nosniff', 'Transfer-Encoding': 'chunked'}
```

同样，通过属性访问也可以查看响应状态（HTTP 状态码）。

```
In [8]: response.status_code
Out[8]: 200
```

如果访问时需要传递查询参数，可以将查询字段添加到 URL 中，或是用如下示例的方式将参数以字典的形式传递到 GET 请求函数中。

```
In [9]: url = 'https://voice.baidu.com/act/newpneumonia/newpneumonia'

In [10]: cityName = u'浙江-杭州'

In [11]: q_params = {'city': cityName}

In [12]: response = requests.get(url=url, params=q_ params)
```

12.2.2 处理登录请求

访问网站时，还有一种常见的访问方式，即要求登录再访问。发送登录请求时，使用 POST 方法，账户信息以表单形式提交到服务器进行验证，示例代码如下。

```
import requests
```

```
login_url = 'https://www.example.com/login'
data = {'key1': 'value1', 'key2': 'value2'}

response = requests.post(url=login_url, data=data)
```

表单的内容需要根据具体网站定义，如下面的示例，账户信息的关键字段是由访问的网站决定的。

```
In [15]: data = {'loginId': user_name, 'password2': pw}

In [16]: response = requests.post(url=login_url, data=data)
```

有些网站允许在登录时指定要访问的页面，登录成功后会将页面内容一起返回。如以下的示例，登录的网站允许通过 returnUrl 字段指定要访问的页面。

```
In [19]: data = {'loginId': user_name, 'password2': pw, 'returnUrl': visit_url}

In [20]: response = requests.post(url=login_url, data=data)
```

另一种方式是使用服务器返回的 cookie 进行后续访问，合法的 cookie 相当于访问凭证，用以表明这是一个已登录的客户端。我们可以通过 requests 库所提供的接口，获取登录后返回的 cookie 值。

```
In [21]: login_res = requests.post(url=login_url, data=data)

In [22]: cookies = requests.utils.dict_from_cookiejar(login_res.cookies)
```

然后，再带着 cookie 值抓取我们要访问的页面数据。

```
In [23]: visit_res = requests.get(url=visit_url, cookies=cookies)
```

对于需要验证码登录的情况，可以先人工登录后，通过浏览器获取登录后的 cookie 值，再用类似的方法用 cookie 继续访问不同的页面。

12.2.3 连接超时

当我们在访问网络数据、爬取页面数据时，难免会遇到连接超时的情况，这可能是网络不通、网络卡顿、网络不稳定造成的断链问题，也可能是服务器出现了异常。应对这种异常情况，通用的方式是引入重连机制，在响应超时的情况下再次尝试向服务器发起请求。为了实现重连机制，我们需要导入 requests 库里的 HTTP 适配器。

```
In [1]: import requests

In [2]: from requests.adapters import HTTPAdapter
```

接着创建会话对象，通过会话对象可以针对 HTTP 和 HTTPS 分别设置重连次数，示例中重连次数设置为 3。

```
In [3]: session = requests.Session()

In [4]: session.mount('http://', HTTPAdapter(max_retries=3))

In [5]: session.mount('https://', HTTPAdapter(max_retries=3))
```

然后，访问一个不存在的网站来模拟连接超时异常，并设置超时时间为 5 秒。

```
In [6]: try:
   ...:     r = session.get('https://www.fakewebsite.com', timeout=5)
   ...: except requests.exceptions.RequestException as e:
   ...:     print(e)
   ...:
HTTPSConnectionPool(host='www.fakewebsite.com', port=443): Max retries exceeded with
url: / (Caused by ConnectTimeoutError(<urllib3.connection.VerifiedHTTPSConnection object at
0x7fc517307990>, 'Connection to www.fakewebsite.com timed out. (connect timeout=5)'))
```

在实际应用场景中，重连次数和超时时间可以根据实践经验设置合理的阈值。

12.3 Scrapy 库

在自动化数据采集工具中，Scrapy 是被广泛使用的 Python 爬虫框架，可被应用在数据分析、网站运维和自动化测试等领域。本节将用 Scrapy 库爬取 UCI（University of California Irvine，加州大学欧文分校）机器学习的数据库，并以此为例引导你一步一步创建简单的爬虫项目。

12.3.1 搭建工程项目

在开始我们的爬虫之旅前，先确保已经安装了 Scrapy 库，你可以用 conda 或 pip 安装，下面的内容都是基于 1.6.0 版本的 Scrapy 库。

```
In [1]: import scrapy

In [2]: scrapy.__version__
Out[2]: '1.6.0'
```

当 Scrapy 库安装完成之后，我们就可以使用 Scrapy 提供的命令行工具创建我们的第一个工程项目。

```
scrapy startproject UCIML
```

抓取的目标对象是 UCI 机器学习的数据库，所以工程项目被命名为 UCIML。调用命令行后，Scrapy 会自动生成与项目同名的目录。工程目录包含如下文件。

```
`-- UCIML
    |-- scrapy.cfg
    `-- UCIML
        |-- __init__.py
        |-- items.py
        |-- middlewares.py
        |-- pipelines.py
        |-- __pycache__
        |-- settings.py
        `-- spiders
            |-- __init__.py
            `-- __pycache__
```

主要的工程文件和目录如下。

- scrapy.cfg：工程项目的配置文件，包含服务部署的基本配置信息，默认配置一般能够满足基础的项目需求。
- items.py：定义数据对象的代码脚本，数据对象所包含的所有字段都在该文件中定义。
- middlewares.py：定义中间件的代码脚本，主要用于处理代理 IP、cookie 管理等事务。本例的爬虫项目较简单，不涉及中间件的编写。
- pipelines.py：数据管道的代码脚本，数据管道用于处理提取的数据项，如将提取的数据写入文件。
- settings.py：Scrapy 服务的设置文件，包括了设置客户端名称、缓存功能、Robots 协议等，可以根据需要修改。
- spiders：存放爬虫代码的目录，将爬虫类的定义放在该目录下才能被正常调用。

其中，关于 settings.py 文件，要强调的是 Robots 协议的相关配置。

```
# Obey robots.txt rules
ROBOTSTXT_OBEY = True
```

默认配置的情况下，Scrapy 服务会先抓取 robots.txt 文件，并遵循文件里定义的协议规则，因此不建议修改该项的默认值。

12.3.2 编写爬虫

爬虫是执行数据爬取任务的主体，爬虫的行为模式通过 Spider 类来定义。在 Spider

类中，你可以定义如何抓取数据、如何解析数据。为了抓取 UCI 数据库中的数据集信息，我们在 UCIML/spiders 目录下创建了一个名为 uciml_spider.py 的文件，用于编写爬虫机器人。

```
# -*- coding: utf-8 -*-

import scrapy


class UcimlSpider(scrapy.Spider):
    name = "uciml"
    start_urls = [
        'https://archive.ics.uci.edu/ml/datasets.php'
    ]

    def parse(self, response):
        pass
```

创建的爬虫必须继承 scrapy.Spider 类，并且定义 3 个基本属性。

- name：爬虫的名字，也是唯一标识，一个工程项目中多个爬虫类不允许重名。
- start_urls：爬取的目标链接，是一个列表，可以指定多个链接。
- parse：数据解析函数，针对每一个爬取目标返回的响应（response）都会调用该函数进行数据解析或执行后续的操作。

示例中，在 parse 函数里暂时没有执行任何操作，后续我们会根据网站数据的结构进行重新编写。你也可以选择在 parse 函数中将返回的页面数据保存到文件中，以便进一步观察或解析网页源代码。

```
def parse(self, response):
    with open('datasets.html', 'wb') as fp:
        fp.write(response.body)
```

这里 parse 函数的输入参数是 Scrapy 库的 response 对象。

12.3.3 数据选择器

为了从原始的网页中提取结构化数据，我们需要借助 Scrapy 的选择器，它是一种基于 XPath 和 CSS 语法的表达机制。Scrapy 终端（shell）支持我们在交互式的控制台里尝试使用选择器查询数据，可以使用如下命令行开启 shell 功能。

```
scrapy shell "https://archive.ics.uci.edu/ml/datasets.php"
```

命令行的参数为爬取的目标链接，可以从 Spider 类的 start_urls 中挑选一个目标链接，建议给链接加上引号以防特殊字符导致的命令行异常。启动 shell 后，进入控制台之前，输出屏幕上会显示可用的 Scrapy 对象。

```
[s] Available Scrapy objects:
[s]   scrapy     scrapy module (contains scrapy.Request, scrapy.Selector, etc)
[s]   crawler    <scrapy.crawler.Crawler object at 0x7f6467d94690>
[s]   item       {}
[s]   request    <GET https://archive.ics.uci.edu/ml/datasets.php>
[s]   response   <200 https://archive.ics.uci.edu/ml/datasets.php>
[s]   settings   <scrapy.settings.Settings object at 0x7f6467db6490>
[s]   spider     <DefaultSpider 'default' at 0x7f6467c54bd0>
[s] Useful shortcuts:
[s]   fetch(url[, redirect=True]) Fetch URL and update local objects (by default,
redirects are followed)
[s]   fetch(req)                  Fetch a scrapy.Request and update local objects
[s]   shelp()           Shell help (print this help)
[s]   view(response)    View response in a browser
2020-06-17 08:41:58 [asyncio] DEBUG: Using selector: EpollSelector
In [1]:
```

对于使用选择器来说，最重要的对象为 response。通过 response.body 可以查看完整的页面数据。

```
In [1]: response.body[0:138]
Out[1]: b'<!DOCTYPE HTML PUBLIC \\"-//W3C//DTD HTML 4.01 Transitional//EN\\">\
n<html>\n<head>\n<title>UCI Machine Learning Repository: Data Sets</title>\n'
```

如果输入 response.selector，可以获取整个页面的数据选择器。

```
In [2]: response.selector
Out[2]: <Selector xpath=None data='<html><body><p>"-//W3C//DTD HTML 4.01...'>
```

查询节点的方式可以是调用选择器的查询接口，如 response.seletor.xpath 方法，或是用其快捷方式。

```
In [3]: response.xpath('//title/text()')
Out[3]: [<Selector xpath='//title/text()' data='UCI Machine Learning Repository:
Data...'>]
```

上面的例子查询的是所有 <title> 标签的文本内容，返回的是对应节点的选择器，我们也可以通过 response.css 方法传入 CSS 表达式进行查询。

```
In [4]: response.css('title::text')
Out[4]: [<Selector xpath='descendant-or-self::title/text()' data='UCI Machine
Learning Repository: Data...'>]
```

如果需要获取节点数据，可以使用 extract 方法从选择器中提取数据。

```
In [5]: response.xpath('//title/text()').extract()
Out[5]: ['UCI Machine Learning Repository: Data Sets']
```

数据选择器也支持正则表达式查询。

```
In [6]: response.xpath('//title/text()').re(r':\s*(.*)')
Out[6]: ['Data Sets']
```

接着，我们要尝试用数据选择器的 xpath 方法查询 UCI 机器学习数据集的基本信息。在找到合适的 XPath 表达式之前，我们先查看网页的源代码，了解其数据结构。下面是截取的数据集表格的表头信息。

```
<table border = 1 cellpadding = 5><tr bgcolor="#003366">
                        <td class="normal, whitetext"><p class="normal, whitetext"><a
href='datasets.php?format=&task=&att=&area=&numAtt=&numIns=&type=&sort=nameDown&view=
table'><b>Name</b></a></p></td>
                        <!-- <td><p class="normal, whitetext"><b>Abstract</b></p></td>
-->
                      <td><p class="normal, whitetext"><a href='datasets.php?format=&t
ask=&att=&area=&numAtt=&numIns=&type=&sort=typeUp&view=table'><b>Data Types</b></a></p>
</td>
                      <td><p class="normal, whitetext"><a href='datasets.php?format=&t
ask=&att=&area=&numAtt=&numIns=&type=&sort=taskUp&view=table'><b>Default Task</b></a>
</p></td>
                       <td><p class="normal, whitetext"><a href='datasets.php?format=&
task=&att=&area=&numAtt=&numIns=&type=&sort=attTypeUp&view=table'><b>Attribute Types
</b></a></p></td>
                      <td><p class="normal, whitetext"><a href='datasets.php?format=&t
ask=&att=&area=&numAtt=&numIns=&type=&sort=instUp&view=table'><b># Instances</b></a>
</p></td>
                       <td><p class="normal, whitetext"><a href='datasets.php?format=&
task=&att=&area=&numAtt=&numIns=&type=&sort=attUp&view=table'><b># Attributes</b></a></p>
</td>
                     <td><p class="normal, whitetext"><a href='datasets.php?format=&ta
sk=&att=&area=&numAtt=&numIns=&type=&sort=dateUp&view=table'><b>Year</b></a></p></td>

                     <!-- <td><p class="normal, whitetext"><b>Area</b></p></td> -->


                     </tr><tr>
```

你可以通过浏览器查看网页的源代码，或是将源代码保存到文件进行观察。根据上面的节点信息，我们查询所有 <table> 标签的节点，并且通过属性过滤出数据集表格所在的节点。

```
In [7]: response.xpath('//tr/td/table[@border=1][@cellpadding=5]')
Out[7]: [<Selector xpath='//tr/td/table[@border=1][@cellpadding=5]' data='<table
border="1" cellpadding="5"><tr...'>]
```

在数据集的表格中，除去第一行的表头，其他均为我们要收集的各个数据集。

```
In [8]: sel_list = response.xpath('//tr/td/table[@border=1][@cellpadding=5]').
xpath('tr')[1:]
```

从截取的表头信息中，可以了解到表格有 7 列，分别描述了数据集的不同特征。我们以第一个数据集为例，提取其名称和其他 6 项数据。

```
In [9]: sel_list[0].xpath('td/*//b/a/text()').extract()
Out[9]: ['Abalone']

In [10]: sel_list[0].xpath('td/p/text()').extract()
Out[10]:
['Multivariate\xa0',
 'Classification\xa0',
 'Categorical, Integer, Real\xa0',
 '4177\xa0',
 '8\xa0',
 '1995\xa0']
```

经过选择器的尝试过程，我们可以重新编写 Spider 类的 parse 函数。

```
# -*- coding: utf-8 -*-

import scrapy


class UcimlSpider(scrapy.Spider):
    name = "uciml"
    start_urls = [
        'https://archive.ics.uci.edu/ml/datasets.php'
    ]

    def parse(self, response):
        sel_list = response.xpath('//tr/td/table[@border=1][@cellpadding=5]/tr')
[1:]
        for sel in sel_list:
            name = sel.xpath('td/*//b/a/text()').extract()
            other_cols = sel.xpath('td/p/text()').extract()
            [data_type, default_task, attr_type, instances, attrs, year] = other_
cols
            yield {
                'name': name,
                'data_type': data_type,
                'default_task': default_task,
                'attr_type': attr_type,
                'instances': instances,
```

```
            'attrs': attrs,
            'year': year
        }
```

保存重新编写后的 Spider 类，并在工程项目的根目录下执行下面的命令行运行爬虫。

```
scrapy crawl uciml
```

运行命令行时，通过爬虫的名字来指定要运行的 Spider 类，运行后从输出结果中可以看到解析后返回的结构化数据以字典形式呈现出来。

```
2020-06-17 13:21:43 [scrapy.core.engine] INFO: Spider opened
2020-06-17 13:21:43 [scrapy.extensions.logstats] INFO: Crawled 0 pages (at 0 pages/min), scraped 0 items (at 0 items/min)
2020-06-17 13:21:43 [scrapy.extensions.telnet] INFO: Telnet console listening on 127.0.0.1:6023
2020-06-17 13:21:44 [scrapy.core.engine] DEBUG: Crawled (404) <GET https://archive.ics.uci.edu/robots.txt> (referer: None)
2020-06-17 13:21:57 [scrapy.core.engine] DEBUG: Crawled (200) <GET https://archive.ics.uci.edu/ml/datasets.php> (referer: None)
2020-06-17 13:21:57 [scrapy.core.scraper] DEBUG: Scraped from <200 https://archive.ics.uci.edu/ml/datasets.php>
{'name': ['Abalone'], 'data_type': 'Multivariate\xa0', 'default_task': 'Classification\xa0', 'attr_type': 'Categorical, Integer, Real\xa0', 'instances': '4177\xa0', 'attrs': '8\xa0', 'year': '1995\xa0'}
2020-06-17 13:21:57 [scrapy.core.scraper] DEBUG: Scraped from <200 https://archive.ics.uci.edu/ml/datasets.php>
{'name': ['Adult'], 'data_type': 'Multivariate\xa0', 'default_task': 'Classification\xa0', 'attr_type': 'Categorical, Integer\xa0', 'instances': '48842\xa0', 'attrs': '14\xa0', 'year': '1996\xa0'}
```

需要说明的是，在没有安装任何其他的 Python 终端工具的前提下，默认进入的是 Python 自带的控制台。但我们安装了 IPython 工具，所以示例中默认进入的是 IPython 的控制台。当你有多个 Python 终端工具可选择时，可以通过 scrapy.cfg 进行配置。

```
[settings]
shell = python
```

12.3.4 定义数据对象

你应该已经发现，解析后的结构化数据可以存储在 Python 内置的字典中并返回出来。但是如果需要对解析后的数据进行后续的处理，包括数据转换、数据清理、数据存储等操作，应该把数据存储在 Scrapy 的数据对象中，再输送到数据管道中进行处理。数据对象是用来存储抓取的单个数据项的，在 Scrapy 中被称为 Item，其使用方法大致与 Python 字典相同。我们根据 UCI 数据库网站提供的数据建模，创建能够描述单个数据集合的 Item

对象，编辑 UCIML/items.py 文件。

```
# -*- coding: utf-8 -*-

import scrapy


class DatasetItem(scrapy.Item):
    name = scrapy.Field()
    data_type = scrapy.Field()
    default_task = scrapy.Field()
    attr_type = scrapy.Field()
    instances = scrapy.Field()
    attrs = scrapy.Field()
    year = scrapy.Field()
```

Scrapy 的数据对象基于对象关系映射模型（ORM）将数据映射到 scrapy.Item 类的属性中，scrapy.Field 是类属性的数据类型。接着，我们再次编辑 UCIML/spiders/uciml_spider.py，导入新创建的 Item 类，并修改 Spider 类的 parse 函数把数据以 Item 对象的形式返回。

```
# -*- coding: utf-8 -*-

import scrapy
from UCIML.items import DatasetItem


class UcimlSpider(scrapy.Spider):
    name = "uciml"
    start_urls = [
        'https://archive.ics.uci.edu/ml/datasets.php'
    ]

    def parse(self, response):
         sel_list = response.xpath('//tr/td/table[@border=1][@cellpadding=5]/tr')
[1:]
        for sel in sel_list:
            name = sel.xpath('td/*//b/a/text()').extract()
            other_cols = sel.xpath('td/p/text()').extract()
            [data_type, default_task, attr_type, instances, attrs, year] = other_
cols
            item = DatasetItem()
            item['name'] = name
            item['data_type'] = data_type
            item['default_task'] = default_task,
            item['attr_type'] = attr_type
```

```
            item['instances'] = instances,
            item['attrs'] = attrs,
            item['year'] = year
            yield item
```

再次启动爬虫时，抓取的数据以 Item 对象返回。

```
    2020-06-17 14:11:55 [scrapy.core.scraper] DEBUG: Scraped from <200 https://
archive.ics.uci.edu/ml/datasets.php>
    {'attr_type': 'Categorical, Integer, Real\xa0',
     'attrs': ('8\xa0',),
     'data_type': 'Multivariate\xa0',
     'default_task': ('Classification\xa0',),
     'instances': ('4177\xa0',),
     'name': ['Abalone'],
     'year': '1995\xa0'}
```

12.3.5 数据管道

从数据结构上看，Item 对象与字典对象几乎无异，但是 Item 对象可以被输入数据管道中。在数据管道中，我们可以对抓取到的数据进行一些简单的处理并将处理后的数据存储到文件中。下面让我们打开 UCIML/pipelines.py 脚本，先了解一下如何编写数据管道。

```
class UcimlPipeline(object):
    def process_item(self, item, spider):
        return item
```

管道类非常简单，最核心的内容就是 process_item 函数，这个函数就是用于处理提取后的数据项的。管道类的 process_item 函数接收两个参数，一个是抓取的 Item 对象，另一个是执行抓取动作的 Spider 对象。接下来，我们将重写 process_item 函数，进行一些简单的数据转换，包括从列表和元组中提取数据、去除 unicode 字符串中的空格。

```
class UcimlPipeline(object):
    def process_item(self, item, spider):
        for field in item.fields:
            if isinstance(item[field], str):
                item[field] = item[field].strip()
            else:
                item[field] = item[field][0].strip()
        return item
```

如需把抓取的数据以 JSON 格式保存到文件中，你可以使用 json 库导出数据，但更推荐使用 Scrapy 提供的数据导出工具，如 JsonItemExporter 类。对于导出 Item 对象，Scrapy 内置的导出工具提供了更便捷的接口，下面是一个例子。

```
# -*- coding: utf-8 -*-

from scrapy.exporters import JsonItemExporter


class UcimlPipeline(object):
    def __init__(self):
        self.fp = open('uciml_datasets.json', 'wb')
        self.exporter = JsonItemExporter(self.fp, encoding='utf-8')
        self.exporter.start_exporting()

    def process_item(self, item, spider):
        for field in item.fields:
            if isinstance(item[field], str):
                item[field] = item[field].strip()
            else:
                item[field] = item[field][0].strip()
        self.exporter.export_item(item)
        return item

    def close_spider(self, spider):
        self.exporter.finish_exporting()
        self.fp.close()
```

示例中，我们添加了类的初始化函数用于执行准备工作，如打开文件并获取文件句柄，添加的 close_spider 函数则用于在关闭爬虫后执行清理工作，如关闭文件句柄。当数据管道准备好后，我们还需要在 settings.py 中启用管道组件。

```
ITEM_PIPELINES = {
    'UCIML.pipelines.UcimlPipeline': 300,
}
```

配置的关键字为 ITEM_PIPELINES，允许添加多个管道组件，组件模块名后面的数字表示调用管道的先后顺序（从低到高），数字的范围通常为 0 ～ 1000。最后，我们启动爬虫，查看数据管道的作用。

```
2020-06-17 15:05:50 [scrapy.core.engine] DEBUG: Crawled (200) <GET https://archive.ics.uci.edu/ml/datasets.php> (referer: None)
2020-06-17 15:05:50 [scrapy.core.scraper] DEBUG: Scraped from <200 https://archive.ics.uci.edu/ml/datasets.php>
{'attr_type': 'Categorical, Integer, Real',
 'attrs': '8',
 'data_type': 'Multivariate',
 'default_task': 'Classification',
 'instances': '4177',
```

```
'name': 'Abalone',
'year': '1995'}
```

从输出结果可以发现，提取的数据项已经经过了转换，特征值均转换为字符串类型并删除了末尾 unicode 编码的空格。同时，提取的数据也保存到了指定的文件中。实际上，数据管道能处理更复杂的数据预处理工作，你可以结合前面学习的关于数据预处理的知识，并将其应用在数据管道中。

第13章 Scikit-learn 机器学习

Scikit-learn 是机器学习工具包，建立在 NumPy、SciPy 和 Matplotlib 基础之上。本章将以抛砖引玉的方式介绍 Scikit-learn 的语法特点和简单的模型建立方法，如果你想更进一步地了解机器学习算法以及 Scikit-learn 工具包，可以到 Scikit-learn 官方网站中查看更详尽的用户手册和大量的示例代码。

13.1 选择合适的机器学习模型

广义上来说，机器学习研究的是如何让计算机模拟或实现人类的学习行为，从而获取新的知识。通常情况下，机器学习需要输入样本数据，然后通过训练建立模型，模型可用于预测或挖掘隐藏的规律。根据不同的应用，机器学习大致可分为以下两种。

- 监督学习。监督学习描述的是通过观察和学习带有目标值的训练集，描述输入和输出的关系模型，再基于训练模型进行预测。分类和回归是非常典型的监督学习：分类问题学习的是带有类别标签的样本数据，根据数据特征和类别标签的关系，对未分配的数据进行分类，通常被认为是监督学习的离散形式；回归问题则是要找出输入和输出之间的函数关系，预测结果往往是连续数值。
- 无监督学习。无监督学习处理的是不带目标值的数据集，在没有预期结果的前提下执行学习任务，通过观察数据本身的特征，发现数据背后的模式或数据点之间的相关性。无监督学习常用于数据分组（聚类），或描述数据的分布情况，或对数据空间进行降维。

在实际应用中，机器学习问题的难点在于模型选择上，因此要根据待解决的问题和数据集的特点选择合适的学习模型。

13.2 数据预处理

Scikit-learn 提供了预处理模块，即 sklearn.preprocessing 模块，能够将原始的特征向量转换为更适合机器学习算法的形式。该 preprocessing 模块支持机器学习中常用的数据预处理功能，包括数据缩放、数据转换、归一化以及离群数据的处理等。

13.2.1 标准化

对于 Scikit-learn 中实现的很多机器学习算法，将数据集进行标准化是常见的需求。许多目标函数都是假定所有特征的均值为零且方差在同一阶数上，如果个别数据特征不服从标准正态分布，如方差数量级较大，则会影响学习过程，降低模型的准确度。因此，标准化是机器学习中非常重要的一种数据预处理手段。下面是通过 scale 函数进行标准化的例子。

```
In [1]: from sklearn import preprocessing

In [2]: import numpy as np

In [3]: data = np.random.randint(1, 10, (4, 4))

In [4]: data
Out[4]:
array([[8, 8, 3, 8],
       [9, 9, 2, 7],
       [5, 1, 6, 2],
       [8, 5, 1, 7]])

In [5]: data_scaled = preprocessing.scale(data)

In [6]: data_scaled
Out[6]:
array([[ 0.33333333,  0.7228974 ,  0.        ,  0.85280287],
       [ 1.        ,  1.04418513, -0.53452248,  0.42640143],
       [-1.66666667, -1.52611672,  1.60356745, -1.70560573],
       [ 0.33333333, -0.2409658 , -1.06904497,  0.42640143]])
```

处理后的数据均值为 0，方差为 1。

```
In [7]: data_scaled.mean(axis=0).round(2)
Out[7]: array([-0., -0.,  0., -0.])

In [8]: data_scaled.std(axis=0).round(2)
Out[8]: array([1., 1., 1., 1.])
```

在监督学习中我们需要同时处理训练集和测试集，预处理模块提供的 StandardScaler 可以先适配训练集的数据，然后对测试集应用相同的转换操作。StandardScaler 类在适配过程中会计算训练集的平均值和标准差，以便能够在测试集上应用相同的变换。

```
In [9]: x_data = np.random.randint(1, 10, (8, 4))

In [10]: x_train, x_test = x_data[0:4, :], x_data[4:8, :]

In [11]: scaler = preprocessing.StandardScaler()
```

```
In [12]: scaler.fit(x_train)
Out[12]: StandardScaler(copy=True, with_mean=True, with_std=True)

In [13]: scaler.mean_
Out[13]: array([3.75, 5.75, 5.25, 3.  ])

In [14]: scaler.var_
Out[14]: array([5.6875, 1.1875, 8.1875, 5.5   ])
```

适配后的转换器可以用 transform 接口对训练集进行标准化。

```
In [15]: x_train_scaled = scaler.transform(x_train)

In [16]: x_train_scaled.mean(axis=0)
Out[16]: array([ 0.00000000e+00,  5.55111512e-17,  0.00000000e+00, -1.38777878e-
17])

In [17]: x_train_scaled.std(axis=0)
Out[17]: array([1., 1., 1., 1.])
```

调用转换接口，可以将同样的转换操作应用在测试集上。

```
In [18]: scaler.transform(x_test)
Out[18]:
array([[ 2.20139816,  1.14707867, -0.43685203, -0.42640143],
       [-0.31448545, -1.60591014, -1.4852969 , -0.42640143],
       [ 2.20139816, -4.35889894, -0.43685203,  1.70560573],
       [ 0.52414242,  0.22941573, -0.43685203,  1.2792043 ]])
```

13.2.2 归一化

归一化是将特征数据缩放到限定范围内，通常是 0 ～ 1。不同的特征之间可能具有量纲和数量级上的差异，归一化可以避免这种差异带来的负面影响，加速优化过程。预处理模块中，normalize 函数提供了快速、便捷的归一化操作。

```
In [1]: from sklearn import preprocessing

In [2]: import numpy as np

In [3]: data = np.random.randint(1, 10, (4, 4))

In [4]: data
Out[4]:
array([[6, 4, 2, 4],
       [9, 6, 9, 9],
       [2, 4, 1, 7],
```

```
       [3, 6, 7, 1]])

In [5]: data_normalized = preprocessing.normalize(data, norm='l2')

In [6]: data_normalized
Out[6]:
array([[0.70710678, 0.47140452, 0.23570226, 0.47140452],
       [0.53881591, 0.3592106 , 0.53881591, 0.53881591],
       [0.23904572, 0.47809144, 0.11952286, 0.83666003],
       [0.30779351, 0.61558701, 0.71818485, 0.10259784]])
```

其中，norm 参数用来指定归一化所使用的范数类型，支持 L1 和 L2 范数，对应的参数值分别为 l1 和 l2。预处理模块还提供了 Normalizer 转换器，类似于标准化的 StandardScaler 转换器，它在数据适配后可以对所有输入对象进行统一的归一化操作。下面是该转换器的用法示例。

```
In [7]: normalizer = preprocessing.Normalizer(norm='l2')

In [8]: normalizer.fit(data)
Out[8]: Normalizer(copy=True, norm='l2')

In [9]: data2 = np.random.randint(1, 10, (1, 4))

In [10]: normalizer.transform(data2)
Out[10]: array([[0.08873565, 0.26620695, 0.53241391, 0.79862086]])
```

初始化转换器时，可以通过 norm 参数指定范数类型，默认值为 l2。执行归一化转换前，需要调用 fit 接口进行数据适配。归一化转换的接口为 transform，输入参数是待转换的数组。

13.2.3 正态化

在很多机器学习的建模场景下，都期望特征变量服从正态分布。幂变换是一类参数化的单调变换，旨在将原数据分布尽可能地映射到高斯分布中，以达到稳定方差、降低偏度的目的。预处理模块的 PowerTransformer 转换器支持两种幂变换，分别是 Yeo-Johnson 幂变换和 Box-Cox 幂变换，通过 method 参数来指定。例如，使用 Box-Cox 幂变换。

```
In [1]: from sklearn import preprocessing

In [2]: import numpy as np

In [3]: data = np.random.RandomState(616).lognormal(size=(4, 4))

In [4]: transformer = preprocessing.PowerTransformer(method='box-cox',
```

```
standardize=False)

In [5]: data
Out[5]:
array([[1.28331718, 1.18092228, 0.84160269, 0.94293279],
       [1.60960836, 0.3879099 , 1.35235668, 0.21715673],
       [1.09977091, 0.98751217, 3.10856524, 1.64193898],
       [0.88024529, 0.21202234, 4.17198777, 0.46721295]])

In [6]: transformer.fit_transform(data)
Out[6]:
array([[ 0.24840307,  0.1711119 , -0.16980009, -0.05849047],
       [ 0.47219482, -0.80902253,  0.3101936 , -1.35809287],
       [ 0.09494971, -0.01253951,  1.25813603,  0.51566077],
       [-0.12782912, -1.20392375,  1.62867338, -0.7173335 ]])
```

PowerTransformer 类默认会将标准化操作应用到转换后的输出结果上，可以在初始化时通过指定 standardize 为 False 来关闭这个默认选项。

13.3 监督学习

13.3.1 线性模型

线性模型是指目标值与特征值之间存在线性映射关系，用数学公式表示如下：

$$y = w_1x_1 + w_2x_2 + \cdots + w_dx_d + b$$

通过训练和学习，我们需要定义模型中的权重系数 $w = (w_1, \cdots, w_d)$ 和截距 b。在 Scikit-learn 中，linear_model 模块提供了许多线性拟合的方法，这里我们介绍两种简单的拟合方法：普通最小二乘法和岭回归。我们先准备一份用于拟合的线性数据，权重系数为 5，截距为 6，并添加噪声。

```
In [1]: from sklearn.linear_model import LinearRegression

In [2]: import numpy as np
In [2]: import numpy as np

In [3]: x = np.linspace(0, 10, 10).reshape(-1, 1)

In [4]: noise = np.random.uniform(-2, 2, size=10).reshape(-1, 1)

In [5]: y = 5 * x + 6 + noise
```

1. 普通最小二乘法

普通最小二乘法通过最小化预测值和观测值之间的误差的平方和，寻找最优的线性模型。在 Scikit-learn 中，实现普通最小二乘法的模型叫作 linearRegression，提供拟合功能的接口是 fit 函数，用法如下。

```
In [6]: liner1 = LinearRegression()

In [7]: liner1.fit(x, y)
Out[7]: LinearRegression(copy_X=True, fit_intercept=True, n_jobs=None,
normalize=False)
```

拟合参数可通过下面的属性访问方式获取。

```
In [8]: liner1.coef_, liner1.intercept_
Out[8]: (array([[4.9552105]]), array([5.93019745]))
```

拟合的权重系数和截距非常接近原值，拟合的准确度较高，噪声的影响较小。

2. 岭回归

岭回归可以看作改良的最小二乘法，它引入了一个惩罚项以解决普通最小二乘法存在的局限性，惩罚项中的 α 为控制权重系数收缩量的参数。在 Scikit-learn 中，由 Ridge 类提供算法的实现，也是通过调用 fit 函数完成拟合。

```
In [9]: from sklearn.linear_model import Ridge

In [10]: liner2 = Ridge(alpha = 0.5)

In [11]: liner2.fit(x, y)
Out[11]:
Ridge(alpha=0.5, copy_X=True, fit_intercept=True, max_iter=None,
      normalize=False, random_state=None, solver='auto', tol=0.001)
```

同样地，通过属性访问可以获取拟合参数。

```
In [12]: liner2.coef_, liner2.intercept_
Out[12]: (array([[4.98560711]]), array([5.86639508]))
```

我们依然可以简单地比较拟合参数与原系数判断拟合效果，也可以绘制拟合曲线从而更直观地观察拟合结果。

```
In [13]: import matplotlib.pylab as plt

In [14]: plt.scatter(x, y)
Out[14]: <matplotlib.collections.PathCollection at 0x7f877900c1d0>
```

```
In [15]: y_reg1 = liner1.coef_ * x + liner1.intercept_

In [16]: plt.plot(x, y_reg1, color='k')
Out[16]: [<matplotlib.lines.Line2D at 0x7f8778f914d0>]

In [17]: plt.show()
```

原数据点平均地分布在拟合曲线两侧，表明拟合效果很好，如图 13-1 所示。

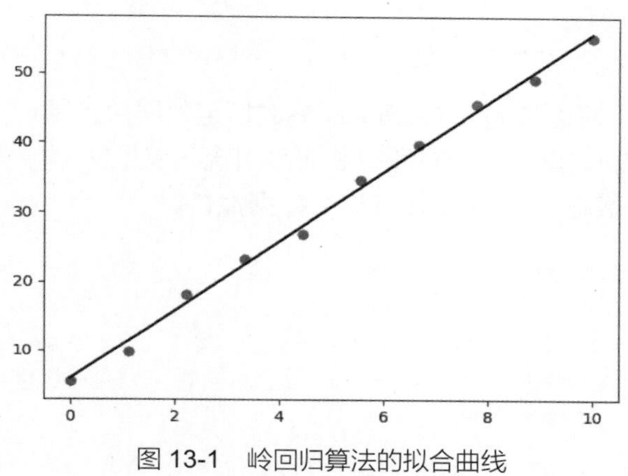

图 13-1　岭回归算法的拟合曲线

13.3.2　最近邻算法

最近邻算法是一种基于样本实例的学习方法，它并不是通过训练去构建一个内部模型，而是简单地存储训练集中的样本实例。分类由邻近数据点通过简单投票决定：如果一个样本最邻近的数据样本大部分都属于某一个类别，那么该样本也属于这个类别。Scikit-learn 中的 neighbors 模块提供了两种最近邻的算法实现：K 最近邻算法和 R 最近邻算法。

为了了解这两种最近邻算法在 Scikit-learn 中的用法，我们导入 Scikit-learn 自带的波士顿房价数据集，并拆分成训练集和测试集。

```
In [1]: from sklearn import datasets

In [2]: from sklearn.model_selection import train_test_split

In [3]: dataset = datasets.load_boston()

In [4]: x = dataset.data

In [5]: y = dataset.target

In [6]: x_train, x_test, y_train, y_test = train_test_split(x, y)
```

1. K 最近邻算法

K 最近邻算法由 KNeighborsRegressor 类实现，它选取数据空间中与查询点距离最近的 *k* 个数据点作为邻居。该类的用法很简单，分为 3 步：建立模型、拟合、预测。我们来看下面的示例。

（1）输入模型参数，并创建模型的实例对象。

```
In [7]: from sklearn.neighbors import KNeighborsRegressor

In [8]: KNN_reg = KNeighborsRegressor(n_neighbors=6, weights='uniform')
```

设置模型参数时，可以传递 n_neighbors 参数指定邻居数，默认为 5；传递 weights 参数设置权重，默认值为 uniform，即对所有邻居采用统一权重。

（2）输入训练集数据，调用 fit 接口进行数据拟合。

```
In [9]: KNN_reg.fit(x_train, y_train)
Out[9]:
KNeighborsRegressor(algorithm='auto', leaf_size=30, metric='minkowski',
                    metric_params=None, n_jobs=None, n_neighbors=6, p=2,
                    weights='uniform')
```

（3）输入测试集，使用回归模型预测目标值。

```
In [10]: y_predict_knn = KNN_reg.predict(x_test)

In [11]: y_predict_knn[0:10]
Out[11]:
array([20.05      , 34.15      , 22.43333333, 21.76666667, 21.28333333,
       19.33333333, 26.25      , 11.65      , 16.81666667, 17.65      ])
```

2. R 最近邻算法

R 最近邻算法对应的类对象为 RadiusNeighborsRegressor，它选取查询点在指定半径内的数据点作为邻居。关于 RadiusNeighborsRegressor 类的用法，大致也是分为 3 步。

（1）设置模型参数，半径由 radius 参数指定，这里我们设置为训练集数据的方差。

```
In [12]: from sklearn.neighbors import RadiusNeighborsRegressor

In [13]: RNN_reg = RadiusNeighborsRegressor(radius=x_train.std())
```

（2）调用实例对象的 fit 接口进行数据拟合。

```
In [14]: RNN_reg.fit(x_train, y_train)
Out[14]:
RadiusNeighborsRegressor(algorithm='auto', leaf_size=30, metric='minkowski',
                         metric_params=None, n_jobs=None, p=2,
```

```
                    radius=145.67766023785666, weights='uniform')
```

（3）使用回归模型进行预测。

```
In [15]: y_predict_rnn = RNN_reg.predict(x_test)

In [16]: y_predict_rnn[0:10]
Out[16]:
array([23.04867257, 25.56008403, 17.83414634, 25.09409449, 17.83414634,
       24.88455598, 23.86666667, 25.0828125 , 23.59513514, 12.064     ])
```

使用R最近邻算法模型时，设置合理的半径值是很重要的。针对示例数据，如果我们使用默认半径值（默认值为1）建立模型，则无法做出任何目标值的预测。

```
In [17]: RNN_reg = RadiusNeighborsRegressor()

In [18]: RNN_reg.fit(x_train, y_train)
Out[18]:
RadiusNeighborsRegressor(algorithm='auto', leaf_size=30, metric='minkowski',
                         metric_params=None, n_jobs=None, p=2, radius=1.0,
                         weights='uniform')

In [19]: RNN_reg.predict(x_test)
/home/PandaTofu/anaconda3/lib/python3.7/site-packages/sklearn/neighbors/_
regression.py:362: UserWarning: One or more samples have no neighbors within specified
radius; predicting NaN.
  warnings.warn(empty_warning_msg)
Out[19]:
array([nan, nan, nan, nan, nan, nan, nan, nan, nan, nan, nan, nan, nan,
       nan, nan, nan, nan, nan, nan, nan, nan, nan, nan, nan, nan, nan,
       nan, nan, nan, nan, nan, nan, nan, nan, nan, nan, nan, nan, nan,
       nan, nan, nan, nan, nan, nan, nan, nan, nan, nan, nan, nan, nan,
       nan, nan, nan, nan, nan, nan, nan, nan, nan, nan, nan, nan, nan,
       nan, nan, nan, nan, nan, nan, nan, nan, nan, nan, nan, nan, nan,
       nan, nan, nan, nan, nan, nan, nan, nan, nan, nan, nan, nan, nan,
       nan, nan, nan, nan, nan, nan, nan, nan, nan, nan, nan, nan, nan,
       nan, nan, nan, nan, nan, nan, nan, nan, nan, nan, nan, nan, nan,
       nan, nan, nan, nan, nan, nan, nan, nan, nan, nan])
```

在提示信息中，你会发现模型无法工作的原因是半径值太小导致找不到样本点的邻居。因此，构建R最近邻算法模型时，建议对数据进行归一化处理，或根据数据值选择合理的半径。

3. 简单的模型评估

Scikit-learn 中的 metrics 模块实现了常用的评价指标，这些指标可以用来检验机器学习模型的效果。我们已经分别用两种最近邻算法的模型对相同的数据进行了数据拟合和目标值的预测，下面我们就通过比较预测值与真实目标值之间的误差，来简单地评估两个模型的预测效果。

```
In [20]: from sklearn.metrics import mean_absolute_error, mean_squared_error

In [21]: mean_absolute_error(y_test, y_predict_knn)
Out[21]: 4.9347769028871395

In [22]: mean_squared_error(y_test, y_predict_knn)
Out[22]: 47.715540244969375

In [23]: mean_absolute_error(y_test, y_predict_rnn)
Out[23]: 6.231782323377889

In [24]: mean_squared_error(y_test, y_predict_rnn)
Out[24]: 68.16601487338998
```

结果中，可以看出 K 最近邻算法模型的平均绝对误差和均方误差都小于 R 最近邻算法模型。因而，我们可以简单地推断出 K 最近邻算法模型更适用于波士顿房价数据集。实际上，这是一种粗糙的推断，模型的学习效果很大程度上与模型参数紧密相关。因此，我们不仅可以用评价指标比较不同类型的机器学习模型，还可以用来进行模型的参数调优。

13.3.3 支持向量机

支持向量机（Support Vector Machine，SVM）是机器学习模型中的二分类算法，但随着算法的演进，支持向量机也可以用来解决多分类问题甚至是回归问题。支持向量机中，选择不同的核函数，能够支持线性分类和非线性分类。

在 Scikit-learn 中，提供支持向量机算法的模块是 svm，其中包含的类有 LinearSVC、SVC 和 NuSVC。LinearSVC 实现的是线性支持向量机，不支持指定核函数的类型。虽然 LinearSVC 的自由度低，但是拥有更高的运行速度，尤其是在处理大数据量的分类问题上。SVC 和 NuSVC 都是基于 libsvm 库的，实现的算法也很相似，主要差别在于 NuSVC 引入了一个控制支持向量数量的参数。SVC 和 NuSVC 支持不同类型的核函数，可以通过 kernel 参数进行设置。

接下来，我们用 Scikit-learn 中的鸢尾花的数据集来简单介绍 SVC 的用法。先导入数据集，并拆分为训练集和测试集。

```
In [1]: from sklearn import datasets

In [2]: dataset = datasets.load_iris()
```

```
In [3]: x = dataset.data

In [4]: y = dataset.target

In [5]: from sklearn.model_selection import train_test_split

In [6]: x_train, x_test, y_train, y_test = train_test_split(x, y)
```

构建一个线性支持向量机，并输入训练集进行学习。

```
In [7]: from sklearn.svm import SVC

In [8]: clf = SVC(kernel='linear')

In [9]: clf.fit(x_train, y_train)
Out[9]:
SVC(C=1.0, break_ties=False, cache_size=200, class_weight=None, coef0=0.0,
    decision_function_shape='ovr', degree=3, gamma='scale', kernel='linear',
    max_iter=-1, probability=False, random_state=None, shrinking=True,
    tol=0.001, verbose=False)
```

完成学习后，我们便可以用模型对测试集进行分类。

```
In [10]: y_predict = clf.predict(x_test)

In [11]: y_predict
Out[11]:
array([2, 1, 1, 0, 1, 2, 0, 2, 0, 0, 1, 1, 2, 2, 0, 2, 0, 1, 2, 2, 0, 0,
       0, 2, 1, 0, 2, 1, 0, 1, 0, 2, 2, 0, 2, 2, 0, 1])
```

预测结果中，支持向量机给出了类别标签，我们可以与真实值进行比较，查看预测准确率。

```
In [12]: error = y_test - y_predict

In [13]: (error != 0).sum()
Out[13]: 1

In [14]: y_test.shape
Out[14]: (38,)

In [15]: 1 - 1.0/38
Out[15]: 0.9736842105263158
```

基于布尔型数组，我们知道只有 1 个样本的分类结果是错误的，从而计算获得预测的准确率达到了 97% 以上。

13.3.4 随机森林

随机森林是一种包含多个决策树的分类器，每棵决策树之间没有关联，森林的预测结果由每棵树的预测结果决定。每棵决策树的训练样本都是从训练集中以有放回抽样的方式生成的，在分裂节点时又会随机选取特征属性的子集。这两种随机性的目的在于降低估计偏差，同时也不容易陷入过拟合问题。

Scikit-learn 中由 ensemble 模块提供随机森林的相关算法，针对不同的用途提供了两个模型，分别为 RandomForestClassifier 和 RandomForestRegressor。随机森林通常被应用在分类问题上，因此这里我们提供一个 RandomForestClassifier 的示例。

我们依然使用鸢尾花的数据，并拆分成训练集和测试集。

```
In [1]: from sklearn import datasets

In [2]: from sklearn.model_selection import train_test_split

In [3]: dataset = datasets.load_iris()

In [4]: x = dataset.data

In [5]: y = dataset.target

In [6]: x_train, x_test, y_train, y_test = train_test_split(x, y)
```

RandomForestClassifier 的用法与其他模型相似，输入训练集进行学习，然后再对测试集进行预测。

```
In [7]: from sklearn.ensemble import RandomForestClassifier

In [8]: clf = RandomForestClassifier(max_depth=2, random_state=0)

In [9]: clf.fit(x_train, y_train)
Out[9]:
RandomForestClassifier(bootstrap=True, ccp_alpha=0.0, class_weight=None,
                       criterion='gini', max_depth=2, max_features='auto',
                       max_leaf_nodes=None, max_samples=None,
                       min_impurity_decrease=0.0, min_impurity_split=None,
                       min_samples_leaf=1, min_samples_split=2,
                       min_weight_fraction_leaf=0.0, n_estimators=100,
                       n_jobs=None, oob_score=False, random_state=0, verbose=0,
                       warm_start=False)

In [10]: y_predict = clf.predict(x_test)
```

同样地，我们评估下模型的预测准确率，不过这次我们用 metrics 模块直接计算准确率。

```
In [11]: from sklearn.metrics import accuracy_score

In [12]: accuracy_score(y_test, y_predict)
Out[12]: 0.9473684210526315
```

随机森林是一种非常灵活多变的学习模型，你可以在 Scikit-learn 官网中了解到更多的模型参数的使用方法。

13.4 无监督学习

13.4.1 K-means 聚类算法

K-means 聚类算法将样本自动分为 k 个组，每个组用组内样本的均值表示，这个均值称为该分组的质心，其中 k 是预先指定的分组数量。K-means 聚类算法的最大期望是最小化组内平方和（残差平方和），组内平方和越小表示组内的聚合度越大。K-means 算法是一种迭代求解的算法，迭代步骤大致分为以下 4 步。

（1）初始化 k 个质心，通常是从样本数据集中选取 k 个数据点。

（2）计算样本数据与每个质心间的距离，然后划分组别。

（3）根据组内的样本数据重新计算新的质心。

（4）计算新质心与原质心的距离，如果距离小于设定的阈值，表示质心的计算趋于收敛，分组趋于稳定，可以停止算法；否则，从第 2 步开始继续迭代。

K-means 算法可以很好地扩展到大数据量的样本中，并被广泛应用到多个领域中。在 Scikit-learn 的聚类模块中，我们可以找到 KMeans 类，它实现了 K-means 聚类算法。

在训练模型前，我们需要训练集和测试集，可以利用 datasets 模块的 make_blobs 接口生成。下面的示例中，我们指定了 3 个聚簇的中心点和方差，生成共 1000 个样本，每个样本包含两个特征值。

```
In [1]: from sklearn.datasets import make_blobs

In [2]: from sklearn.model_selection import train_test_split

In [3]: x, labels = make_blobs(n_samples=1000, n_features=2,
   ...:                        centers=[[0, 0], [1, 1], [1, 3]],
   ...:                        cluster_std=[0.4, 0.2, 0.2])
```

然后，将生成的多标签数据集拆分成训练集和测试集。

```
In [4]: x_train, x_test = train_test_split(x)
```

构建 KMeans 模型，并指定聚簇数量为 3，再输入数据对模型进行训练。

```
In [5]: from sklearn.cluster import KMeans

In [6]: kmeans = KMeans(n_clusters=3)

In [7]: kmeans.fit(x_train)
Out[7]:
KMeans(algorithm='auto', copy_x=True, init='k-means++', max_iter=300,
       n_clusters=3, n_init=10, n_jobs=None, precompute_distances='auto',
       random_state=None, tol=0.0001, verbose=0)
```

模型训练完成后，我们可以查看模型计算所得的质心。

```
In [8]: kmeans.cluster_centers_.round(2)
Out[8]:
array([[-0.06,  0.03],
       [ 1.  ,  3.01],
       [ 1.  ,  0.99]])
```

通过观察可以发现，模型计算的质心与原中心点已经很接近了。如需进一步检验模型的学习效果，我们可以通过预测测试数据的类标签来进行评估。

```
In [9]: import matplotlib.pylab as plt

In [10]: label_pred = kmeans.predict(x_test)

In [11]: set(kmeans.labels_)
Out[11]: {0, 1, 2}

In [12]: label_marker = {0: 'o', 1: '+', 2: '*'}

In [13]: for k, marker in label_marker.items():
    ...:     x_test_k = x_test[label_pred==k]
    ...:     plt.scatter(x_test_k[:, 0], x_test_k[:, 1], marker=marker,
color='k')
    ...:

In [14]: plt.show()
```

聚类结果以散点图（见图 13-2）方式呈现，不同的记号标识了不同的聚簇，大体的分组是比较正确的。这得益于合理的 n_clusters 参数，我们在建立模型时指定了聚簇数量为 3，这与生成的数据集是匹配的。但是实际业务场景中，我们常常无法提前知晓合理的聚簇数量，这就需要通过观察数据给定一个合理的初始值，再通过模型参数调优并逐步调整。

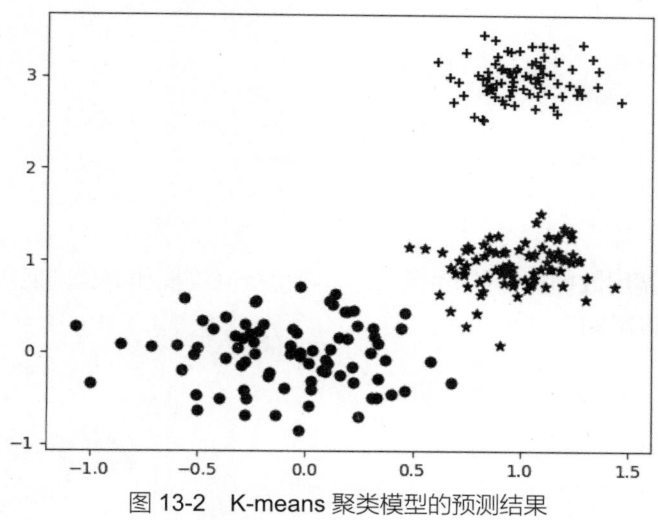

图 13-2　K-means 聚类模型的预测结果

13.4.2　主成分分析（PCA）

主成分分析是典型的数据降维思维，它将原本存在相关性的多个变量重新分组，转换为一组线性无关的变量组合。最经典的主成分分解方法是基于最大化方差的分解法，在所有的线性组合中选取方差最大的作为第一主成分。

在 Scikit-learn 中，decomposition 模块提供了实现主成分分析的类对象，类名为 PCA。Scikit-learn 中的 PCA 被视为一种转换器，通过拟合函数（即 fit 函数）学习输入数据，从而分解出主成分，并将新数据投影在主成分中。下面是 PCA 的示例，示例中使用的是鸢尾花数据集，每个样本具有 4 种特征变量。

```
In [1]: from sklearn import datasets

In [2]: dataset = datasets.load_iris()

In [3]: x = dataset.data

In [4]: y = dataset.target

In [5]: x.shape
Out[5]: (150, 4)
```

进行分析时，通过 n_components 参数设定主成分个数为 2，这样才能够将数据重新投影在二维平面上。

```
In [6]: from sklearn.decomposition import PCA

In [7]: pca = PCA(n_components=2)
```

```
In [8]: pca.fit(x)
Out[8]:
PCA(copy=True, iterated_power='auto', n_components=2, random_state=None,
    svd_solver='auto', tol=0.0, whiten=False)

In [9]: x_proj = pca.transform(x)
```

训练模型时，调用数据拟合的 fit 接口；需要执行降维操作时，则调用 transform 接口。最后，我们将数据投影到二维平面上。

```
In [10]: import matplotlib.pyplot as plt

In [11]: set(y)
Out[11]: {0, 1, 2}

In [12]: label_marker = {0: 'o', 1: '+', 2: '*'}

In [13]: for k, marker in label_marker.items():
    ...:     x_k = x_proj[y == k]
    ...:     plt.scatter(x_k[:, 0], x_k[:, 1], marker=marker, color='k')
    ...:

In [14]: plt.show()
```

从图 13-3 中可以观察到，投影后的数据基本保留了主特征，依然可以分辨出 3 种不同的鸢尾花类型。

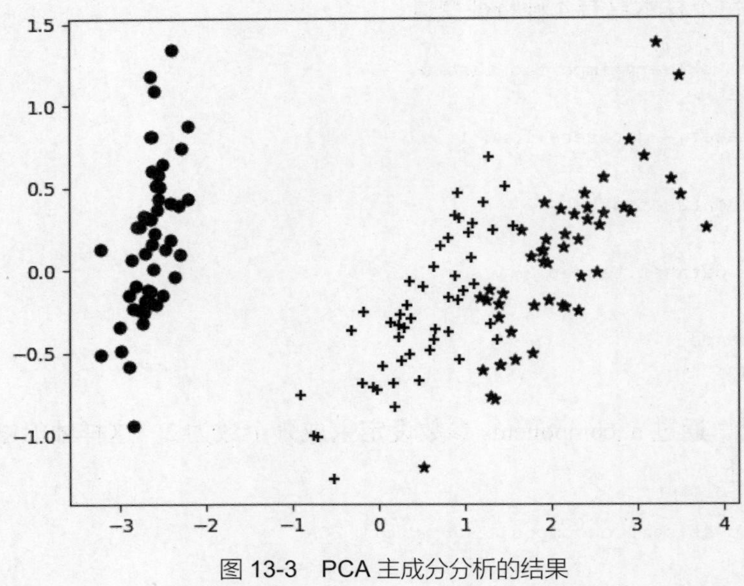

图 13-3 PCA 主成分分析的结果

13.4.3 高斯混合模型

高斯混合模型是对高斯模型的扩展，混合模型中使用多个高斯分布综合性地描述数据空间的分布。高斯混合模型作为被广泛使用的聚类算法，不仅使用高斯分布作为参数模型，同时还使用期望最大化算法进行训练，以求解最优的混合模型。在无监督学习模型中，高斯混合模型在算法核心上与 K-means 算法非常相似，都使用期望最大化的方式找到聚簇的质心。但是 K-means 的聚簇形状不灵活，聚簇边界为一个圆形，当数据分布较为复杂时，聚类效果则不太理想。高斯混合模型则更加灵活，它支持椭圆形的聚簇边界，通过不同的协方差类型可以适配更复杂的数据分布。

Scikit-learn 中的 mixture 模块是一个应用高斯混合模型进行无监督学习的工具包，其中 GaussianMixture 类对象实现了高斯混合模型的期望最大化算法。接下来，我们通过示例介绍 GaussianMixture 的简单用法，依然使用鸢尾花的数据集作为示例数据。

```
In [1]: from sklearn import datasets

In [2]: dataset = datasets.load_iris()

In [3]: x = dataset.data

In [4]: y = dataset.target
```

为了方便在二维平面上进行可视化，我们用主成分分析法对数据集进行降维。

```
In [5]: from sklearn.decomposition import PCA

In [6]: pca = PCA(n_components=2).fit(x)

In [7]: x_proj = pca.transform(x)
```

基于真实的分类标签，通过散点图（见图 13-4）描述原数据在二维平面上的分布。

```
In [8]: import matplotlib.pyplot as plt

In [9]: set(y)
Out[9]: {0, 1, 2}

In [10]: label_marker = {0: 'o', 1: '+', 2: '*'}

In [11]: for k, marker in label_marker.items():
    ...:     x_k = x_proj[y == k]
    ...:     plt.scatter(x_k[:, 0], x_k[:, 1], marker=marker)
    ...:

In [12]: plt.show()
```

```
In [13]: plt.cla()
```

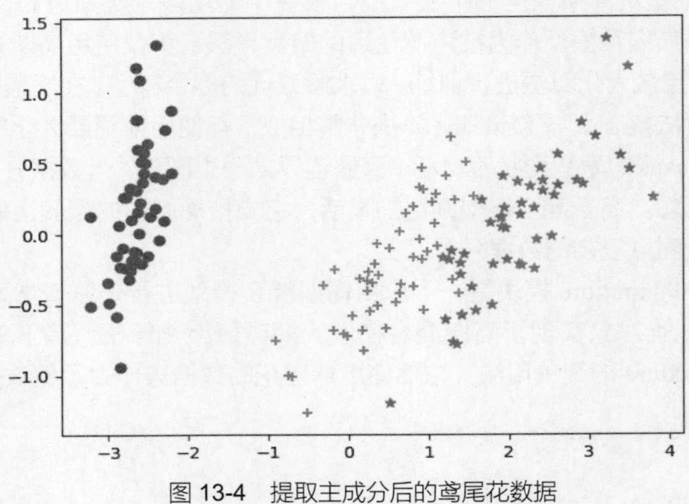

图 13-4　提取主成分后的鸢尾花数据

我们提到过高斯混合模型与 K-means 模型非常相似，尤其当协方差类型为 spherical 时。

```
In [15]: gmm = GaussianMixture(n_components=3, covariance_type='spherical')

In [16]: gmm.fit(x_proj)
Out[16]:
GaussianMixture(covariance_type='spherical', init_params='kmeans', max_iter=100,
                means_init=None, n_components=3, n_init=1, precisions_init=None,
                random_state=None, reg_covar=1e-06, tol=0.001, verbose=0,
                verbose_interval=10, warm_start=False, weights_init=None)

In [17]: y_pred = gmm.predict(x_proj)

In [18]: for k, marker in label_marker.items():
    ...:     x_k = x_proj[y_pred == k]
    ...:     plt.scatter(x_k[:, 0], x_k[:, 1], marker=marker)
    ...:

In [19]: plt.show()

In [20]: plt.cla()
```

如果将聚类结果（见图 13-5）与原数据的分布图进行比较，你会发现聚类效果并不好。这就是之前提到的K-means模型的缺陷，当聚簇边界更适合用狭长的椭圆形来表示时，K-means 模型的预测准确率会下降。上面的示例中，spherical 协方差描述的聚簇边界也是圆形，因而也有类似的缺陷。高斯混合模型的优势在于它的灵活性，它支持不同的协方差类型，从而可以适配更复杂的数据分布。通过观察原始的数据分布，我们将协方差设置为更复杂的 full 类型，它允许将聚簇边界建模为具有任意方向的椭圆形。

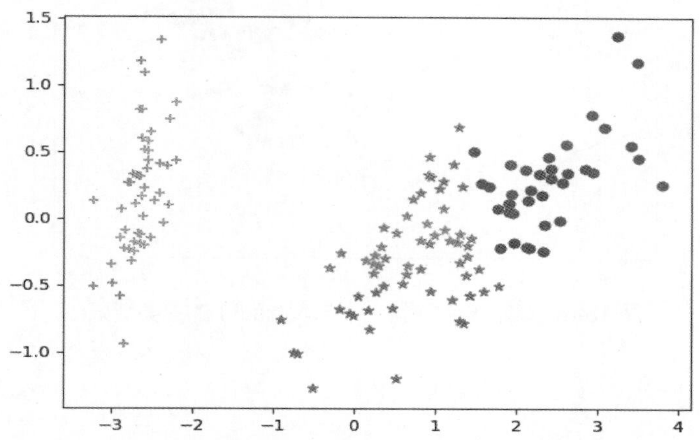

图 13-5 高斯混合模型（协方差为 spherical）的聚类结果

```
In [21]: gmm = GaussianMixture(n_components=3, covariance_type='full')

In [22]: gmm.fit(x_proj)
Out[22]:
GaussianMixture(covariance_type='full', init_params='kmeans', max_iter=100,
                means_init=None, n_components=3, n_init=1, precisions_init=None,
                random_state=None, reg_covar=1e-06, tol=0.001, verbose=0,
                verbose_interval=10, warm_start=False, weights_init=None)

In [23]: y_pred = gmm.predict(x_proj)

In [24]: for k, marker in label_marker.items():
    ...:     x_k = x_proj[y_pred == k]
    ...:     plt.scatter(x_k[:, 0], x_k[:, 1], marker=marker)
    ...:

In [25]: plt.show()

In [26]: plt.cla()
```

观察新的聚类结果（见图 13-6），你会发现聚簇的划分更贴近原始的数据分布，预测的准确率提高了。这也表明，对于高斯混合模型，除了聚簇数量这一模型参数，协方差类型也是关键的模型参数。

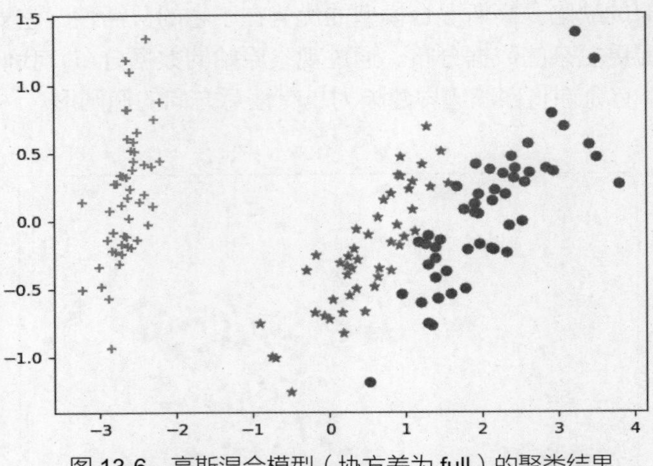

图 13-6 高斯混合模型（协方差为 full）的聚类结果